应对施工现场常见安全事故的计算机方案及设计软件

中国建筑科学研究院
建筑工程软件研究所 著

中国建筑工业出版社

图书在版编目(CIP)数据

应对施工现场常见安全事故的计算机方案及设计软件/中国建筑科学研究院建筑工程软件研究所著. —北京：中国建筑工业出版社，2009

ISBN 978-7-112-11051-3

Ⅰ.应… Ⅱ.中… Ⅲ.建筑工程—施工现场—工程事故—计算机辅助计算—应用软件 Ⅳ.TU712-39

中国版本图书馆CIP数据核字（2009）第097651号

本书将工程理论、实践和计算机的应用紧密结合，内容覆盖了施工现场常用的各种安全设施，如：脚手架工程、模板工程、塔吊基础工程、工地临时供水供电工程以及连续梁、刚架、桁架和板的设计计算等方面。具体内容包括详细介绍国家和地方规范的基本要求、常用施工技术手册的规定、工地常见的施工作法、主要工作流程和管理制度文件等；介绍了PKPM建筑施工安全设施计算软件，归纳总结了相应软件的主要功能特点，通过使用计算机软件，可以提高工作效率，保证施工质量和计算结果的可靠性；最后重点分析实际的施工应用工程和重大事故分析，充分体现软件在解决具体工程中的作用。

本书可供施工技术方案编制人员参考使用，还可以用作为企业培训教程。

* * *

责任编辑：王 梅 咸大庆
责任设计：赵明霞
责任校对：兰曼利 王雪竹

应对施工现场常见安全事故的计算机方案及设计软件

中国建筑科学研究院
建筑工程软件研究所 著

*

中国建筑工业出版社出版、发行（北京西郊百万庄）
各地新华书店、建筑书店经销
北京红光制版公司制版
北京富生印刷厂印刷

*

开本：787×1092毫米 1/16 印张：12¾ 字数：318千字
2009年7月第一版 2009年7月第一次印刷
印数：1—6000册 定价：**30.00**元
ISBN 978-7-112-11051-3
(18299)

本书编写人员名单

董智力　李光金　陈岱林

郭春雨　邢福云

前言

在重大建筑施工安全事故发生的引起原因中，施工安全管理方面的因素很多，安全管理方面的问题常常带有普遍性，并且经常是事故发生的主要原因，但是，造成安全事故的技术层面的原因同样非常明显和突出。这就提醒我们，建筑安全技术是建筑施工安全管理的基础和保障。建筑安全技术工作的薄弱、滞后、不适应及不被认真重视的情况，正逐渐成为重大事故发生的主要或重要原因。

国家颁布了这方面的法律法规，例如《建设工程安全生产管理条例》(国务院令第393号)、《危险性较大工程安全专项施工方案编制及专家论证审查办法》(建质[2004]213号)等，要求施工单位强制执行。说明了施工方案或措施的计算工作是安全技术的核心内容，并且将此项工作提高到异常重要的高度。

但是，在项目施工现场，对施工方案的编制或对各种安全措施的计算工作常不能满足规范规程的要求，有的建筑施工技术人员不能较好地掌握和运用现行规范、标准规定，不能正确地研究解决有关安全计算问题，从而不能保证方案和措施具有可靠的技术安全保障。这种状况在各地不同程度的存在，并且具有一定的普遍性。

为贯彻“安全第一、预防为主”的方针，提高施工现场安全设施的管理水平，切实保证技术规范、标准的正确掌握和落实，我们编制了《应对施工现场常见安全事故的计算机方案及设计软件》及PKPM建筑施工安全设施计算软件。书中内容覆盖了施工现场常用的各种安全设施，包括：脚手架工程，涉及落地式外钢管脚手架设计计算、悬挑式钢管脚手架设计计算、落地式和悬挑式卸料平台设计计算；模板工程(又分为扣件式、碗扣式和门式承重架)，涉及梁模板的钢管支撑架设计计算、落地楼板模板钢管支撑架设计计算、满堂楼板模板钢管支撑架设计计算等，以及梁墙柱(材料涉及大钢模板、组合小钢模、木模板)侧模板设计计算；塔吊基础工程，涉及塔吊天然基础设计计算、三桩或四桩基础设计计算、十字梁板式基础设计计算、塔吊三附着或四附着的受力计算、整体稳定性计算等；提供工地临时供水供电工程；钢筋支架工程；大体积混凝土工程；混凝土配合比工程以及连续梁、刚架、桁架和板的设计计算等等。

本书每章包括三个部分，第一部分详细介绍国家和地方规范的基本要求、常用施工技术手册的规定、工地常见的施工作法、主要工作流程和管理制度文件等。对核心技术环节的描述十分详细，图文并茂地列出每个计算公式，这部分内容也参考了大量当前流行施工专业技术手册。从专业方面既可以作为施工技术方案编制人员参考，还可以用于企业培训教程。第二部分介绍了PKPM建筑施工安全设施计算软件，归纳总结了相应软件的主要功能特点，充分发挥了计算机在数据管理、计算、归纳分析和文档处理等方面的功能优势，高度自动化、智能化绘图功能，程序归纳了目前国内工地常见的工程作法，整理出主要计算参数由用户输入，对于常见内容提供数据库方便用户即时查找，最后软件可以自动生成图文并茂的详细计算书，还可以绘制常见的施工作法图。通过使用计算机软件，不仅可以提高工作效率，还通过建立科学统一而规范的设计计算模式，改变当前工程施工现场技术人员按各自的理解和参照不同的计算公式进行各类专项施工设计的混乱状况，从而保证施工质量和计算结果的可靠性。第三部分重点分析实际的施工应用工程和重大事故分析，充分体现软件在解决具体工程中的作用。

PKPM建筑施工安全设施计算软件还可以自动生成施工各专项的施工方案，包括基坑工程、脚手架、模板工程、塔吊基础工程、起重吊装施工、降排水工程等内容的专项施工方案。参照了施工现场专项施工方案的大量工程实例后，软件按照既定的内容安排自动生成专项施工方案。上面介绍的施工安全设施软件生成的计算书将作为专项施工方案的核心部分内容，软件提供了绘制各种施工图和节点详图大样的功能，这些施工图可以自动插入到专项方案中，软件还抽取了相关规范、规程、技术手册中的内容，并将他们自动汇总到专项方案中。用户可以在软件生成的方案上继续修改。这样的功能将规范施工专项方案的编制，并提高施工技术人员编制施工方案的工作效率。

本书将工程理论、实践和计算机的应用紧密结合，通过计算机这种高科技手段去提升施工建筑领域的传统作法，从而表现其准确高效是本书的一大特点。希望通过本书能开拓工程技术人员的思路，帮助他们规范计算过程，为安全管理提供强有力的保障，并减轻工作强度，在保证安全的前提下，节省工程造价。总之，提高安全管理的工作效率、质量和水平。

由于水平有限，不足之处难免，欢迎读者批评和指正！

目　　录

第一章　扣件式钢管脚手架外架 ······ 1

第一节　扣件式钢管脚手架基本概念 ······ 1
第二节　荷载计算与设计指标 ······ 2
第三节　扣件式钢管脚手架计算规则 ······ 6
第四节　落地式钢管脚手架 PKPM 施工安全计算软件实现 ······ 13
第五节　落地双排脚手架例题 ······ 20
第六节　悬挑式钢管脚手架计算规则 ······ 25
第七节　悬挑式钢管脚手架 PKPM 施工安全计算软件实现 ······ 33
第八节　悬挑脚手架计算例题 ······ 37
第九节　复杂脚手架计算 ······ 39

第二章　扣件式钢管梁板模板支撑架 ······ 43

第一节　荷载 ······ 44
第二节　梁底支撑计算 ······ 46
第三节　PKPM 施工安全计算软件关于梁底支撑架计算 ······ 57
第四节　某起事故梁模板支撑算例一 ······ 61
第五节　某工程梁模板支撑算例二 ······ 66
第六节　楼板支撑体系计算 ······ 70
第七节　PKPM 施工安全计算软件关于板支撑架计算 ······ 71
第八节　某起事故板支撑模板算例一 ······ 74
第九节　某工程板支撑模板算例二(上海规程) ······ 78
第十节　梁板支撑架构造要求 ······ 84

第三章　门式梁板模板支撑架 ······ 87

第一节　门式梁板模板支架计算规则 ······ 87
第二节　门式梁板模板计算 PKPM 软件实现 ······ 90
第三节　门式梁板模板计算例题 ······ 92

第四章　侧模板计算 ······ 97

第一节　侧压力计算 ······ 97
第二节　墙模板和梁模板计算 ······ 98
第三节　PKPM 施工安全计算软件有关墙梁侧模板计算的实现 ······ 101

第四节　直柱模板计算…………………………………………………………………………… 104
第五节　PKPM 施工安全计算软件有关柱模板计算的实现 ……………………………… 105
第六节　斜柱模板计算…………………………………………………………………………… 107
第七节　柱模板支撑计算算例………………………………………………………………… 109

第五章　卸料平台……………………………………………………………………………… 113

第一节　悬挑式卸料平台……………………………………………………………………… 113
第二节　落地式卸料平台……………………………………………………………………… 116
第三节　卸料平台施工图例…………………………………………………………………… 117
第四节　卸料平台计算的软件实现…………………………………………………………… 119
第五节　卸料平台算例分析…………………………………………………………………… 121

第六章　塔式起重机基础与附着……………………………………………………………… 125

第一节　天然基础……………………………………………………………………………… 125
第二节　PKPM 施工安全计算软件有关塔吊天然基础计算的实现 ……………………… 127
第三节　桩基础………………………………………………………………………………… 130
第四节　十字梁板式基础……………………………………………………………………… 137
第五节　桩基础算例题………………………………………………………………………… 139
第六节　附着计算……………………………………………………………………………… 143
第七节　PKPM 施工安全计算软件有关塔吊附着计算的实现 …………………………… 146

第七章　施工现场临时用电…………………………………………………………………… 149

第一节　施工现场安全用电管理……………………………………………………………… 149
第二节　施工现场用电技术措施……………………………………………………………… 157
第三节　PKPM 临时用电设计软件 ………………………………………………………… 163

附录　PKPM 施工安全计算软件安装与使用 ……………………………………………… 189

第一章　软件的安装…………………………………………………………………………… 189
第二章　软件的界面…………………………………………………………………………… 192

第一章　扣件式钢管脚手架外架

扣件式钢管脚手架是我国目前土木建筑工程中应用最为广泛的，也是属于多立杆式的外脚手架中的一种，其特点是：杆配件数量少；装卸方便，利于施工操作；搭设灵活，能搭设高度大；坚固耐用，可多次周转，使用方便。应用扣件式钢管脚手架在设计与施工中要贯彻执行国家的技术经济政策，做到技术先进、经济合理、安全适用、确保质量。为了符合这一基本要求，所有扣件式钢管脚手架施工前，要根据规范《建筑施工扣件式钢管脚手架技术规范》(JGJ 130—2001)（本章以下简称规范）的规定编制施工方案并进行相应的计算。

第一节　扣件式钢管脚手架基本概念

扣件式钢管脚手架外架各杆件位置如图 1.1 所示，扣件式钢管脚手架的定义是：为建筑施工而搭设的上料、堆料与施工作业用的临时结构架。根据脚手架的搭设方式、施工用

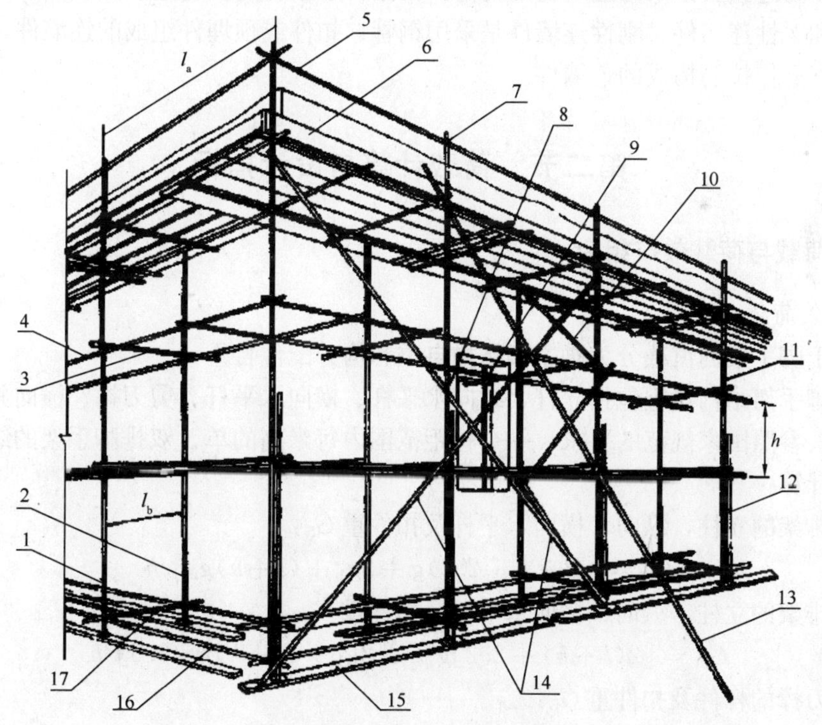

图 1.1　扣件式钢管脚手架外架各杆件位置图

1—外立杆；2—内立杆；3—横向水平杆；4—纵向水平杆；5—栏杆；6—挡脚板；7—直角扣件；8—旋转扣件；9—连墙件；10—横向斜撑；11—主立杆；12—副立杆；13—抛撑；14—剪刀撑；15—垫板；16—纵向扫地杆；17—横向扫地杆

途、封闭状况及沿建筑物设置的不同方式，可以分为单排脚手架、双排脚手架、结构脚手架、装修脚手架、敞开脚手架、局部封闭脚手架、半封闭脚手架、全封闭脚手架、开口型脚手架和封圈型脚手架。

扣件是指采用螺栓紧固的扣接连接件。根据扣件使用用途的不同，分为直角扣件、旋转扣件、对接扣件、防滑扣件（图 1.2）。

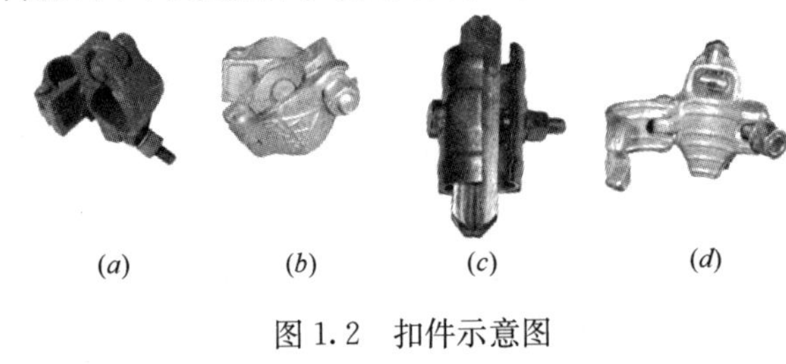

图 1.2 扣件示意图
(a) 直角扣件；(b) 旋转扣件；
(c) 对接扣件；(d) 防滑扣件

规范中要求对脚手架使用钢管 $\phi48\times3.5$mm 的外径和壁厚进行计算，壁厚可以为(3.5±0.5)mm，目前施工现场的脚手架钢管多是 3.0mm 的壁厚。

立杆是指脚手架中垂直于水平面的竖向杆件。根据立杆在脚手架中设置的位置、用途不同，分为外立杆、内立杆、角杆、双管立杆（包括主立杆和副立杆）。

水平杆是指脚手架中平行于水平面的水平杆件。根据水平杆在脚手架中的位置、方向、使用用途的不同，分为纵向水平杆、横向水平杆（俗称大小横杆）、扫地杆（包括纵向扫地杆和横向扫地杆）。

连墙件为连接脚手架与建筑物的构件。根据脚手架与建筑物连接方式的不同，分为刚性连墙件和柔性连墙件。刚性连墙件是采用钢管、扣件或预埋件组成的连墙件，柔性连墙件是采用钢筋作拉筋构成的连墙件。

第二节 荷载计算与设计指标

一、荷载与荷载效应组合

1. 永久荷载

作用于脚手架的恒载分为脚手架结构自重和构、配件自重。

(1) 脚手架结构自重包括立杆、纵向水平杆、横向水平杆、剪刀撑、横向斜撑和扣件等的自重。参照国家规范的要求，一个柱距范围内每米高的单、双排脚手架的结构自重按下列公式计算：

①单排架的立柱，纵向、横向水平杆及扣件重 G_S：

$$G_S=[(l+h+2.2)g+2g_1+(l+h)g_2]/h \tag{1.1}$$

②双排架的立柱，纵向、横向水平杆及扣件重 G_D：

$$G_D=[2(l+h)+2.2]g+2[2g_1+(l+h)g_2/6.5]/h \tag{1.2}$$

③剪刀撑的杆件及扣件重 G_B：

$$G_B=(2H_b\times g/\cos\alpha+2H_b\times g_2/6.5\cos\alpha+6g_3)l/(H_bL_b) \tag{1.3}$$

式中 l——脚手架的柱距（纵距）(m)；

h——脚手架的步距（m)；

g——钢管单位长度自重（kN/m)，参见表 1.1；

g_1——1个直角扣件自重（kN），参见表1.1；
g_2——1个对接扣件自重（kN），参见表1.1；
g_3——1个旋转扣件自重（kN），参见表1.1；
H_b——剪刀撑的竖向尺寸（m）；
L_b——剪刀撑的横向尺寸（m）；
α——剪刀撑斜杆的倾角。

钢管及扣件自重　　**表1.1**

钢管（kN/m）		扣件（kN/个）		
ϕ48×3.5	ϕ51×3.0	直角扣件	对接扣件	旋转扣件
0.0384	0.0355	0.0135	0.0185	0.0145

考虑到计算的方便性，对于双排脚手架的自重可以参照规范附录表A，根据步距、纵距计算扣件式钢管脚手架每米立杆承受的结构自重标准值，而不必分别计算每个构件的自重再进行叠加。

（2）构配件自重包括脚手板、栏杆、挡脚板、安全网等防护设施的自重（表1.2、表1.3）。

脚手板自重标准值　　**表1.2**

类　别	标准值（kN/m²）
冲压钢脚手板	0.3
竹串片脚手板	0.35
木脚手板	0.35

栏杆、挡脚板自重标准值　**表1.3**

类　别	标准值（kN/m）
栏杆、冲压钢脚手板	0.11
栏杆、竹串片脚手板	0.14
栏杆、木脚手板	0.14

脚手架上吊挂的安全设施（安全网、苇席、竹笆及帆布等）的荷载应按实际情况采用。

2. 可变荷载

可变荷载可分为施工荷载和风荷载。

（1）施工荷载包括作业层上的人员、器具和材料的自重（表1.4）。

施工均布活荷载标准值　　**表1.4**

类　别	标准值（kN/m²）	类　别	标准值（kN/m²）
装修脚手架	2	结构脚手架	3

（2）风荷载

在水平风荷载作用下，双排脚手架的力传递过程是：外排立杆受风压作用后，通过水平横杆，将力传递至内排的立杆和纵向水平杆，再通过连墙件传到建筑物上。荷载效应为弯矩，最终支点为连墙件。要想准确计算出作用于脚手架的风荷载效应，几乎是不可能的，即使要很近似地计算出作用于脚手架的风荷载效应，也必须通过大型风洞实验研究，并经过复杂的弹性理论分析。因此，规范只给出了半经验的风荷载计算方法。

作用于脚手架上的水平风荷载标准值按下式计算：

$$w_k = 0.7\mu_S \cdot \mu_Z \cdot w_0 \tag{1.4}$$

式中　w_0——基本风压（kN/m^2），按照《建筑结构荷载规范》（GB 50009—2001）附录表 D. 4 的规定采用；

μ_Z——风荷载高度变化系数，按照《建筑结构荷载规范》（GB 50009—2001）附录表 7. 2. 1 的规定采用；

μ_S——风荷载体型系数（表 1. 5）。

脚手架风荷载体型系数 μ_S　　**表 1. 5**

背靠建筑物的状况 ϕ		全封闭墙	敞开、框架和开洞墙
脚手架状况	全封闭、半封闭	1.0ϕ	1.3ϕ
	敞　开	μ_{stw}	

其中 ϕ 为挡风系数，$\phi = 1.2A_n/A_w$，A_n 为挡风面积，A_w 为迎风面积。

对于敞开式脚手架可视为桁架，μ_{stw}值按下列公式计算：

单排脚手架：　$\mu_{stw}=1.2\xi$

双排脚手架：　$\mu_{stw}=1.2\xi(1+\eta)$

式中　η——系数，通常取 1.0；

ξ——挡风系数，ξ 可以参考以下计算：

$$\xi = 1.15[(h+l)/hl + H_b/2\sin\alpha/H_bL_b]\times\phi$$

式中　ϕ——钢管直径（m）。

密目式安全网全封闭脚手架的挡风系数应该由密目安全网挡风系数和敞开式脚手架的挡风系数两部分组成。《建筑施工安全检查标准》（JGJ 59—99）条文说明指出：立网应该使用密目式安全网，其标准为每 10cm × 10cm 的面积上，有 2000 以上的网目。即每 $100cm^2$ 密目式安全网的网目目数 $n>2000$ 目。

密目安全网挡风系数为 $\phi_1 = \dfrac{1.2(100-nA_0)}{100}$（按照 $100cm^2$ 计算），其中 A_0 为每目孔隙的面积。

敞开式脚手架的挡风系数为 $\phi_2 = \dfrac{1.2A_{n2}}{l_a h}$，其中 A_{n2} 为一步一纵距内钢管的总挡风面积。

密目式安全网全封闭脚手架的挡风系数为 $\phi = \dfrac{1.2A_n}{l_a h} = \phi_1 + \phi_2 - \phi_1\phi_2/1.2$，此计算中挡风面积考虑扣除密目式安全网在一步一纵距内与脚手架钢管重叠的面积。

图 1. 3 为脚手架的挡风系数取值参考表。

3. 荷载效应组合（表 1. 6）

荷载效应组合表　　**表 1. 6**

计　算　项　目		荷载效应组合
纵向、横向水平杆强度与变形，扣件抗滑移		永久荷载＋施工均布活荷载
脚手架立杆稳定	敞开式	永久荷载＋施工均布活荷载
	全封闭、半封闭式	永久荷载＋0. 85（施工均布活荷载＋风荷载）
连墙件承载力		单排架：风荷载＋3. 0kN 双排架：风荷载＋5. 0kN

网目密度 $n/100cm^2$	密目式安全立网挡风系数 $\varphi_1=1.2(100-nA_0)/100$	敞开式脚手架挡风系数 φ_2（查规范附录表 A-3）		密目式安全立网全封闭脚手架挡风系数 $\varphi=\varphi_1+\varphi_2-\varphi_1\varphi_2/1.2$
2300 目/100cm² $A_0=1.3mm^2$	0.841	步距 $h=1.5m$ 纵距 $l_n=1.2m$	$\varphi_2=0.105$	0.872
3200 目/100cm² $A_0=0.7mm^2$	0.931			0.955
2300 目/100cm² $A_0=1.3mm^2$	0.841	步距 $h=1.8m$ 纵距 $l_n=1.2m$	$\varphi_2=0.099$	0.871
3200 目/100cm² $A_0=0.7mm^2$	0.931			0.953
2300 目/100cm² $A_0=1.3mm^2$	0.841	步距 $h=1.5m$ 纵距 $l_n=1.5m$	$\varphi_2=0.095$	0.869
3200 目/100cm² $A_0=0.7mm^2$	0.931			0.952
2300 目/100cm² $A_0=1.3mm^2$	0.841	步距 $h=1.8m$ 纵距 $l_n=1.5m$	$\varphi_2=0.089$	0.868
3200 目/100cm² $A_0=0.7mm^2$	0.931			0.951

注：密目式安全立网每目孔隙面积 A_0 为参考值，准确的密目式安全立网每目孔隙面积在购货时，应向该网的生产厂家咨询。

图 1.3　脚手架的挡风系数取值参考表

二、材料基本设计参数（表 1.7～表 1.13）

钢管截面特性表　　**表 1.7**

外　径 ϕ (mm)	壁厚 t (mm)	截面积 A (cm²)	惯性矩 I (cm⁴)	截面模量 W (cm³)	回转半径 i (cm)	每米长质量 (kg/m)
48	3.5	4.89	12.19	5.08	1.58	3.84
51	3.0	4.52	13.08	5.13	1.70	3.55

钢材的强度设计值与弹性模量（N/mm²）　　**表 1.8**

Q235 钢抗拉、抗压和抗弯强度设计值[f]	205
弹性模量 E	2.06×10^5

扣件、底座的承载力设计值（kN）　　**表 1.9**

项　目	承载力设计值
对接扣件(抗滑)	3.20
直角扣件、旋转扣件(抗滑)	8.00
底座(抗压)	40.00

每 10mm 长角焊缝承载力设计值（kN）　　**表 1.10**

焊角尺寸（mm）	3	4	5	6	8	10
Q235 钢、E43 型焊条	2.5	3.5	4.5	5.0	7.0	8.5

一个C级（普通粗制）螺栓的承载力设计值（kN）　　表1.11

螺栓直径（mm）	抗　拉	抗　剪	承　压			
			承压板厚度（mm）			
			4	5	6	8
12	10.5	10.5	10.5	13.0	16.0	21.0
14	14.0	14.5	12.0	15.5	21.5	24.5
16	19.0	18.5	14.0	17.5	22.0	28.0
18	23.5	24.0	16.0	20.0	23.5	31.5
20	30.0	29.5	17.0	22.0	26.0	35.0

受弯构件的容许挠度

表1.12

构件类别	容许挠度［v］
脚手板，纵向、横向水平杆	l/150及10mm
悬挑受弯杆件	l/400

受压、受拉构件的容许长细比

表1.13

构件类别		容许长细比［λ］
立　杆	双排架	210
	单排架	230
横向斜撑、剪刀撑中的压杆		250
拉　杆		350

第三节　扣件式钢管脚手架计算规则

扣件式钢管脚手架与一般结构相比，其工作条件具有以下特点：所受荷载的变异性比较大；扣件连接节点属于半刚性，且节点刚性大小与扣件质量、安装质量有关，节点性能存在较大变异；脚手架结构构件存在初始缺陷，如杆件的初弯曲、锈蚀，搭设尺寸误差、受荷偏心等均较大；与墙柱板的连接点，对于脚手架的约束变异较大等。鉴于以上问题目前的研究仍显不足，缺乏系统积累和统计资料，目前脚手架国家规范采用的设计计算方法在实质上属于半概率、半经验的。

落地式扣件钢管脚手架计算要根据《建筑施工扣件式钢管脚手架技术规范》(JGJ 130—2001)，在规范中有明确的计算要求，应该包括的内容有：

(1) 纵向和横向水平杆（大小横杆）等受弯构件的强度和挠度计算

其中大横杆规范要求按照三跨连续梁计算，小横杆规范要求按照简支梁计算。

(2) 扣件的抗滑承载力计算

(3) 立杆的稳定性计算

脚手架整体稳定性计算通过计算长度附加系数 u 反映到立杆稳定性计算中，u 反映脚手架各杆件对立杆的约束作用，综合了影响脚手架整体失稳的各种因素。

(4) 连墙件的连接强度计算

对于使用钢管作为连墙件要求计算钢管扣件。

(5) 立杆的地基承载力计算

计算强度和稳定性时，要考虑荷载效应组合，永久荷载分项系数1.2，可变荷载分项系数 1.4。受弯构件要根据正常使用极限状态验算变形，采用荷载短期效应组合。

规范中规定当高度超过 50m 的脚手架，可采用双管立杆、分段悬挑或分段卸荷等有效措施，必须另行专门设计。

一、纵向和横向水平杆（大小横杆）的计算

南方地区通常采用小横杆上铺设大横杆的方式，北方反之，如图 1.4 所示。两种方式的传力过程不同，具体根据当地情况选择计算。大小横杆不同的方式对应不同的计算过程，双排脚手架大小横杆计算是计算中不太重要的部分，一般都能满足要求，但它是脚手架整体荷载传递的第一部分，所以还是要进行比较简单的计算。

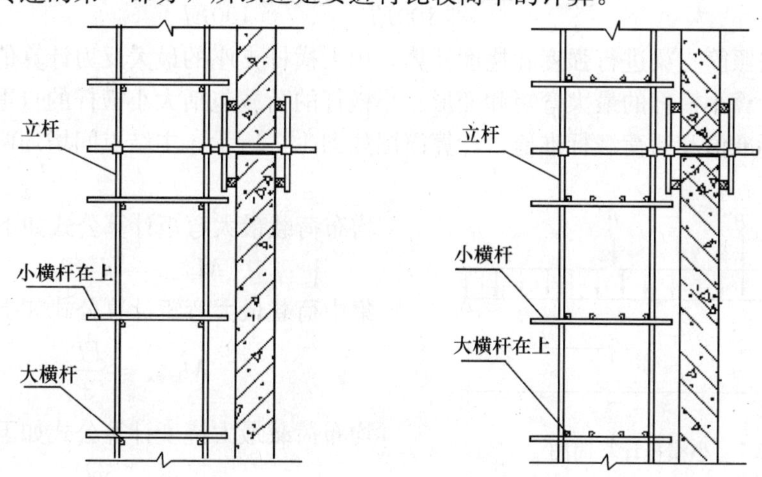

图 1.4　南北方大小横杆布置方式图

大小横杆的强度计算要满足

$$\sigma = \frac{M}{W} \leqslant [f] \tag{1.5}$$

式中　M——弯矩设计值，包括脚手板自重荷载产生的弯矩和施工活荷载产生的弯矩；

W——钢管的截面模量；

$[f]$——钢管抗弯强度设计值。

大小横杆的挠度计算要满足

$$v \leqslant [v] \tag{1.6}$$

式中　$[v]$——按照规范要求为 $l/150$ 及 10mm。

以大横杆在小横杆的上面计算模型为例，大横杆按照三跨连续梁进行强度和挠度计算，按照大横杆上面的脚手板和活荷载作为均布荷载计算大横杆的最大弯矩和变形（图 1.5 和图 1.6）。大横杆荷载包括自重标准值、脚手板的荷载标准值和活荷载标准值。

跨中最大弯矩计算公式如下：

$$M_{1\max} = 0.08 q_1 l^2 + 0.10 q_2 l^2 \tag{1.7}$$

图 1.5　大横杆计算荷载组合简图（跨中最大弯矩和跨中最大挠度）

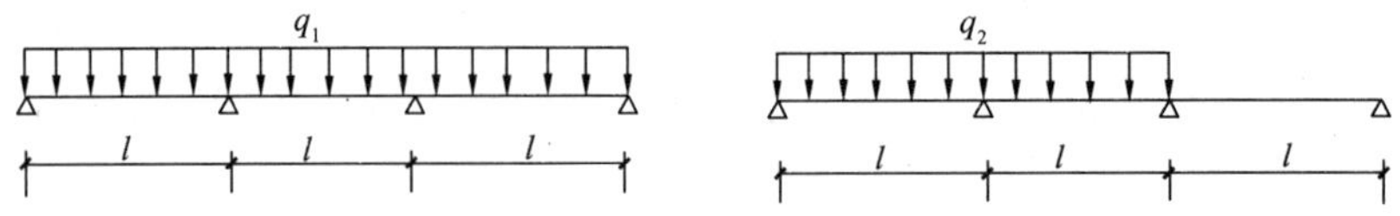

图 1.6　大横杆计算荷载组合简图（支座最大弯矩）

支座最大弯矩计算公式如下：

$$M_{2\max}=-0.10q_1l^2-0.117q_2l^2 \tag{1.8}$$

最大挠度考虑计算公式如下：

$$v_{\max}=0.677\frac{q_1l^4}{100EI}+0.990\frac{q_2l^4}{100EI} \tag{1.9}$$

小横杆按照简支梁进行强度和挠度计算，用大横杆支座的最大反力计算值，在最不利荷载布置下计算小横杆的最大弯矩和变形。小横杆的荷载包括大小横杆的自重标准值、脚手板的荷载标准值和活荷载标准值。计算简图如图 1.7 所示。主结点间增加两根小横杆的计算公式如下：

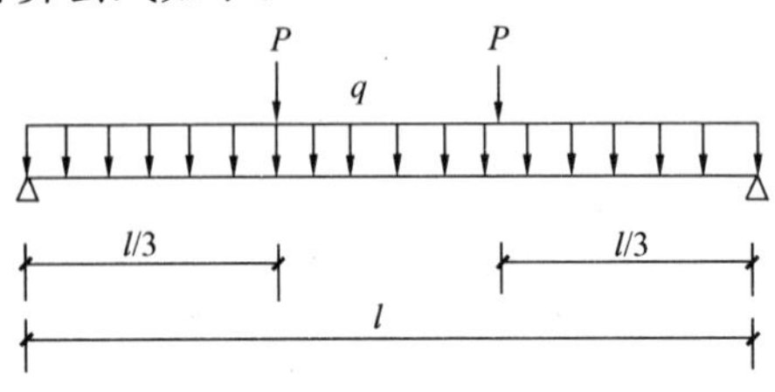

图 1.7　小横杆计算简图

均布荷载最大弯矩计算公式如下：

$$M_{q\max}=ql^2/8 \tag{1.10}$$

集中荷载最大弯矩计算公式如下：

$$M_{P\max}=\frac{Pl}{3} \tag{1.11}$$

均布荷载最大挠度计算公式如下：

$$v_{q\max}=\frac{5ql^4}{384EI} \tag{1.12}$$

集中荷载最大挠度计算公式如下：

$$v_{P\max}=\frac{Pl(3l^2-4l^2/9)}{72EI} \tag{1.13}$$

二、扣件抗滑力的计算

按照规范 5.2.5 要求，纵向或横向水平杆与立杆连接时，扣件的抗滑承载力按照下式计算：

$$R\leqslant R_C \tag{1.14}$$

式中　R_C——扣件抗滑承载力设计值，取 8.0kN；

R——纵向或横向水平杆传给立杆的竖向作用力设计值。

竖向作用力设计值 R 可以通过上面计算纵向（小横杆在上）或横向水平杆（大横杆在上）的最大支座力得到，也可以将一个立杆纵距计算单元内的所有荷载按照 1/2 分配得到。当直角扣件的拧紧力矩达 40～65N·m 时，试验表明：单扣件在 12kN 的荷载下会滑动，其抗滑承载力可取 8.0kN；双扣件在 20kN 的荷载下会滑动，其抗滑承载力可取 12kN。

三、立杆的稳定性计算

作用于脚手架的荷载包括静荷载、活荷载和风荷载。静荷载标准值包括以下内容的组合：

（1）每米立杆承受的结构自重标准值，可查询扣件式钢管脚手架规范附录中的表A-1，根据纵距、步距及脚手架类型查询出的数据乘以脚手架搭设的总高度得出。

（2）脚手板的自重标准值，规范给出冲压钢脚手板、竹串片脚手板和木脚手板的标准值。

有些施工单位在方案中强调满铺脚手板，或者每隔几层就铺一层脚手板，过于浪费材料，实在没有必要，造成脚手架水平荷载过大，一般来讲铺 4 层脚手板足够使用了，另外，对于双排脚手架内的人行马道，尽量不采用，会造成施工荷载加大。

（3）栏杆与挡脚手板自重标准值，规范给出了栏杆冲压钢脚手板、栏杆竹串片脚手挡板和栏杆木脚手挡板的标准值。

（4）吊挂的安全设施荷载，包括安全网、自重标准值乘以脚手架的总搭设高度和立杆纵距即可得到。

活荷载为施工荷载标准值产生的轴向力总和，内、外立杆按一纵距内施工荷载总和的1/2 取值。

考虑风荷载时，立杆的轴向压力设计值计算公式：$N=1.2N_G+0.85\times1.4N_Q$

不考虑风荷载时，立杆的轴向压力设计值计算公式：$N=1.2N_G+1.4N_Q$

不考虑风荷载时，立杆的稳定性计算公式

$$\sigma=\frac{N}{\phi A}\leqslant[f] \tag{1.15}$$

考虑风荷载时，立杆的稳定性计算公式

$$\sigma=\frac{N}{\phi A}+\frac{M_w}{W}\leqslant[f] \tag{1.16}$$

式中　N——立杆的轴心压力设计值；

A——立杆净截面面积；

ϕ——轴心受压立杆的稳定系数，由长细比 $\lambda=l_0/i$ 的结果查表得到；

i——计算立杆的截面回转半径；

l_0——计算长度，由公式 $l_0=kuh$ 确定；

k——计算长度附加系数；

h——立杆的步距；

u——考虑脚手架整体稳定因素的单杆计算长度系数（表 1.14）；

脚手架立杆的计算长度系数 u　　　　**表 1.14**

类　别	立杆横距（m）	连墙件布置	
		二步三跨	三步三跨
双排架	1.05	1.50	1.70
	1.30	1.55	1.75
	1.55	1.60	1.80
单排架	≤1.50	1.80	2.00

W——立杆净截面模量（抵抗矩）；

λ——长细比；

σ——钢管立杆受压强度计算值；

$[f]$——钢管立杆抗压强度设计值；

M_w——计算立杆段由风荷载设计值产生的弯矩。

风荷载设计值产生的立杆段弯矩 M_w 计算公式

$$M_w = 0.85 \times 1.4 w_k l_a h^2 / 10 \tag{1.17}$$

施工荷载一般偏心作用于脚手架上，但由于一般情况脚手架结构自重产生的最大轴向力和不均匀分配施工荷载产生的最大轴向力不会同时相遇，可以忽略施工荷载的偏心作用，内外立杆按照施工荷载平均分配计算。

规范要求双排脚手架搭设高度不超过50m，否则就需要采取其他措施并进行相应的计算。对于比较高的双排脚手架，采用双立杆是比较好的处理方法，但需要注意计算立杆的稳定性时，应考虑有风荷载和不考虑风荷载的两组内力组合；计算立杆的稳定性时，既要考虑双立杆底部又要考虑单双立杆交接位置（双立杆以上第一步）稳定性计算结果。

双立杆实验结果表明，主立杆承担上部传下的荷载65%以上，所以计算中取两倍立杆截面积和惯性矩计算立杆稳定性是不准确的，建议采用0.7倍双立杆截面积和惯性矩计算，即

$$\frac{N}{0.7 \times 2A} \approx \frac{0.7N}{A}$$

对于比较高的落地双排脚手架，采用多层钢丝绳卸荷也是经常采用的方法，但我们应把脚手架的卸荷措施作为安全储备，不参与计算，钢丝绳卸荷也没有必要过多，四五十米架体有一道就可以了。有些施工单位对于双排脚手架的考虑非常保守，四五十米的双排脚手架即采用双立杆，又每几层加钢丝绳卸荷，非常浪费材料。

需要注意：在脚手架的计算中，常见的问题是将脚手架钢管按照 $\phi 48 \times 3.5$mm 的外径、壁厚进行计算。这样计算是不安全的，因为目前施工现场的脚手架钢管很难达到3.5mm的壁厚，多是3.0mm的壁厚，因此应将脚手架钢管按照 $\phi 48 \times 3.0$mm 的外径、壁厚进行计算。

四、连墙件计算

连墙件的轴向力设计值要求

$$N_l = N_{lw} + N_0 \leqslant \phi A f \tag{1.18}$$

式中　N_l——连墙件的轴向力设计值；

N_{lw}——风荷载产生的连墙件的轴向力设计值，$N_{lw} = 1.4 w_k A_w$；

A_w——每个连墙件的覆盖面积内脚手架外侧面的迎风面积；

N_0——连墙件约束脚手架平面外变形所产生轴向力，单排架取3kN，双排架取5kN。

连墙件与脚手架、建筑物的连接承载能力要求

$$N_l \leqslant N_w \tag{1.19}$$

N_w 为连接的受剪承载力设计值，按不同连接方式如扣件、焊缝、螺栓分别考虑。

按照规范要求计算连墙件横向连接采用扣件时，扣件抗滑力通常不能满足要求，这是由于规范的缺陷造成的，规范将每个连墙件的覆盖面积按照密不透风的钢板考虑是不妥的，安全网无论如何不能达到这种密度，所以通常建议施工方案中连墙件计算的扣件抗滑力计算内容忽略，保证计算书的完整性，图1.8为连墙件施工图。

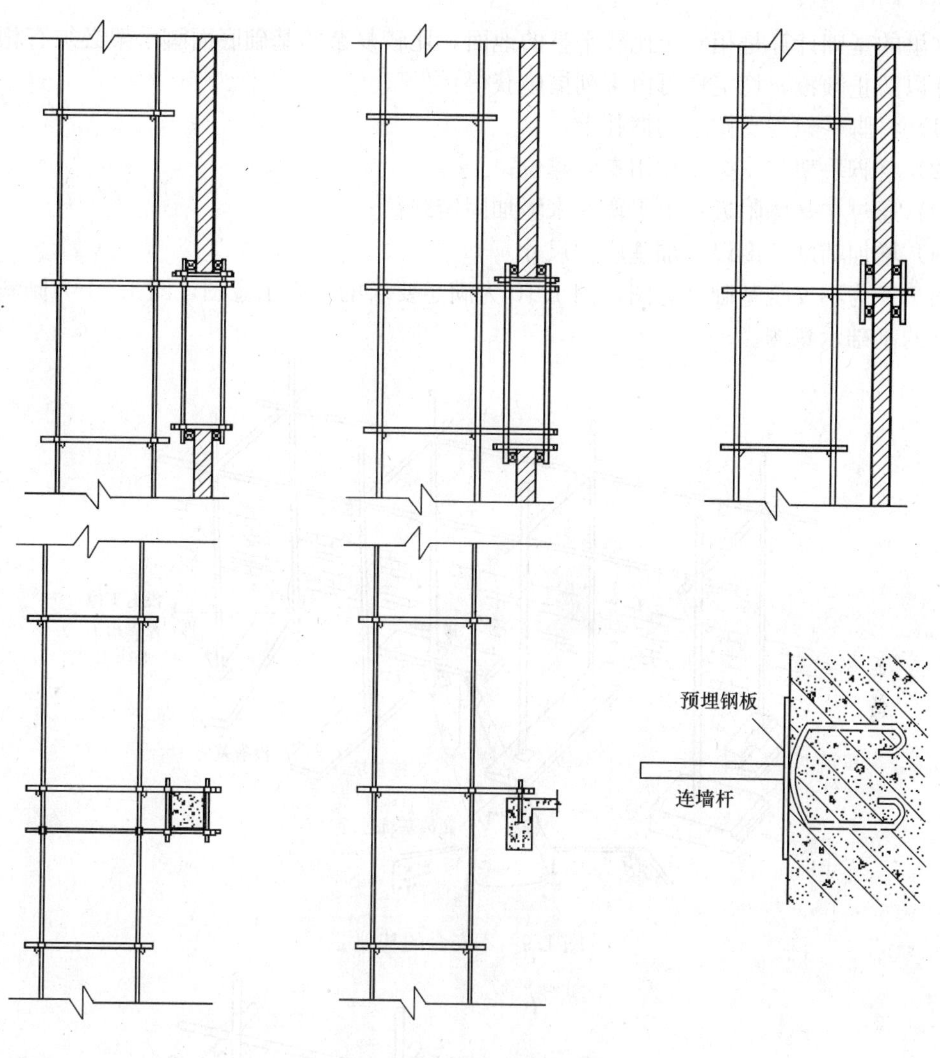

图 1.8　连墙件施工图

五、立杆底座和地基承载力计算

落地双排脚手架的基础一般包括落在普通地面上，需要按照《建筑地基基础设计规范》（GB 50007—2002）验算基础承载力，支撑立杆基础底面的平均压力应按下列公式计算：

$$P \leqslant f_g \tag{1.20}$$

式中　P——支撑立杆基础底面的平均压力，$P=\dfrac{N}{A}$；

N——上部结构传至基础的竖向力设计值；

A——基础底面面积；

f_g——地基承载力设计值，$f_g = k_c f_{gk}$；

f_{gk}——地基承载力标准值；

k_c——支撑下部地基承载力调整系数，对碎石土、砂土、回填土取 0.4，对黏土取 0.5，对岩石、混凝土取 1.0。

这里的基础计算是相对于比较平整的地面，比较复杂的基础底面脚手架必须有相当的稳定性以防止倾覆，稳定性可由下列措施获得：

（1）将脚手架与支撑结构捆扎上；

（2）将脚手架与支撑结构用支索撑位；

（3）通过在基座附近加上平衡块来增加固定载荷；

（4）增加辅助跨度以增加基座的尺寸。

图 1.9 为不安全基础示意图，图 1.10 为满足要求的基础示意图，图 1.11 为倾斜地面情况下的基础示意图。

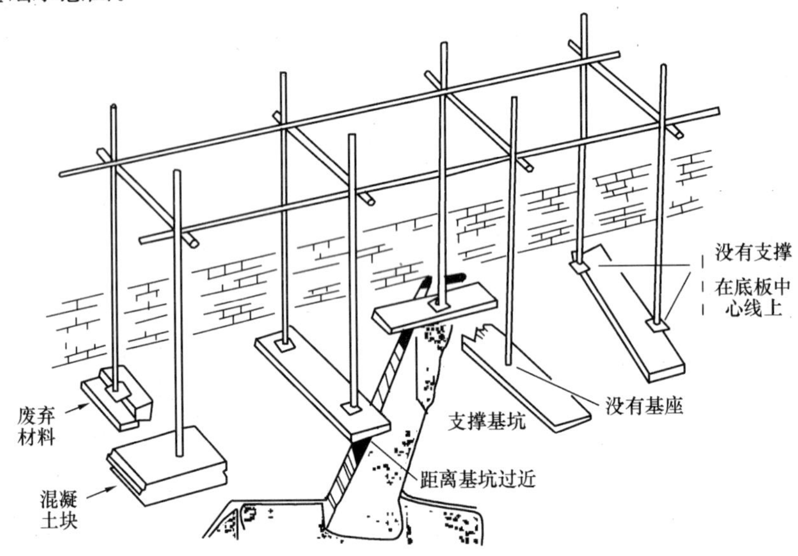

图 1.9 不安全的基础

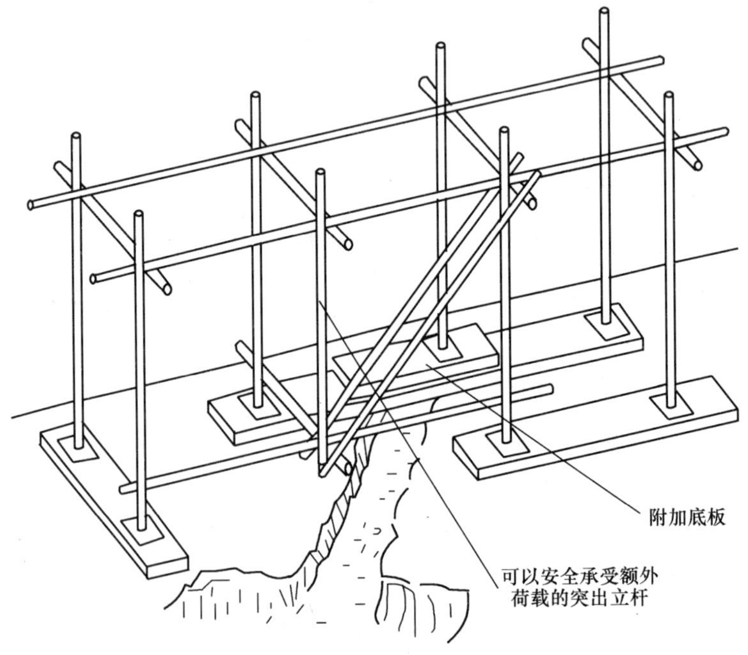

图 1.10 满足要求的基础

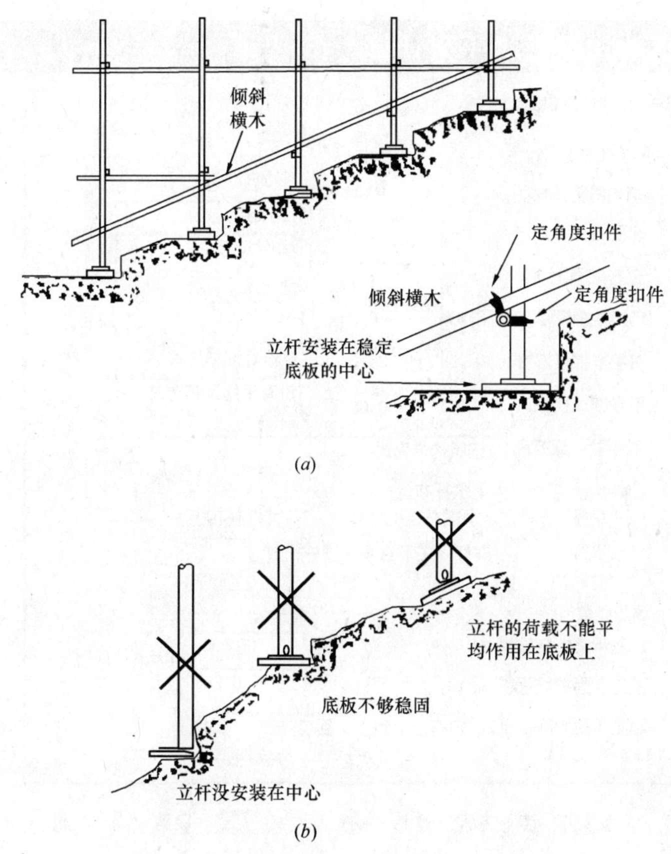

图 1.11　倾斜地面情况下的基础
(*a*) 合理的搭设方法；(*b*) 不安全的塔设方法

第四节　落地式钢管脚手架 PKPM 施工安全计算软件实现

一、计算功能

PKPM 施工安全计算软件目前提供了落地式扣件钢管脚手架和各种悬挑脚手架的计算模型，其中落地式扣件钢管脚手架计算如下：

落地式钢管脚手架计算参数中包括脚手架布置参数、脚手架地基参数以及脚手架荷载参数（图 1.12)。脚手架布置参数包括脚手架布置的间距（包括横向、纵向等)、脚手架的搭设高度、脚手架连墙件的布置方式、大小横杆的布置方式等。脚手架布置的间距用于确定脚手架的所有布置。脚手架地基参数确定脚手架地基情况，脚手架荷载参数用于确定作用在脚手架上的荷载，包括恒荷载、活荷载以及风荷载。

脚手架参数中，程序提供了脚手架搭设的参考数据如图 1.13 所示。

(1) 横向间距或排距（m)：按照设计要求输入，单排脚手架为外立杆轴线至墙面的距离。

(2) 步距（m)：上下两根横向或纵向杆的垂直距离。

(3) 立杆间距（m)：即立杆的纵向间距。

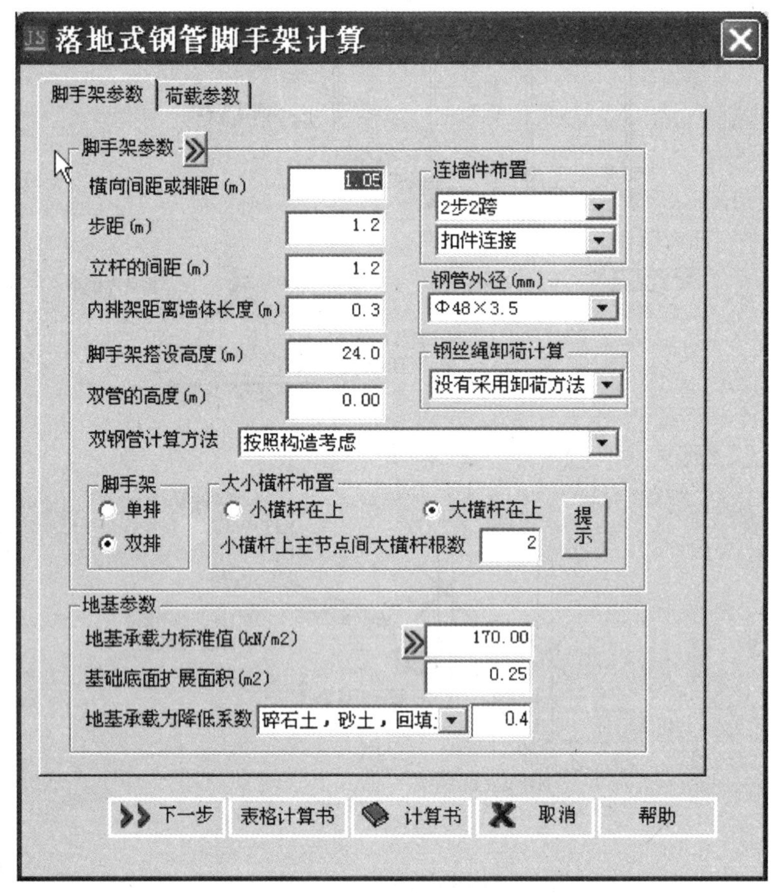

图 1.12　落地式扣件钢管脚手架计算对话框

(4) 内排架距离墙体长度（m）：输入双排脚手架的计算外伸长度。按照规范要求，在双排脚手架中，靠墙一端的外伸长度不应大于 0.4 倍的立杆横距，且不应大于 500mm。计算时按照规范说明，当横向水平杆的构造外伸长度取 500mm 时，计算外伸长度取 300mm，即 0.3m。

(5) 脚手架搭设高度（m）：输入脚手架的实际搭设高度。

(6) 脚手架布置：单排或双排。

(7) 钢管类型：在《建筑施工扣件式钢管脚手架规范》（JGJ 130—2001）中提供了 ϕ48×3.5 和 ϕ51×3.0 两种，实际应用中可能会有 ϕ48×3.25、ϕ48×3.2、ϕ48×3.0、ϕ48×2.9 和 ϕ48×2.8。

(8) 连墙件布置：包括连墙件布置方式和连接方式。

连墙件布置方式可考虑 2 步 2 跨、2 步 3 跨和 3 步 3 跨；连墙件连接方式提供了四种连墙件的计算，包括扣件连接（单双排）、焊缝连接、螺栓连接和膨胀螺栓。

(9) 大小横杆布置：根据实际大小横杆布置方式选择，南方地区通常采用小横杆上铺设大横杆的方式，北方反之。当采用小横杆上铺设大横杆方式计算时，其两侧的大横杆直接通过扣件连接到立杆，集中力传递到小横杆的只有中间的大横杆，可根据实际情况输入主节点间选择 1 或 2 根大横杆（对话框中不含两侧杆）；当采用大横杆上铺设小横杆方式计算时，

常用脚手架的设计尺寸

常用敞开式双排脚手架的设计尺寸(m)

连墙件设置	横距	步距	下列荷载时的立杆纵距				脚手架允许搭设高度[H]
			2+4×0.35 (kN/m²)	2+2+4×0.35 (kN/m²)	3+4×0.35 (kN/m²)	3+2+4×0.35 (kN/m²)	
二步三跨	1.05	1.20~1.35	2.0	1.8	1.5	1.5	50
		1.80	2.0	1.8	1.5	1.5	50
	1.30	1.20~1.35	1.8	1.5	1.5	1.5	50
		1.80	1.8	1.5	1.5	1.2	50
	1.55	1.20~1.35	1.8	1.5	1.5	1.5	50
		1.80	1.8	1.5	1.5	1.2	37
三步三跨	1.05	1.20~1.35	2.0	1.8	1.5	1.5	50
		1.80	2.0	1.5	1.5	1.5	34
	1.30	1.20~1.35	1.8	1.5	1.5	1.5	50
		1.80	1.8	1.5	1.5	1.2	30

常用敞开式单排脚手架的设计尺寸(m)

连墙件设置	横距	步距	下列荷载时的立杆纵距		脚手架允许搭设高度[H]
			2+2×0.35 (kN/m²)	3+2×0.35 (kN/m²)	
二步三跨 二步三跨	1.20	1.20~1.35	2.0	1.8	24
		1.80	2.0	1.8	24
	1.40	1.20~1.35	1.8	1.5	24
		1.80	1.8	1.5	24

注:1.表中所示2+2+4×0.35(kN/m²)包括下列荷载:

2+2(kN/m²)是二层装修作业层施工荷载

4×0.35(kN/m²)是二层作业层脚手板,另两层脚手板是根据规范确定

2.作业层横向水平杆间距,应不大于la/2设置

图 1.13　脚手架搭设的参考数据

需要输入大横杆上小横杆的根数，可根据实际情况输入主节点间选择 1 或 2 根小横杆。

（10）双钢管计算方法：根据双管脚手架的搭设高度，程序自动进行双管脚手架的设计计算，其中包括变截面处和双管根部的验算；双管的计算方式的选择，如果依据工程实际情况搭设有双管时，其计算方式要选择按照双立杆截面面积的 0.7 倍进行折减。

（11）钢丝绳卸荷计算：钢管脚手架搭设高度超过 50m 或荷载较大时采用，软件提供了完全卸荷计算、没有考虑卸荷及按构造考虑等情况。完全卸荷计算的计算模式将立杆的荷载按照卸荷钢丝绳的道数平均分配，缺少科学性，所以建议使用中将钢丝绳卸荷按构造考虑，不参与计算。

（12）脚手架地基参数：脚手架地基参数用于计算脚手架基础承载力验算，包括地基承载力、考虑脚手架钢管底垫木块或经地面处理后的基础底面扩展面积和地基承载力降低系数。

地基承载力标准值：可根据实际地面的数据输入，程序提供了各种地面的承载力参考值供用户选择。地基承载力特征值一般由地质报告确定。当地质报告不明确时，可由动力

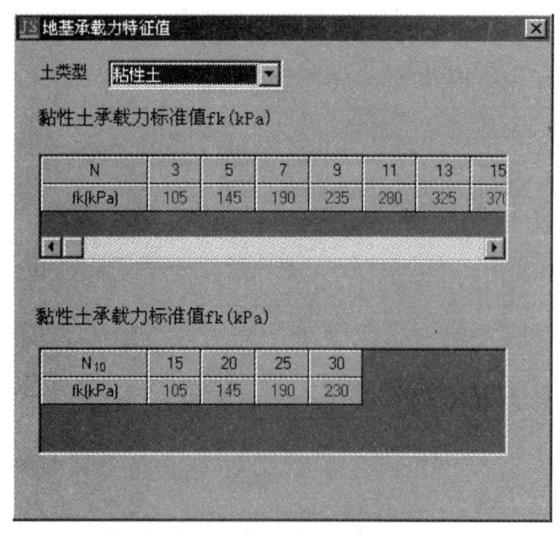

图 1.14　地基承载力标准值参数

触探试验确定。程序提供了相应的参考表，点击边上的≫，得到以下的对话框（图 1.14）。

表中提供不同的土类型，包括黏性土、砂土等，相应的重型动力触探锤击数 N（$N_{63.5}$）和轻型动力触探锤击数 N（N_{10}）与地基承载力标准值的关系。

基础底面扩展面积：一般取 0.25m²，当下面的垫木或者垫板的面积小于 0.25m² 时，按照实际进行取值，当大于 0.25m² 时，按照 0.25m² 进行计算。

地基承载力降低系数：根据地基土的类型，分别根据规范选择相应的系数。

（13）荷载参数（图 1.15）

①风荷载计算

规范中立杆的稳定性计算在考虑与不考虑风荷载时计算方法是不同的。

基本风压：按照《建筑结构荷载规范》（GB 50009—2001）规定根据不同地区采用。

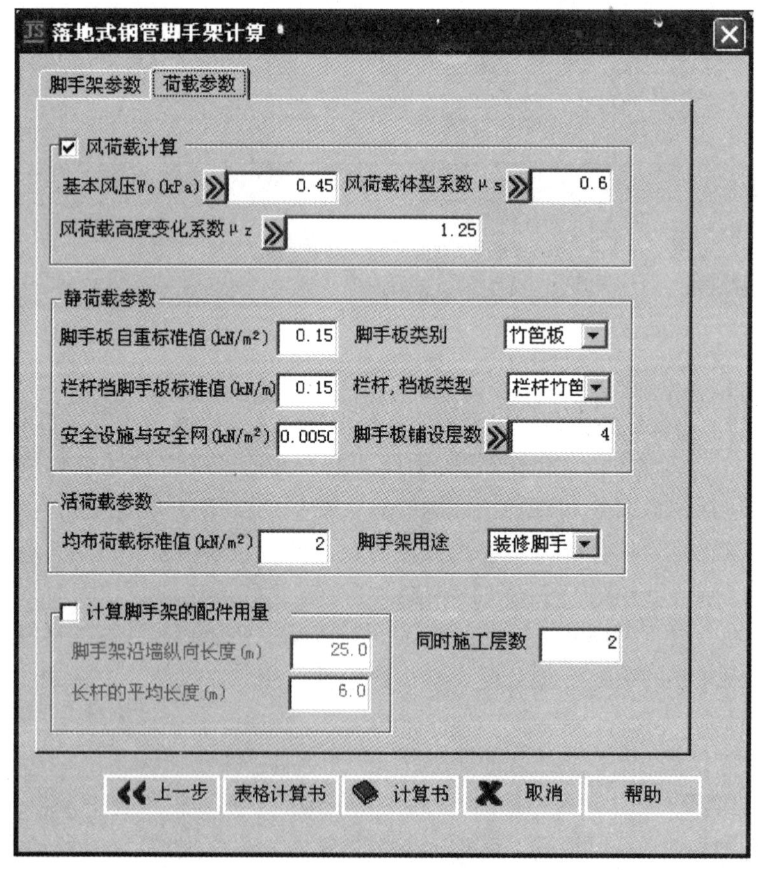

图 1.15　外脚手架计算荷载参数对话框

风荷载高度变化系数：按照《建筑结构荷载规范》(GB 50009—2001)，由建筑物的地区（A类—近海或湖岸区、B类—城市郊区、C类—有密集建筑群市区和D类—有密集建筑群城且房屋较高市区）与计算高度查表确定。

在风荷载高度变化系数计算中，风荷载计算高度应根据脚手架实际搭设的高度输入（如图1.16）。

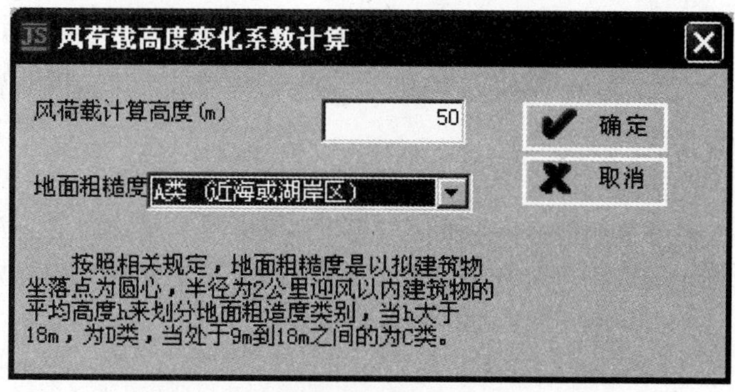

图1.16　风荷载高度变化系数选择对话框

风荷载体型系数：按照扣件式钢管脚手架规范要求，风荷载体型系数按照三种类型进行计算，如图1.17所示。

风荷载体型系数按照三种方式进行计算，敞开式脚手架由程序直接进行计算，封闭式脚手架（背靠全封闭式的墙和敞开、框架和开洞墙）根据规范规定按1.0ϕ或者1.3ϕ进行计算。挡风系数程序按照两种方式进行计算：一种是用公式进行计算：一种是按照表格查询进行计算。

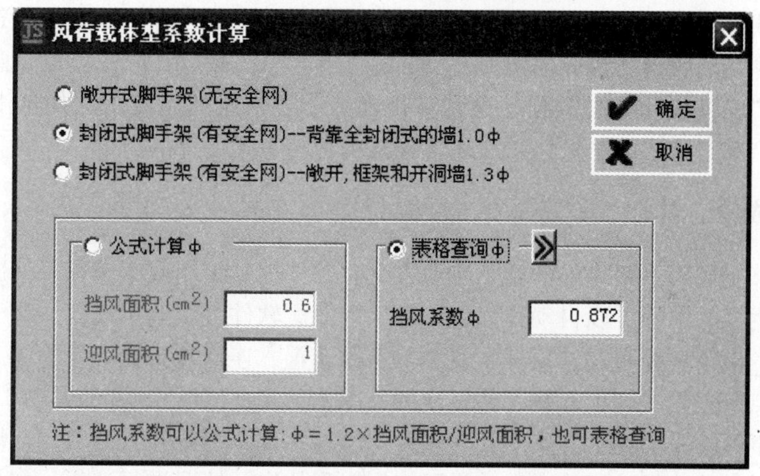

图1.17　风荷载体型系数选择对话框

公式计算ϕ=1.2×挡风面积/迎风面积确定，用户不必拘泥挡风面积与迎风面积的具体数值，只要它们的比值正确就可以得到正确的结果。

表格查询计算是程序提供了按照一定的步距和纵距以及安全网的目数给出的一些风荷载体型系数的参考值，参数表见图1.3。

②静荷载计算

静荷载标准值包括以下内容的组合：

A. 每米立杆承受的结构自重标准值（kN/m），软件自动按照脚手架规范附录A计算；

B. 脚手板的自重标准值，软件按照规范提供数值给出了冲压钢脚手板、竹串片脚手板、木脚手板和竹笆板的标准值，对竹笆板脚手板的自重可取0.15kN/m^2；

C. 栏杆与挡脚手板自重标准值（kN/m），规范给出了栏杆冲压钢脚手板、栏杆竹串片脚手挡板、栏杆木脚手挡板和栏杆竹笆片的标准值，对栏杆竹笆片可取 0.15kN/m；

D. 吊挂的安全设施荷载，包括安全网（kN/m^2），通常取 0.005kN/m^2，需要注意的是此荷载为脚手架竖向的平面荷载，与脚手板是不一样的；

E. 脚手板铺设层数：根据实际施工中同时铺设脚手板层数确定，如果每层都铺设脚手板点击 脚手板铺设层数 右侧的 » 双箭头即可自动按脚手架搭设高度除以脚手架步距确定铺设层数。

③活荷载计算

软件按照规范提供数值给出了用于装修、结构和其他方面的活荷载标准值，将其与同时施工层数相乘来确定。同时施工层数依据工程的实际情况输入。

④计算脚手架的配件用量

用户输入沿墙角脚手架的长度（即周长）以及长杆的平均长度，程序对所用脚手架的材料，包括钢管、扣件进行概算。

用户依次填入以上的脚手架参数和荷载参数，不明确的可以点击界面上的 » 键，会弹出相应的规范依据或提示框。所有计算参数全部输入正确后，单击“计算书”按钮，程序自动进行落地式钢管脚手架设计的计算，包括纵向、横向水平杆等受弯构件的强度和扣件抗滑移承载力计算；连墙件的强度、稳定性和连接强度的计算；立杆的稳定性计算；地基承载力计算，最后得到相应的图文并茂的标准计算书（WORD 格式），参照（本章）第五节；单击“表格式计算书”程序会计算得到一个表格式的计算书；如单击“取消”按钮，则退出；单击“帮助”按钮，获得落地式钢管脚手架设计的帮助。

二、生成施工专项方案

软件能够生成脚手架完整的施工专项方案。软件提供绘制或编辑脚手架施工图、节点详图功能，生成的图形可以自动存入施工专项方案。软件可以摘录规范中对于脚手架的基本构造要求：包括立杆布置、横杆布置、剪刀撑布置、连墙件布置等作为施工专项方案的内容。通过点取左侧“施工方案”栏相应的菜单子项实现（图 1.18 和图 1.19）。

落地式钢管脚手架施工方案的计算参数中包括各种脚手架布置参数、连墙件的布置方式以及各种材料的选择。各种参数的设置依据工程的实际情况进行选择，如果已有PKPM安全计算软件中的有关数据，这里也可以把其数据导入到界面进行施工方案的生成。

在参数设置和图形绘制结束后，点击 ✔ 方案 可以直接生成具有目录以及内容的详细完整（包含图形）的落地式脚手架的施工方案，计算书直接保存在方案中。生成的方案自动转化到 WORD 格式下，用户可以在 WORD 程序下对方案进行详细的增加、修改，最后可以形成一个操作可行、图文并茂的施工方案。

三、软件特色

（1）软件包含了各种形式脚手架设计的计算内容，严格按照国家规范的基本要求，避免了手工计算中出现丢项、丢步骤、数据混乱等经常出现的问题，提高了计算结果的可靠性，可以作为标准计算书模板；

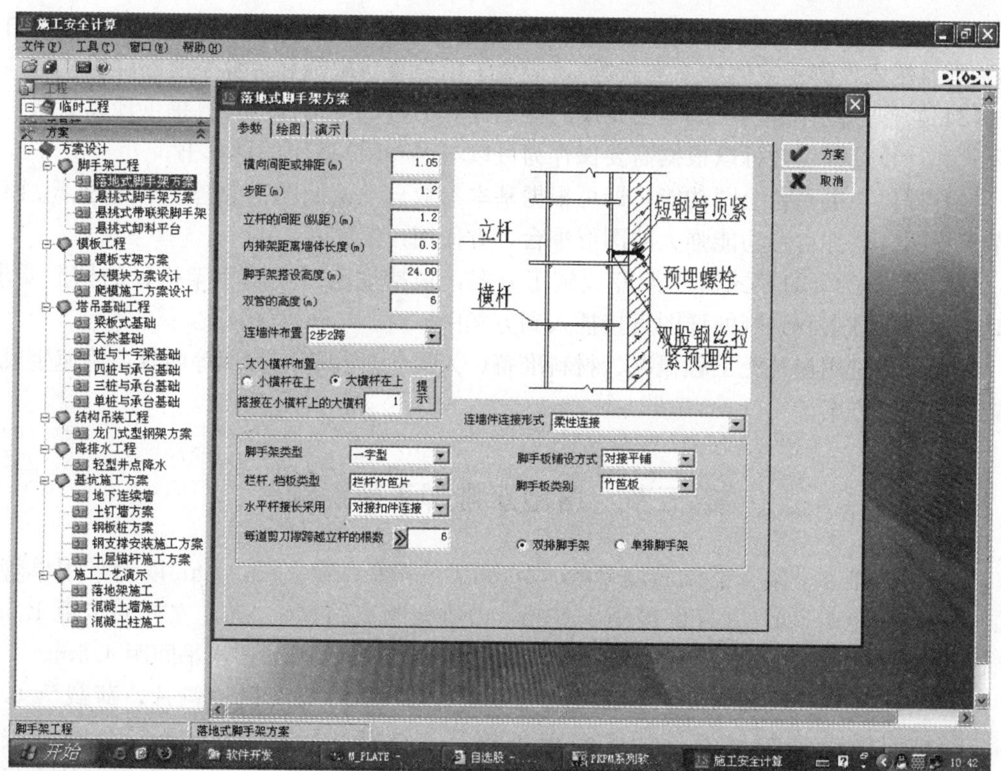

图1.18　脚手架施工专项方案生成对话框

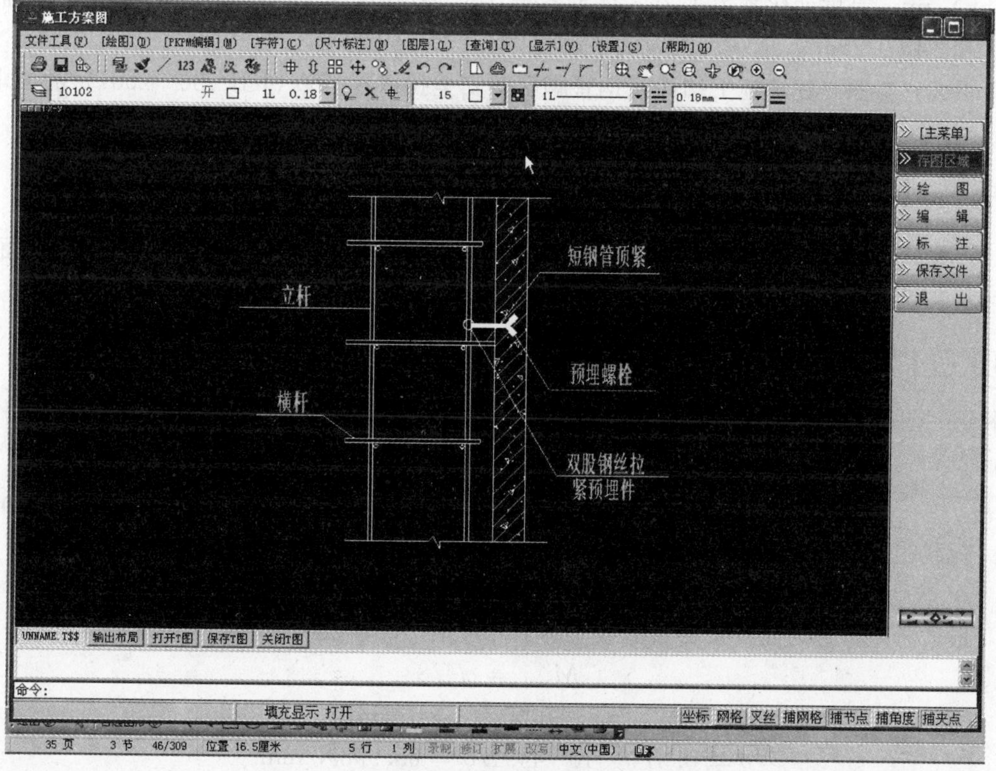

图1.19　脚手架施工专项方案连墙件绘图平台

（2）软件将施工计算工作内容归纳为简单的基本参数，并配备大量的计算参数用表（如基本风压表、脚手架体型系数表等），避免了用户查找规范和计算手册的麻烦；

（3）操作方便，自动生成图文并茂的详细计算书，每个构件的计算提供计算简图、计算公式和计算过程，并可以根据需要保存为可以与 WORD 通用的计算书；

（4）提供自主平台绘图功能，即可根据基本参数自动绘制脚手架搭设平面图、立面图和节点详图，软件自带功能强大的图形平台，方便用户绘图；

（5）提供 WORD 格式脚手架专项施工方案，包括规范对于脚手架搭设的构造要求，同时可以将计算书和绘制的详图直接插入到方案中。

这样，通过用户补充工程概况、材料准备、人员管理和施工管理等内容，快速生成脚手架专项施工方案。

第五节　落地双排脚手架例题

某工程双排脚手架，搭设高度 60m，40m 以下采用双管立杆，40m 以上采用单管立杆。立杆的纵距 1.5m，立杆的横距 1.05m，内排架距离结构 0.3m，立杆的步距 1.5m。钢管类型为 ϕ48×3.0mm，连墙件采用 2 步 3 跨，竖向间距 3.0m，水平间距 4.5m。

施工活荷载为 2.0kN/m^2，同时考虑 2 层施工。脚手板采用竹笆片，荷载为 0.15 kN/m^2，按照铺设 4 层计算。栏杆采用竹笆片，荷载为 0.15kN/m，安全网荷载取 0.005kN/m^2。脚手板下小横杆在大横杆上面，且主结点间增加一根小横杆。基本风压 0.45kN/m^2，高度变化系数 1.25，体型系数 0.6。地基承载力标准值 170kN/m^2，基础底面扩展面积 0.25m^2，地基承载力调整系数 0.4。

下面，参照《建筑施工扣件式钢管脚手架安全技术规范》（JGJ 130—2001）的要求，给出整个架体的完整计算过程，计算由第四节软件操作自动完成。

一、小横杆的计算

小横杆按照简支梁进行强度和挠度计算，小横杆在大横杆的上面。按照小横杆上面的脚手板和活荷载作为均布荷载计算小横杆的最大弯矩和变形。计算简图如图 1.20 所示。

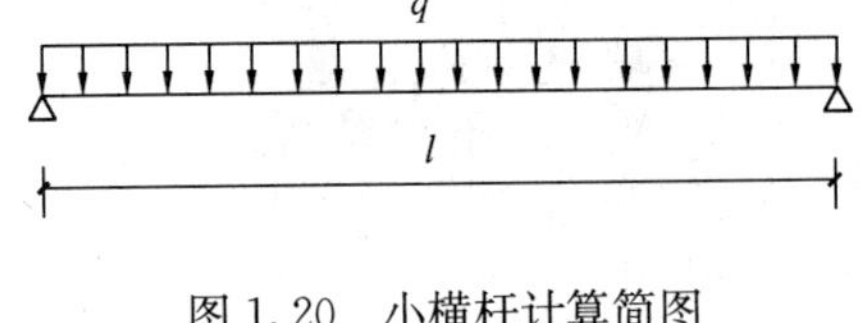

图 1.20　小横杆计算简图

1. 均布荷载值计算

小横杆的自重标准值　$P_1=0.038\text{kN/m}$

脚手板的荷载标准值　$P_2=0.15\times1.5/2=0.113\text{kN/m}$

活荷载标准值　$Q=2.0\times1.5/2=1.5\text{kN/m}$

荷载的计算值　$q=1.2\times0.038+1.2\times0.113+1.4\times1.5=2.281\text{kN/m}$

2. 抗弯强度计算

最大弯矩考虑为简支梁均布荷载作用下的弯矩，计算公式如下：

$$M_{qmax}=ql^2/8$$

$$M=2.281\times1.05^2/8=0.314\text{kN}\cdot\text{m}$$

$$\sigma=0.314\times10^6/4491.0=69.998\text{N/mm}^2$$

小横杆的计算强度小于 205.0N/mm^2，满足要求！

3. 挠度计算

最大挠度考虑为简支梁均布荷载作用下的挠度，计算公式如下：

$$v_{qmax} = \frac{5ql^4}{384EI}$$

荷载标准值　　　　$q=0.038+0.113+1.5=1.651kN/m$

简支梁均布荷载作用下的最大挠度

$$v = 5.0 \times 1.651 \times 1050^4/(384 \times 2.06 \times 10^5 \times 107780) = 1.177mm$$

小横杆的最大挠度小于1050.0/150与10mm，满足要求！

二、大横杆的计算

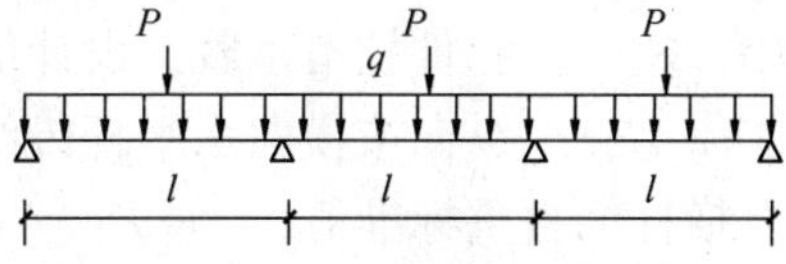

图1.21　大横杆计算简图

大横杆按照三跨连续梁进行强度和挠度计算，小横杆在大横杆的上面。用小横杆支座的最大反力计算值，在最不利荷载布置下计算大横杆的最大弯矩和变形。计算过程中不考虑加在主节点上的小横杆集中荷载。计算简图如图1.21所示。

1. 荷载值计算

小横杆的自重标准值　　$P_1=0.038\times1.05=0.04kN$

脚手板的荷载标准值　$P_2=0.15\times1.05\times1.5/2=0.118kN$

活荷载标准值　　　　$Q=2.0\times1.05\times1.5/2=1.575kN$

荷载的计算值　　$P=(1.2\times0.04+1.2\times0.118+1.4\times1.575)/2=1.198kN$

2. 抗弯强度计算

最大弯矩考虑为大横杆自重均布荷载与荷载的计算值最不利分配的弯矩和，均布荷载最大弯矩计算公式如下：

$$M_{max} = 0.08ql^2$$

集中荷载最大弯矩计算公式如下：

$$M_{Pmax} = 0.175Pl$$

$$M = 0.08 \times (1.2 \times 0.038) \times 1.5^2 + 0.175 \times 1.198 \times 1.5 = 0.323kN \cdot m$$

$$\sigma = 0.323 \times 10^6/4491.0 = 71.845N/mm^2$$

大横杆的计算强度小于$205.0N/mm^2$，满足要求！

3. 挠度计算

最大挠度考虑为大横杆自重均布荷载与荷载的计算值最不利分配的挠度和，均布荷载最大挠度计算公式如下：

$$v_{max} = 0.677\frac{ql^4}{100EI}$$

集中荷载最大挠度计算公式如下：

$$v_{Pmax} = 1.146 \times \frac{pl^3}{100EI}$$

大横杆自重均布荷载引起的最大挠度

$$v_1 = 0.677 \times 0.038 \times 1500^4/(100 \times 2.06 \times 10^5 \times 107780) = 0.06mm$$

集中荷载标准值　$P = (0.04 + 0.118 + 1.575)/2 = 0.867kN$

集中荷载标准值最不利分配引起的最大挠度

$$v_2 = 1.146 \times 866.722 \times 1500^3/(100 \times 2.06 \times 10^5 \times 107780) = 1.51\text{mm}$$

最大挠度和　　$v = v_1 + v_2 = 1.569\text{mm}$

大横杆的最大挠度小于 1500.0/150 与 10mm，满足要求！

三、扣件抗滑力的计算

纵向或横向水平杆与立杆连接时，扣件的抗滑承载力按照下式（规范 5.2.5 式）计算：

$$R \leqslant R_c$$

其中 R_c——扣件抗滑承载力设计值，取 8.0kN；

R——纵向或横向水平杆传给立杆的竖向作用力设计值。

横杆的自重标准值　　$P_1 = 0.038 \times 1.5 = 0.058\text{kN}$

脚手板的荷载标准值　　$P_2 = 0.15 \times 1.05 \times 1.5/2 = 0.118\text{kN}$

活荷载标准值　　$Q = 2.0 \times 1.05 \times 1.5/2 = 1.575\text{kN}$

荷载的计算值　$R = 1.2 \times 0.058 + 1.2 \times 0.118 + 1.4 \times 1.575 = 2.416\text{kN}$

单扣件抗滑承载力的设计计算满足要求！

四、脚手架荷载标准值

作用于脚手架的荷载包括静荷载、活荷载和风荷载。静荷载标准值包括以下内容：

（1）每米立杆承受的结构自重标准值（kN/m）：本例为 0.1195kN/m

$$N_{G1} = 0.12 \times 60 + 40 \times 0.038 = 8.705\text{kN}$$

（2）脚手板的自重标准值（kN/m^2）：本例采用竹笆片脚手板，标准值为 0.15kN/m^2

$$N_{G2} = 0.15 \times 4 \times 1.5 \times (1.05 + 0.3)/2 = 0.608\text{kN}$$

（3）栏杆与挡脚手板自重标准值（kN/m）：本例采用栏杆、竹笆片脚手板挡板，标准值为 0.15kN/m

$$N_{G3} = 0.15 \times 1.5 \times 4/2 = 0.45\text{kN}$$

（4）吊挂的安全设施荷载，包括安全网（kN/m^2）：取值 0.005 kN/m^2，此荷载为竖向荷载。

$$N_{G4} = 0.005 \times 1.5 \times 60 = 0.45\text{kN}$$

经计算得到，静荷载标准值　$N_G = N_{G1} + N_{G2} + N_{G3} + N_{G4} = 10.213\text{kN}$。

活荷载为施工荷载标准值产生的轴向力总和，内、外立杆按一纵距内施工荷载总和的 1/2 取值。

经计算得到，活荷载标准值　$N_Q = 2.0 \times 2 \times 1.5 \times 1.05/2 = 3.15\text{kN}$

风荷载标准值应按照以下公式计算

$$w_k = 0.7\mu_z \cdot \mu_s \cdot w_0$$

其中 w_0——基本风压（kN/m^2），按照《建筑结构荷载规范》（GB 50009—2001）附录表 D.4 的规定采用：$w_0 = 0.45\text{kN/m}^2$；

μ_z——风荷载高度变化系数，按照《建筑结构荷载规范》（GB 50009—2001）附录表 7.2.1 的规定采用：$\mu_z = 1.25$；

μ_s——风荷载体型系数：$\mu_s = 0.6$。

经计算得到，风荷载标准值 $w_k=0.7\times0.45\times1.25\times0.6=0.236\text{kN/m}^2$。

考虑风荷载时，立杆的轴向压力设计值计算公式

$$N=1.2N_G+0.85\times1.4N_Q$$

经过计算得到，底部立杆的最大轴向压力 $N=1.2\times10.213+0.85\times1.4\times3.15=16.004\text{kN}$

单双立杆交接位置的最大轴向压力 $N=1.2\times3.897+0.85\times1.4\times3.150=8.425\text{kN}$

不考虑风荷载时，立杆的轴向压力设计值计算公式

$$N=1.2N_G+0.85\times1.4N_Q$$

经过计算得到，底部立杆的最大轴向压力 $N=1.2\times10.213+1.4\times3.15=16.665\text{kN}$

单双立杆交接位置的最大轴向压力 $N=1.2\times3.897+1.4\times3.15=9.087\text{kN}$

风荷载设计值产生的立杆段弯矩 M_w 计算公式

$$M_w=0.85\times1.4w_kl_ah^2/10$$

其中　w_k——风荷载标准值（kN/m^2）；

l_a——立杆的纵距（m）；

h——立杆的步距（m）。

经过计算得到风荷载产生的弯矩

$$M_w=0.85\times1.4\times0.236\times1.5\times1.5\times1.5/10=0.095\text{kN}\cdot\text{m}$$

五、立杆的稳定性计算

单双立杆交接位置和双立杆底部均需要立杆稳定性计算。双立杆底部的钢管截面面积和模量按照两倍的单钢管截面的0.7折减考虑。

（1）不考虑风荷载时，立杆的稳定性计算

$$\sigma=\frac{N}{\phi A}\leqslant[f]$$

其中　N——立杆的轴心压力设计值，底部 $N=16.665\text{kN}$，单双立杆交接位置 $N=9.087\text{kN}$；

i——计算立杆的截面回转半径，$i=1.60\text{cm}$；

k——计算长度附加系数，取1.155；

u——计算长度系数，由脚手架的高度确定，$u=1.5$；

l_0——计算长度（m），由公式 $l_0=kuh$ 确定，$l_0=1.155\times1.500\times1.500=2.599\text{m}$；

A——立杆净截面面积，$A=5.935\text{cm}^2$；

W——立杆净截面模量（抵抗矩），$W=6.287\text{cm}^3$；

λ——长细比，为 $2599/16=163$；

ϕ——轴心受压立杆的稳定系数，由长细比 l_0/i 的结果查表得到0.268；

σ——钢管立杆受压强度计算值（N/mm^2）；经计算得到 $\sigma=16665/(0.27\times594)=104.694\text{N/mm}^2$；

$[f]$——钢管立杆抗压强度设计值，$[f]=205\text{N/mm}^2$。

不考虑风荷载时，双立杆的稳定性计算 $\sigma <[f]$，满足要求！

经计算得到单双立杆交接位置 $\sigma=9087/(0.27\times424)=79.918\mathrm{N/mm^2}$；

不考虑风荷载时，单双立杆交接位置的立杆稳定性计算 $\sigma<[f]$，满足要求！

（2）考虑风荷载时，立杆的稳定性计算

$$\sigma=\frac{N}{\phi A}+\frac{M_{\mathrm{w}}}{W}\leqslant[f]$$

其中　N——立杆的轴心压力设计值，底部 $N=16.004\mathrm{kN}$，单双立杆交接位置 $N=8.425\mathrm{kN}$；

i——计算立杆的截面回转半径，$i=1.60\mathrm{cm}$；

k——计算长度附加系数，取 1.155；

u——计算长度系数，由脚手架的高度确定，$u=1.5$；

l_0——计算长度（m），由公式 $l_0=kuh$ 确定，$l_0=1.155\times1.5\times1.5=2.599\mathrm{m}$；

A——立杆净截面面积，$A=5.935\mathrm{cm^2}$；

W——立杆净截面模量（抵抗矩），$W=6.287\mathrm{cm^3}$；

λ——长细比，为 2599/16=163；

ϕ——轴心受压立杆的稳定系数，由长细比 l_0/i 的结果查表得到 0.268；

M_{w}——计算立杆段由风荷载设计值产生的弯矩，$M_{\mathrm{W}}=0.095\mathrm{kN\cdot m}$；

σ——钢管立杆受压强度计算值（$\mathrm{N/mm^2}$）。

经计算得到 $\sigma=16004/(0.27\times594)+95000/6287=115.63\mathrm{N/mm^2}$；

考虑风荷载时，双立杆的稳定性计算 $\sigma<[f]$，满足要求！

经计算得到单双立杆交接位置 $\sigma=8425/(0.27\times424)+95000/4491=95.228\mathrm{N/mm^2}$；

考虑风荷载时，单双立杆交接位置的立杆稳定性计算 $\sigma<[f]$，满足要求！

六、连墙件的计算

连墙件的轴向力计算值应按照下式计算：

$$N_1=N_{1\mathrm{w}}+N_0$$

其中　$N_{1\mathrm{w}}$——风荷载产生的连墙件轴向力设计值（kN），应按照下式计算：

$$N_{1\mathrm{w}}=1.4\times w_{\mathrm{k}}\times A_{\mathrm{w}}$$

w_{k}——风荷载标准值，$w_{\mathrm{k}}=0.236\mathrm{kN/m^2}$；

A_{w}——每个连墙件的覆盖面积内脚手架外侧的迎风面积，$A_{\mathrm{w}}=3.0\times4.5=13.5\mathrm{m^2}$；

N_0——连墙件约束脚手架平面外变形所产生的轴向力（kN），$N_0=5.0\mathrm{kN}$。

经计算得到 $N_{1\mathrm{w}}=4.465\mathrm{kN}$，连墙件轴向力计算值 $N_1=9.465\mathrm{kN}$

连墙件轴向力设计值 $N_{\mathrm{f}}=\phi A[f]$，其中 ϕ 轴心受压立杆的稳定系数，由长细比 $l/i=30/1.6$ 的结果查表得到 $\phi=0.95$；$A=4.24\mathrm{cm^2}$；$[f]=205\mathrm{N/mm^2}$。

经过计算得到 $N_{\mathrm{f}}=82.709\mathrm{kN}$，$N_{\mathrm{f}}>N_1$，连墙件的设计计算满足要求！

七、立杆的地基承载力计算

立杆基础底面的平均压力应满足下式的要求：

$$p \leqslant f_g$$

其中　p——立杆基础底面的平均压力（kN/m^2），$p=N/A=66.66kN/m^2$；

N——上部结构传至基础顶面的轴向力设计值（kN），$N=16.67kN$；

A——基础底面面积（m^2），$A=0.25m^2$；

f_g——地基承载力设计值（kN/m^2），$f_g=68.0kN/m^2$。

地基承载力设计值应按下式计算

$$f_g = k_c \times f_{gk}$$

其中　k_c——脚手架地基承载力调整系数，$k_c=0.4$；

f_{gk}——地基承载力标准值，$f_{gk}=170kN/m^2$。

结论：地基承载力的计算满足要求！

第六节　悬挑式钢管脚手架计算规则

施工中常用的悬挑脚手架通常是指单双排钢管脚手架的底部通过型钢（工字钢或者槽钢）支撑架传递到主体结构的施工外用脚手架，包括型钢支撑架、扣件式钢管脚手架和连墙件三部分。

从支撑的形式来讲，悬挑脚手架常见两种形式，一种是使用钢丝绳拉结水平钢梁与建筑物，如图 1.22 所示；另一种是将水平钢梁通过角钢或钢管支设到建筑物上，如图 1.23

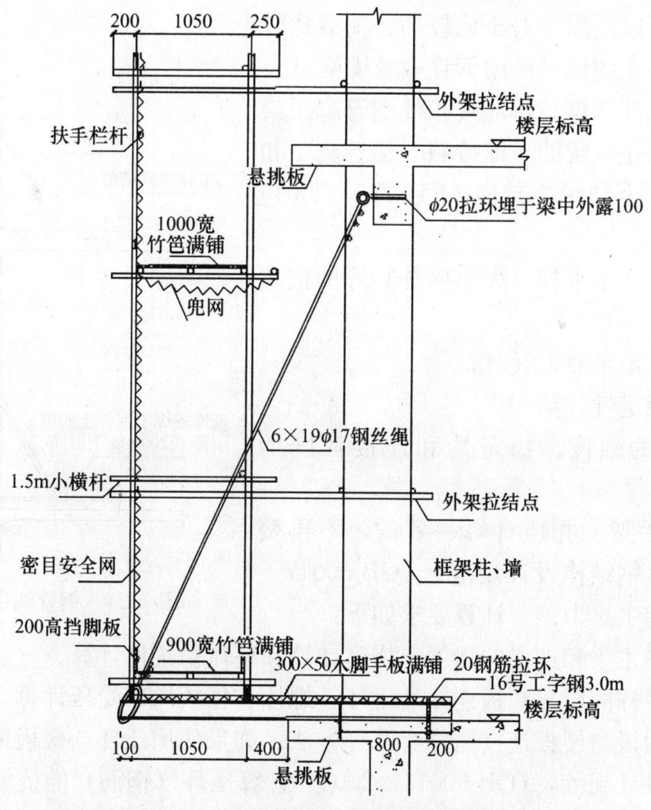

图 1.22　采用钢丝绳悬挑脚手架施工图

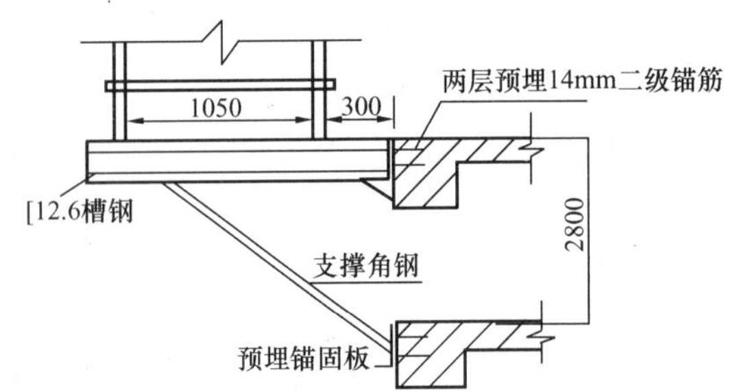

图 1.23 下支撑悬挑脚手架施工图

所示。在施工现场比较特殊的情况下，在保证计算结果可靠和底部支撑钢梁锚固长度足够的情况下，也有施工单位采用过没有任何保护的悬臂式钢梁支撑（图 1.24），但从安全角度讲不推荐使用。

从钢梁的布置形式来讲，悬挑脚手架常见两种形式，一种带连梁型钢，每脚手架立杆下面是水平连梁，连梁下面以悬挑主梁型钢支撑；另一种是每脚手架立杆直接用悬挑主梁型钢支撑，如图 1.25 所示。

悬挑脚手架型钢最稳定安全的选择是工字钢，在工字钢上面按照双排脚手架排距焊接短钢筋头，然后将 48mm 钢管套在外面使基础牢靠。但也有施工单位选择使用槽钢，脚手架立杆很难直接作用于槽钢腹板，基本上会作用于槽钢翼缘上，这样槽钢受力就很不合理，比较好的解决办法是在槽钢槽口内每隔立杆的纵距焊接短钢筋，形成矩形槽口受力，这是比较稳定的受力体系。在北方一些施工企业，为了节约施工开支，也有使用钢管做悬挑梁，但存在很大的安全隐患，因为所有关键受力点都是扣件连接传递荷载，而市场上扣件质量非常不可靠，几乎没有合格的产品，对于两三个楼层的脚手架高度经过计算还勉强可以使用，对于比较高、荷载比较大的悬挑脚手架一定要慎重使用钢管做悬挑梁。

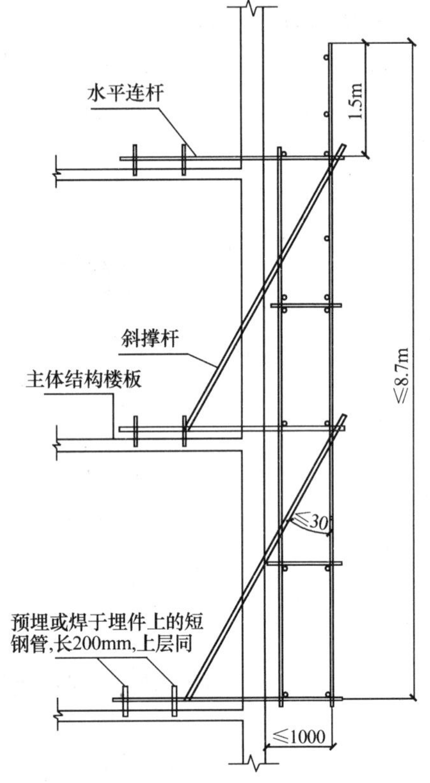

图 1.24 钢管两层悬挑施工图

悬挑脚手架上部计算与落地式扣件钢管脚手架计算的前四项要求是一致的，即按照《建筑施工扣件式钢管脚手架安全技术规范》（JGJ 130—2001）要求计算。

（1）纵向和横向水平杆（大小横杆）等的抗弯强度计算；

（2）扣件的抗滑承载力计算；

（3）立杆的稳定性计算；

（4）连墙件的强度、稳定性和连接强度的计算。

与落地式脚手架的相应计算一致的，不再赘述，但需要按照《钢结构设计规范》（GB 50017—2003）计算连梁和主梁型钢，计算要求如下：

（1）悬挑水平主梁和连梁的强度、挠度计算和整体稳定性计算。

（2）悬挑主梁锚固段与楼板连接处压环、螺栓和楼板局部受压计算。

悬挑主梁锚固段与楼板连接通常有两种方法：如果使用压环与楼板钢筋连接，要求根据《混凝土结构设计规范》（GB 50010—2002）计算压环（钢筋）的抗剪强度；如果使用螺栓打入楼板，要求计算螺栓抗拉强度和楼板局部受压。

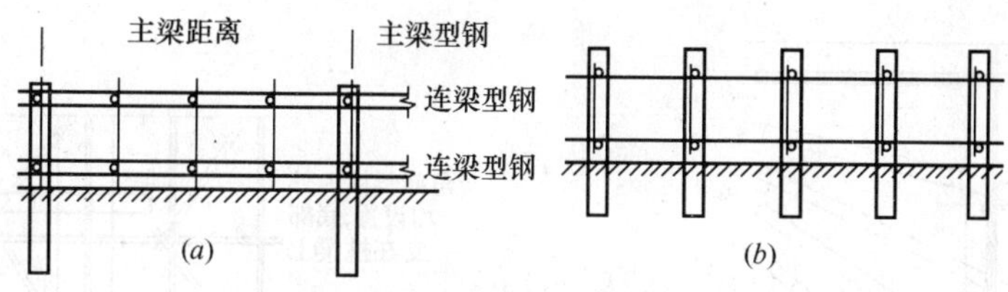

图 1.25 悬挑脚手架两种形式示意图

(a) 带连梁悬挑脚手架；(b) 无连梁悬挑脚手架

悬挑梁穿墙作法及悬挑梁楼面作法如图 1.26 和图 1.27 所示。悬挑脚手架阳角处理如图 1.28、图 1.29 所示。

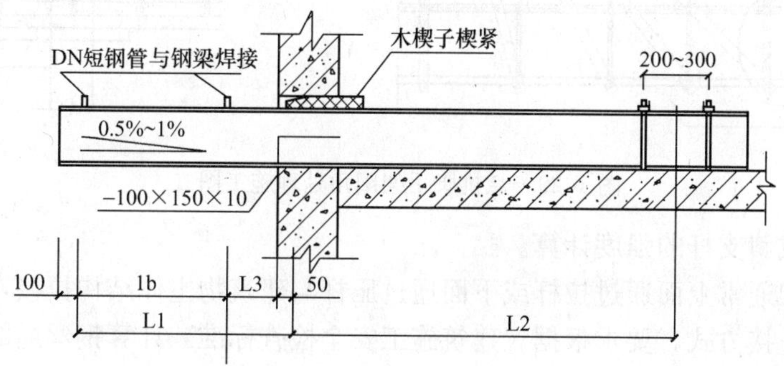

图 1.26 悬挑梁穿墙作法图

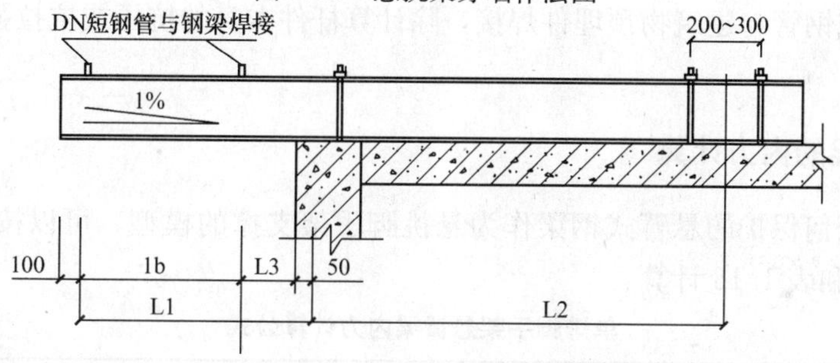

图 1.27 悬挑梁楼面作法图

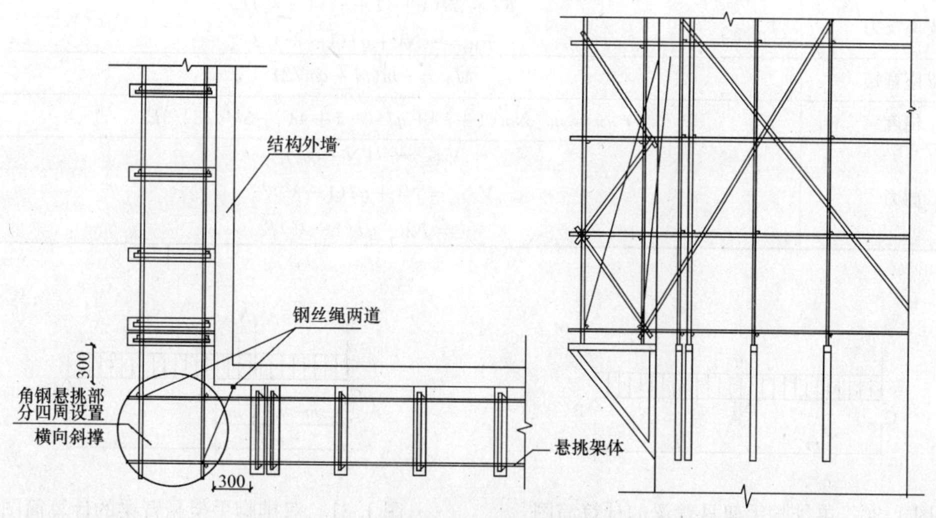

图 1.28 悬挑脚手架阳角处理施工图一

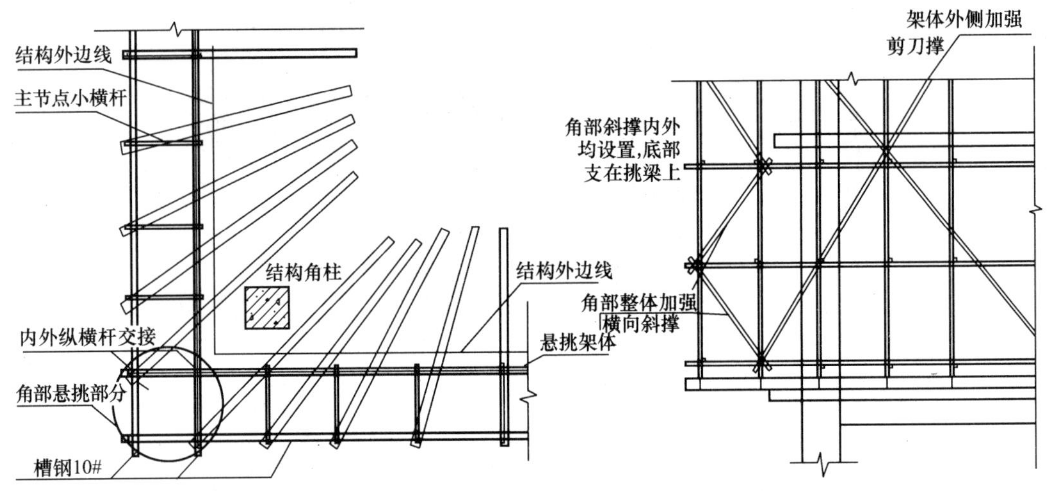

图 1.29 悬挑脚手架阳角处理施工图二

(3) 拉杆或斜支杆的强度计算。

悬挑脚手架通常上面通过拉杆或下面通过压杆与建筑物主体结构拉接，如果拉杆采用钢丝绳吊环的连接方式，要求根据《建筑施工安全检查标准》计算钢丝绳的抗拉强度和根据《混凝土结构设计规范》(GB 50010—2002) 计算吊环的抗剪强度；如果拉杆或压杆采用角钢、槽钢或钢管与建筑物预埋件焊接，除计算杆件本身的抗压或抗拉强度外，还要求计算焊接强度。

一、悬臂梁的内力计算

对于没有任何保护的悬臂式钢梁作为悬挑脚手架支撑的模型，可以按照图 1.30、表 1.15、图 1.31 和表 1.16 计算：

单排脚手架悬臂梁内力计算公式 **表 1.15**

内力名称	内力计算式（$\lambda = m/l$）
支座反力	$R_A = N(1+\lambda) + ql(1+\lambda^2)/2$ $R_B = -N\lambda + ql(1-\lambda^2)/2$
支座弯矩	$M_A = -m(N + qm/2)$
挠度	$v = ml[Nm(1+\lambda) + ql^2(-1+4\lambda^2+3\lambda^3)/8]/3EI$
剪力	$V_{A左} = -(N + qm)$ $V_{A右} = N\lambda + ql(1-\lambda^2)/2$ $V_B = N\lambda - ql(1-\lambda^2)/2$

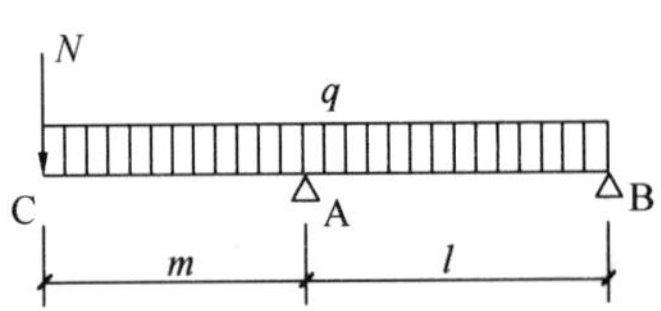

图 1.30 单排脚手架悬臂梁的计算简图

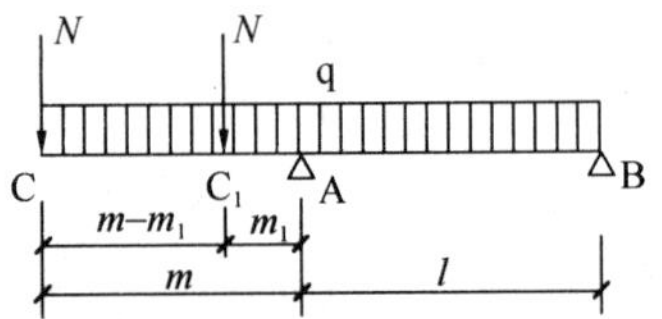

图 1.31 双排脚手架悬臂梁的计算简图

双排脚手架悬臂梁内力计算公式　　**表 1.16**

内力名称	内力计算式（$\lambda = m/l \quad \lambda_1 = m_1/l$）
支座反力	$R_A = N(2+\lambda+\lambda_1) + ql(1+\lambda^2)/2$ $R_B = -N(\lambda+\lambda_1) + ql(1-\lambda^2)/2$
支座弯矩	$M_A = -N(m+m_1) - qm^2/2$
挠度	$v = ml[Nm(1+\lambda) + ql^2(-1+4\lambda^2+3\lambda^3)/8]/3EI + Nlm_1^2(1+\lambda_1)/3EI$
剪力	$V_{A左} = -(2N+qm)$ $V_{A右} = N(\lambda+\lambda_1) + ql(1-\lambda^2)/2$ $V_B = N(\lambda+\lambda_1) - ql(1-\lambda^2)/2$

二、悬挑支撑梁的内力计算

悬挑脚手架的支撑梁可以有上拉式（用钢丝绳拉结水平钢梁与建筑物）和下支式（将水平钢梁通过角钢或钢管支设到建筑物上），内力计算一般有两种情况，一种是以一榀桁架建立有限元计算模型，生成平面杆系的有限元模型，通过求解力与位移的多元一次方程组来求得各杆件的内力，这种方法计算比较繁琐，在本章第九节介绍；另一种是不考虑水平支撑梁支点位置的变形，按照铰接点计算，这是手工计算比较常用的方法。

对于上下两层水平钢梁的计算，其上层钢梁可以按照集中荷载作用下的简支梁计算（图 1.32），其中集中荷载 P 为立杆的传递力，左右两个铰接点为上下两层水平钢梁的连接点，根据其计算跨度内立杆的数量确定集中荷载 P 的数量。

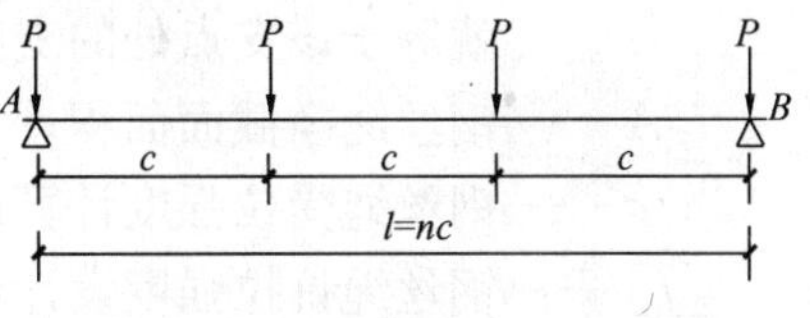

图 1.32　主次梁体系悬挑架下层水平钢梁计算图

支座力和最大弯矩按照简支梁的计算：

$$R_A = R_B = \frac{n-1}{2}P + P \qquad (1.21)$$

$$M_{max} = \begin{cases} \dfrac{(n^2-1)Pl}{8n} & (n\text{ 奇数}) \\ \dfrac{nPl}{8} & (n\text{ 为偶数}) \end{cases} \qquad (1.22)$$

与结构锚固连接的悬挑主梁计算如图 1.33 所示，A 点为自由端，D 点为与结构楼板的锚固点，如果施工中水平钢梁有两个楼板锚固点，可以选择距离自由端比较近的点为计算锚固点；B 点为钢丝绳拉结点或下部支杆的支点；C 点为悬挑主梁放置在结构楼板上的接触点。集中荷载 F 为双排脚手架两立杆传递的竖向荷载（单排脚手架为一个集中荷载 F），对双层水平钢梁为上层水平钢梁的支座力；q 为水平钢梁的自重荷载。

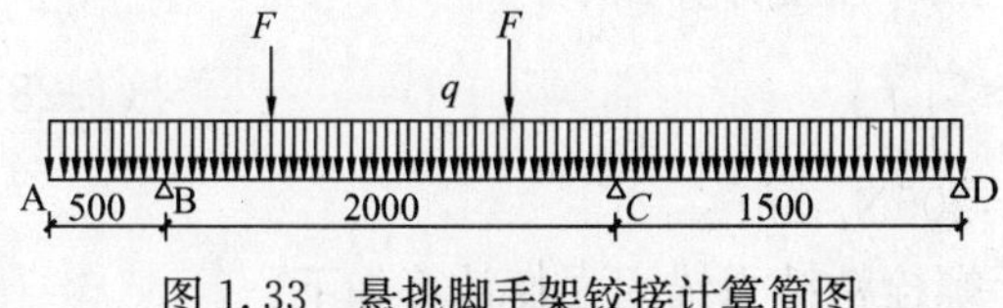

图 1.33　悬挑脚手架铰接计算简图

以上水平支撑梁与建筑主体结构采用螺栓或钢筋与楼板相连接时，按铰接计算，此时水平支撑梁的锚固长度 CD 段必须大于 0；当水平支撑梁与建筑主体结构的预埋件采用焊接连接时，按固接计算，此时水平支撑梁的锚固长度 CD 段必须等于 0，需设置预埋件，计算简图如图 1.34 所示。

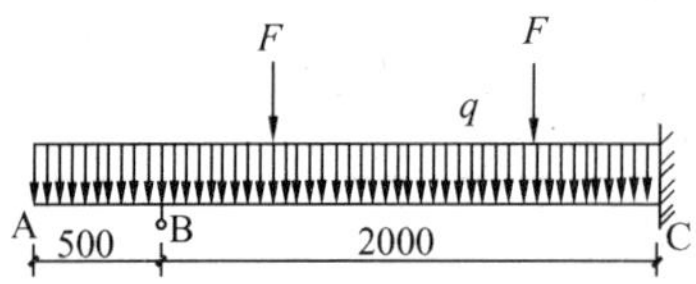

图 1.34　悬挑脚手架固接计算简图

三、悬挑梁强度计算

水平悬挑钢梁的抗弯强度计算公式如下：

$$\sigma=\frac{M}{\gamma_x W_x}+\frac{N}{A}\leqslant[f] \tag{1.23}$$

式中　γ——截面塑性发展系数，取 1.05。

水平钢梁的整体稳定性计算公式如下

$$\sigma=\frac{M}{\phi_b W}\leqslant[f] \tag{1.24}$$

式中　ϕ_b——均匀弯曲的受弯构件整体稳定系数，按照下式计算。

$$\phi_b=\frac{570tb}{lh}\cdot\frac{235}{f_y} \tag{1.25}$$

四、拉杆与支杆的强度计算

（1）钢丝绳的强度计算：

$$\sigma=\frac{N}{A}\leqslant[f] \tag{1.26}$$

式中　N——钢丝绳的拉力设计值，钢丝绳的拉力设计值乘以绳和水平梁的夹角正弦值就等于该支点处的支座反力；

A——钢丝绳净截面面积；

σ——钢丝绳受拉强度计算值；

$[f]$——钢丝绳抗拉强度设计值。

（2）斜压杆的容许压力按照下式计算：

$$\sigma=\frac{N}{\phi A}\leqslant[f] \tag{1.27}$$

式中　N——受压斜杆的轴心压力设计值；

ϕ——轴心受压斜杆的稳定系数，由长细比 l/i 查表得；

i——计算受压斜杆的截面回转半径；

l——受最大压力斜杆计算长度；

A——受压斜杆净截面面积；

σ——受压斜杆受压强度计算值；

$[f]$——受压斜杆抗压强度设计值。

五、锚固段计算

水平钢梁与楼板压点如果采用钢筋拉环，拉环强度计算如下：

$$\sigma=\frac{N}{A}\leqslant[f] \tag{1.28}$$

式中　$[f]$——拉环钢筋抗拉强度，取 $[f]=205\text{N/mm}^2$。

水平钢梁与楼板压点如果采用螺栓连接，螺栓粘结力锚固强度计算如下：

$$h\geqslant\frac{N}{\pi d[f_b]} \tag{1.29}$$

式中　N——锚固力，即作用于楼板螺栓的轴向拉力；

d——楼板螺栓的直径；

$[f_b]$——楼板螺栓与混凝土的容许粘接强度，计算中取 1.5N/mm²；

h——楼板螺栓在混凝土楼板内的锚固深度。

斜撑杆的焊缝计算，斜撑杆采用焊接方式与墙体预埋件连接，对接焊缝强度计算为：

$$\sigma = \frac{N}{l_w t} \leqslant f_c \text{ 或 } f_t \tag{1.30}$$

式中　N——斜撑杆的轴向力；

l_w——为斜撑杆件的周长；

t——斜撑杆的厚度；

f_t 或 f_c——对接焊缝的抗拉或抗压强度。

六、预埋件计算

当水平支撑梁与建筑主体结构的预埋件采用焊接连接时，需设置预埋件。预埋件的计算应该依据《混凝土结构设计规范》（GB 50010—2002），根据实际所用预埋件情况，通过输入锚板和锚筋的参数、预埋件所承受的内力，计算锚固钢筋的锚固长度，并按不同受力的预埋件验算锚筋面积，计算简图如图 1.35 所示。

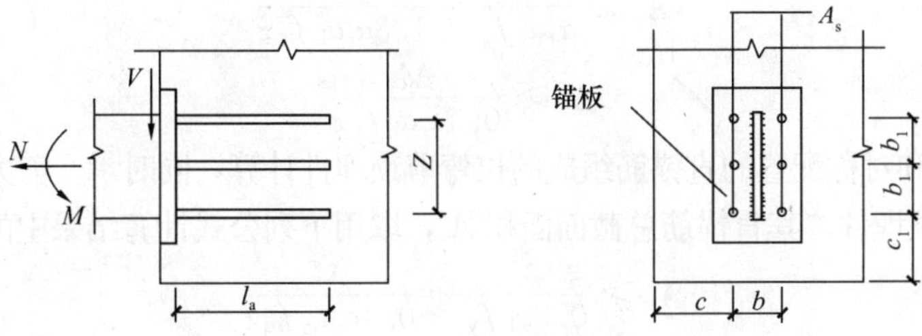

图 1.35　预埋件计算简图

1. 锚固长度计算

受拉直锚筋和弯折锚筋的最小锚固长度 l_a 应按下列公式计算：

$$l_a = \alpha \frac{f_y}{f_c} d \tag{1.31}$$

2. 锚固钢筋面积计算

（1）由锚板和对称配置的直锚筋组成的受拉预埋件计算，受拉力作用下预埋件直锚筋总截面面积 A_s 的计算公式为：

$$A_s \geqslant \frac{N}{0.8\alpha_b f_y} \tag{1.32}$$

（2）由锚板和对称配置的直锚筋组成的受剪预埋件计算，受剪预埋件的直锚筋总截面面积计算公式为：

$$A_s \geqslant \frac{V}{\alpha_r \alpha_v f_y} \tag{1.33}$$

（3）由锚板和对称配置的直锚筋组成的拉剪预埋件计算，同时承受法向拉力和剪力的预埋件，其直锚筋总截面面积 A_s 的计算公式为：

$$A_s \geqslant \frac{V}{\alpha_r \alpha_v f_y} + \frac{N}{0.8\alpha_b f_y} \tag{1.34}$$

（4）由锚板和对称配置的直锚筋组成的压剪预埋件计算，同时承受法向压力和剪力的预埋件，其直锚筋总截面面积 A_s 的计算公式为：

$$A_s \geqslant \frac{V - 0.3N}{\alpha_r \alpha_v f_y} \tag{1.35}$$

式中的 N 应符合条件：$N \leqslant 0.5 f_c A$ 。

（5）由锚板和对称配置的直锚筋组成的拉弯预埋件计算，同时承受法向拉力和弯矩的预埋件，其直锚筋总截面面积 A_s 的计算公式为：

$$A_s \geqslant \frac{N}{0.8\alpha_b f_y} + \frac{M}{0.4\alpha_r \alpha_b f_y z} \tag{1.36}$$

（6）由锚板和对称配置的直锚筋组成的压弯预埋件计算，同时承受法向压力和弯矩作用的预埋件，其直锚筋总截面面积 A_s 的计算公式为：

$$A_s \geqslant \frac{M - 0.4Nz}{0.4\alpha_r \alpha_b f_y z} \tag{1.37}$$

式中的 N 应符合条件：$N \leqslant 0.5 f_c A$ ；当 $M < 0.4Nz$ 时，取 $M = 0.4Nz$ 。

（7）由锚板和对称配置的直锚筋组成的弯剪预埋件计算，同时承受弯矩和剪力的预埋件，其直锚筋总截面面积 A_s 应按下列计算公式，并取其中的较大值：

$$A_s \geqslant \frac{V}{\alpha_r \alpha_v f_y} + \frac{M}{1.3\alpha_r \alpha_b f_y z} \tag{1.38}$$

$$A_s \geqslant \frac{M}{0.4\alpha_r \alpha_b f_y z} \tag{1.39}$$

（8）由锚板和对称配置的直锚筋组成的拉弯剪预埋件计算，同时承受剪力、法向拉力和弯矩作用的拉弯剪预埋件，其直锚筋总截面面积 A_s，取用下列公式计算结果中的较大值：

$$A_s \geqslant \frac{N}{0.8\alpha_b f_y} + \frac{M}{0.4\alpha_r \alpha_b f_y z} \tag{1.40}$$

$$A_s \geqslant \frac{V}{\alpha_r \alpha_v f_y} + \frac{N}{0.8\alpha_b f_y} + \frac{M}{1.3\alpha_r \alpha_b f_y z} \tag{1.41}$$

（9）由锚板和对称配置的直锚筋组成的压弯剪预埋件计算，同时承受法向压力、弯矩和剪力作用的压弯剪预埋件，其直锚筋总截面面积 A_s，取用下列公式计算结果中的较大值：

$$A_s \geqslant \frac{V - 0.3N}{\alpha_r \alpha_v f_y} + \frac{M - 0.4Nz}{1.3\alpha_r \alpha_b f_y z} \tag{1.42}$$

$$A_s \geqslant \frac{M - 0.4Nz}{0.4\alpha_r \alpha_b f_y z} \tag{1.43}$$

式中的 N 应符合条件：$N \leqslant 0.5 f_c A$ ；当 $M < 0.4Nz$ 时，取 $M = 0.4Nz$ 。

式中　N——法向拉力设计值；

V——剪力设计值；

M——弯矩设计值；

f_y——锚固钢筋抗拉强度设计值；

f_c——混凝土轴心抗压强度设计值，当混凝土强度等级大于 C40 时按 C40 考虑。取混凝土早期强度，该值与混凝土强度等级、养护天数、养护温度有关；

d——锚固钢筋的直径；

α——锚固钢筋的外形系数；对 HPB235 级钢筋（$f_y=210\text{N/mm}^2$），α 取 0.16 对 HRB335 级钢筋（$f_y=300\text{N/mm}^2$）、HRB400 级钢筋（$f_y=400\text{N/mm}^2$），α 取 0.14；

α_b——锚板弯曲变形的折减系数，其计算公式为：$\alpha_b = 0.6 + 0.25\dfrac{t}{d}$；

t——锚板厚度；

α_r——顺剪力作用方向锚筋层数的影响系数，当等间距配置时，二层取 1.0；三层取 0.9；四层取 0.85；

α_v——锚筋的受剪承载力系数；计算公式为 $\alpha_v = (4-0.08d)\sqrt{\dfrac{f_c}{f_y}}$，当 $\alpha_v > 0.7$ 时，取 $\alpha_v = 0.7$；

A——锚板的面积；

z——外层锚筋中心线之间的距离。

第七节　悬挑式钢管脚手架 PKPM 施工安全计算软件实现

为了便于使用，施工安全计算软件将悬挑脚手架分为单层型钢悬挑梁的脚手架、双层型钢悬挑梁的脚手架、钢管两层悬挑的脚手架和结构平面图对应的阳角转角部位的悬挑梁加强计算等模式，悬挑梁的脚手架计算如图 1.36、图 1.37 所示。

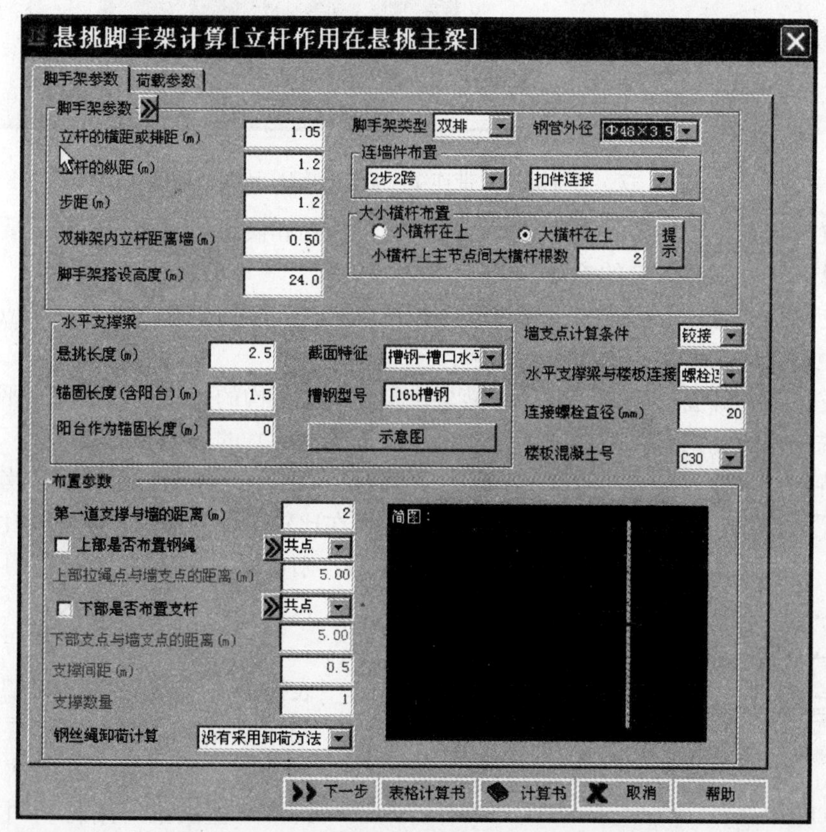

图 1.36　单层型钢悬挑梁的脚手架计算对话框

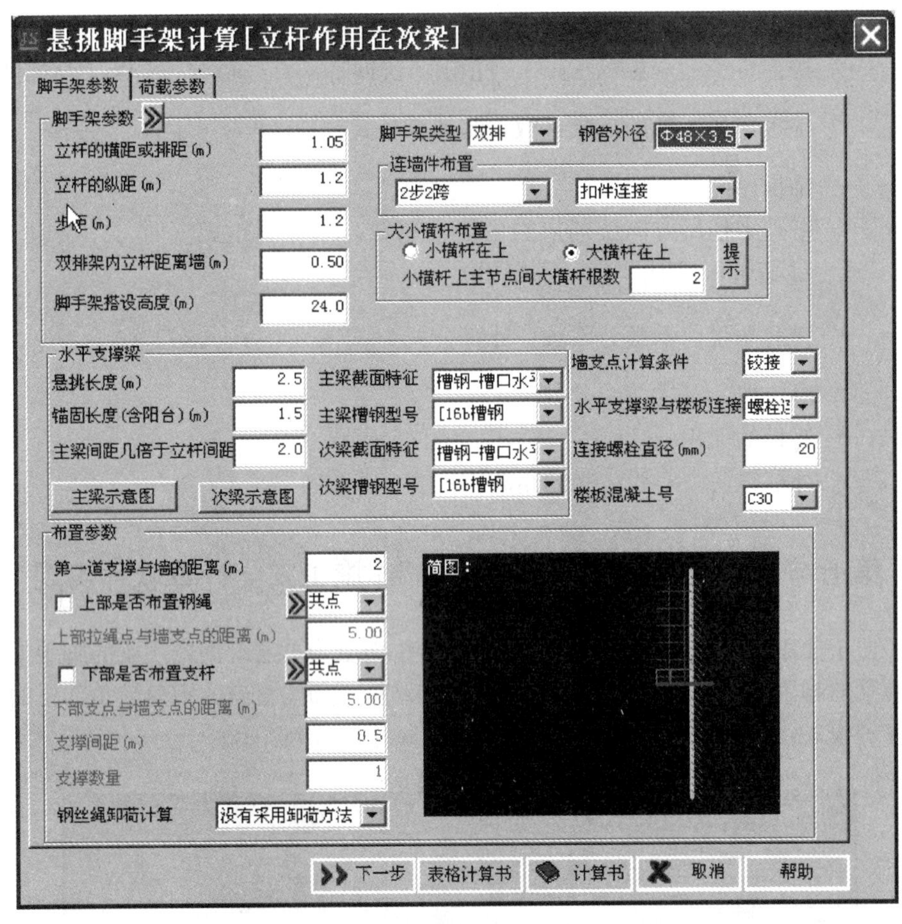

图1.37 悬挑脚手架带连梁（双层型钢）计算对话框

悬挑梁上部双排脚手架的计算与落地架的计算过程和模式是一致的，只需要增加悬挑梁本身的计算过程以及对应的参数如下：

（1）支撑梁的悬挑长度：水平支撑梁露在建筑物主体结构以外的部分，它应该稍微大于内立杆距离墙体长度与脚手架排距的和；

（2）支撑梁的锚固长度：水平支撑梁与建筑物主体结构的连接点，距离水平支撑梁与楼板连接锚固点（如果有两个锚固点，选择距离比较近的）的长度。

需要特别指出，通常情况下即使有阳台，一般的阳台也不作为锚固受力段考虑，也就是说参数［阳台作为锚固长度］一般输入0值；但在比较特殊的情况下，阳台比楼板厚或阳台边上有支撑点才有阳台锚固段长度，如图1.38所示。

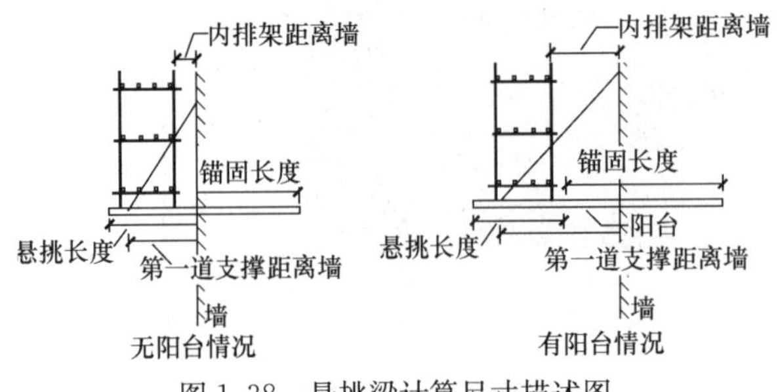

图1.38 悬挑梁计算尺寸描述图

（3）支撑梁的截面特征：参数表提供了热轧工字钢和槽钢，可以先确定工字钢或槽钢，再确定工字钢或槽钢的型号；有主次梁的悬挑脚手架主次梁所用材料可以选择工字钢或者槽钢任意进行组合。

(4) 用户可以选择水平支撑梁的多种拉支方式，包括悬臂式挑支结构、上面布置拉杆（可以 1 道或多道，多道时可以平行或共点）、下面布置支杆（可以 1 道或多道，多道时可以平行或共点）(图 1.39)。

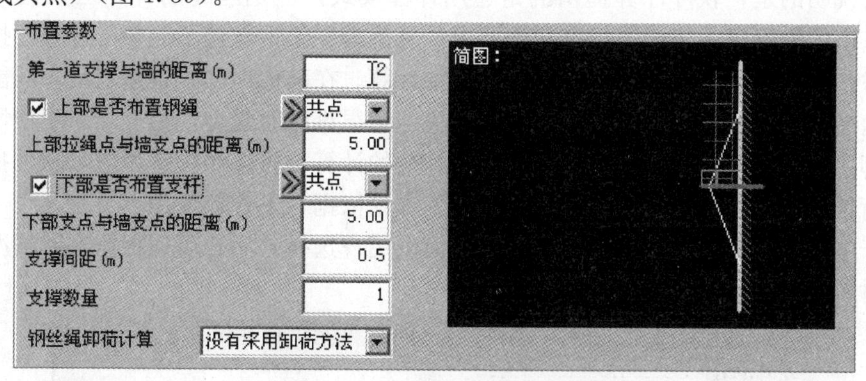

图 1.39　悬挑梁计算尺寸描述对话框

(5) 第一道支撑与墙的距离：为拉杆内侧或者钢丝绳到建筑物的水平距离。

(6) 依据工程实际情况，可以选择上部布置钢丝绳或者下部布置支杆，两者可以共同选择或者选择其一。当支撑数量大于 1 时，上部布置钢丝绳或者下部布置支杆可以选择共点或者平行的方式，钢丝绳布置尺寸如图 1.40 所示。

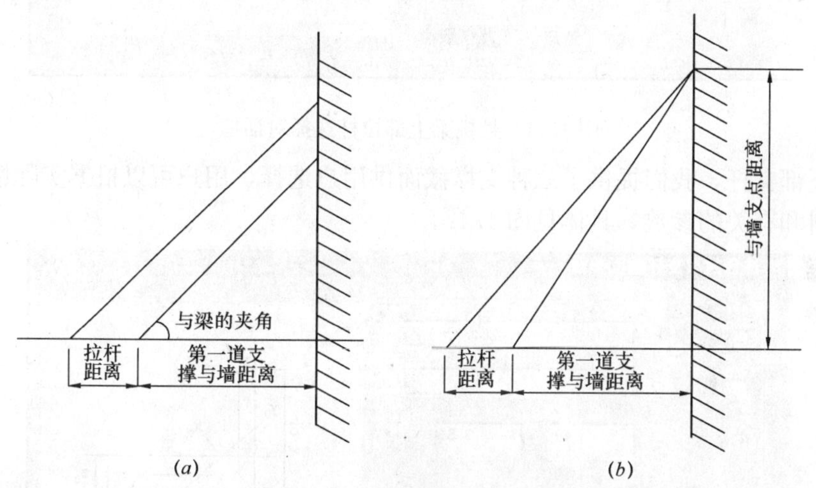

图 1.40　钢丝绳布置尺寸描述图

(a) 拉杆平行；(b) 拉杆共点

(7) 上部钢丝绳拉点与墙支点的距离：为上部选择布置拉杆或者钢丝绳共点时，吊环点到悬挑点的竖向距离。

(8) 下部支点到墙支点的距离：为下部支杆共点时，建筑物支撑点到悬挑点的竖向距离。

(9) 当选择支杆或者钢丝绳平行时，需要输入支杆或者钢丝绳与水平钢梁的夹角。

(10) 支撑间距：为两根支杆、拉杆、钢丝绳在水平钢梁方向上的水平间距。

(11) 支撑数量：为布置拉杆或者钢丝绳的道数。

（12）钢丝绳卸荷计算：钢管脚手架搭设高度超过 50m 或荷载较大时采用，有完全卸荷、不采用卸荷及按构造考虑等情况。

需要说明的是，软件计算提供的是通用计算模式，但钢丝绳的计算道数选择需要慎重，北京市的钢管脚手架地方标准明确要求：悬挑脚手架钢丝绳不能参与计算，按照安全储备考虑，这样悬挑梁计算就只能按照悬臂梁计算。在其他地区，也建议最多只能按照有一道钢丝绳计算悬挑梁，因为钢丝绳的特性决定它很难同时受力。另外，对于使用钢丝绳卸荷的脚手架，不建议在计算中考虑钢丝绳卸荷的计算，只按照构造考虑，软件提供的钢丝绳卸荷计算只是很粗浅的估算，没有任何的理论依据，不建议使用。

对于上部拉杆，我们提供了四种支撑截面供用户选择，用户可以根据实际情况需要进行选择材料和有关的参数，具体见图 1.41。

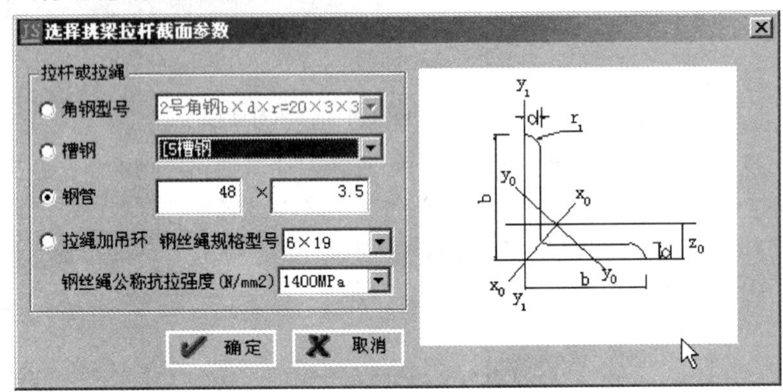

图 1.41　悬挑梁上部拉杆选择对话框

对于下部支杆，我们提供了三种支撑截面供用户选择，用户可以根据实际情况需要进行选择材料和有关的参数，具体见图 1.42。

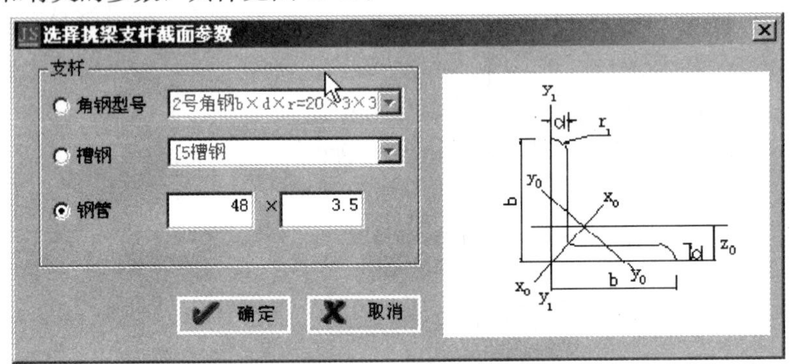

图 1.42　悬挑梁下部支杆选择对话框

（13）计算条件：当水平支撑梁与建筑物主体结构采用螺栓或钢筋与楼板相连接时，采用铰接计算，这时水平支撑梁的锚固长度参数必须大于 0；当水平支撑梁与建筑物主体结构的预埋件采焊接连接时，采用固接计算，这时水平支撑梁的锚固长度参数必须等于 0；

（14）锚固段采用螺栓与楼板连接：水平支撑梁与建筑物主体楼板的连接有两种方式，采用螺栓或钢筋与楼板相连接，选择一种使用。

第八节　悬挑脚手架计算例题

某工程悬挑双排脚手架，搭设高度 30m，立杆采用单立管。立杆的纵距 1.5m，立杆的横距 1.05m，内排架距离结构 0.3m，立杆的步距 1.5m。采用的钢管类型为 $\phi48\times3.0$，连墙件采用 2 步 3 跨，竖向间距 3.0m，水平间距 4.5m。施工活荷载为 $3.0kN/m^2$，同时考虑 2 层施工。脚手板采用竹笆片，荷载为 $0.15kN/m^2$，按照铺设 4 层计算。栏杆采用竹笆片，荷载为 0.15kN/m，安全网荷载取 $0.005kN/m^2$。脚手板下小横杆在大横杆上面，且主结点间增加一根小横杆。基本风压 $0.45kN/m^2$，高度变化系数 1.25，体型系数 0.6。

悬挑水平钢梁采用 16 号工字钢，其中建筑物外悬挑段长度 1.5m，建筑物内锚固段长度 2.0m。悬挑水平钢梁采用拉杆与建筑物拉结，最外面支点距离建筑物 1.4m，采用钢丝绳拉结工字钢与结构，钢丝绳与结构拉结点距离水平钢梁 5.0m。

由于悬挑水平钢梁以上的双排脚手架计算模式与前面落地脚手架计算模式是一致的，本算例计算过程忽略，另双排脚手架的每根立杆传递竖向集中荷载为 12.46kN。

一、悬挑梁的受力计算

悬挑脚手架的水平钢梁按照带悬臂的连续梁计算，里端 B 为与楼板的锚固点，A 为墙支点（图 1.43）。本工程中，脚手架排距为 1050mm，内侧脚手架距离墙体 300mm，钢丝绳与工字钢拉结点距离墙体 1400mm，水平支撑梁的截面惯性矩 $1130cm^4$，截面抵抗矩 $141cm^3$，截面积 $26.1cm^2$。脚手架立杆传递竖向集中荷载 12.46kN。

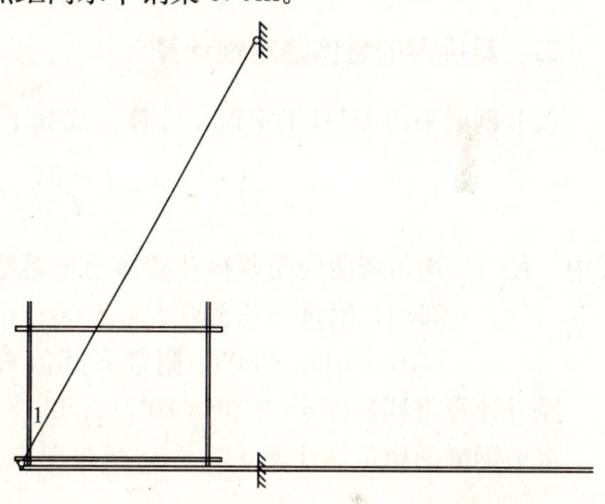

图 1.43　悬挑脚手架示意图

水平钢梁自重荷载　　$q=1.2\times26.1\times0.0001\times7.85\times10=0.25kN/m$

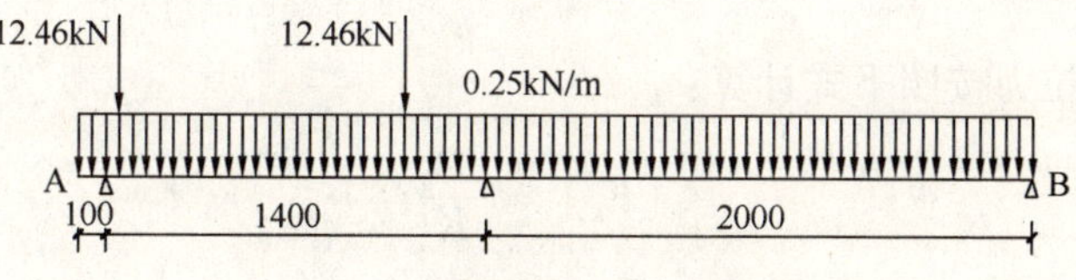

图 1.44　悬挑脚手架计算简图

经过连续梁的计算得到：

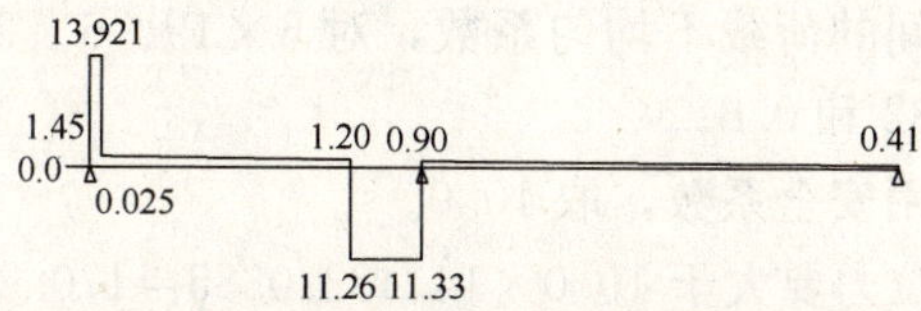

图 1.45　悬挑脚手架支撑梁剪力图（kN）

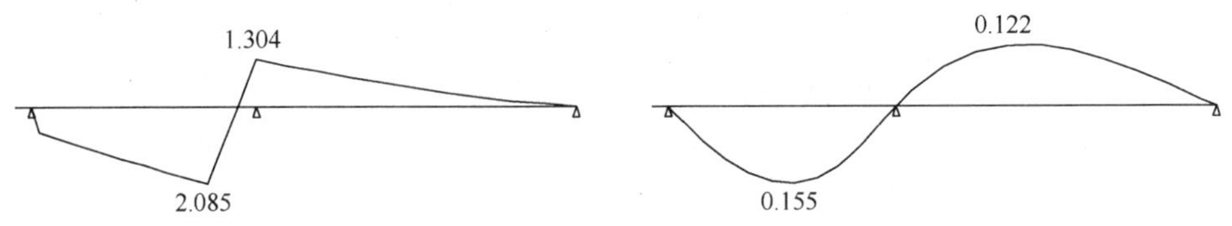

图 1.46　悬挑脚手架支撑梁弯矩图(kN·m)　　图 1.47　悬挑脚手架支撑梁变形图(mm)

各支座对支撑梁的支撑反力由左至右分别为 $R_1=13.946$kN，$R_2=12.232$kN，$R_3=-0.406$kN；最大弯矩 $M_{max}=2.085$kN·m。悬挑脚手架计算简图见图 1.44，计算出支撑梁剪力图、弯矩图及变形图分别如图 1.45～图 1.47 所示。

抗弯计算强度计算：

$$f=M/1.05W+N/A=2.085\times10^6/(1.05\times141000)+3.905\times1000/2610.0$$
$$=15.578\text{N/mm}^2$$

水平支撑梁的抗弯计算强度小于 215.0N/mm²，满足要求！

二、悬挑梁的整体稳定性计算

水平钢梁采用 16 号工字钢，计算公式如下

$$\sigma=\frac{M}{\phi_b W_x}\leqslant[f]$$

式中　ϕ_b——均匀弯曲的受弯构件整体稳定系数，查表《钢结构设计规范》(GB 50017—2003) 附录 B 得到：$\phi_b=2.00$；由于 ϕ_b 大于 0.6，按照《钢结构设计规范》(GB 50017—2003) 附录 B 其值 $\phi'_b=1.07-0.282/\phi_b=0.929$。

经过计算得到强度 $\sigma=2.09\times10^6/(0.929\times141000)=15.92\text{N/mm}^2$；

水平钢梁的稳定性计算 $\sigma<[f]$，满足要求！

三、钢丝绳的受力计算

钢丝绳与水平钢梁角度为 $\theta=\arctan(1.4/5.0)=15.64$

钢丝绳拉力为 $R_u=R_1/\cos\theta=13.946/\cos(15.64)=14.482$kN

四、钢丝绳的强度与吊环计算

钢丝绳的容许拉力按照下式计算：

$$[F_g]=\frac{\alpha F_g}{K}$$

式中　$[F_g]$——钢丝绳的容许拉力(kN)，$[F_g]=14.482$kN；

F_g——钢丝绳的钢丝破断拉力总和(kN)；

α——钢丝绳之间的荷载不均匀系数，对 6×19、6×37、6×61 钢丝绳分别取 0.85、0.82 和 0.8；

K——钢丝绳使用安全系数，取 10.0。

选择拉钢丝绳的破断拉力要大于 10.0×14.482/0.85=170.376kN。

选择 6×19+1 钢丝绳，钢丝绳公称抗拉强度 1400MPa，直径 18.5mm。

钢丝拉绳的轴力 14.482kN 作为吊环的拉力 N，钢丝拉绳的吊环强度计算公式为

$$\sigma=\frac{N}{A}\leqslant[f]$$

式中　$[f]$为吊环抗拉强度，取$[f]=50\text{N/mm}^2$，每个吊环按照两个截面计算。

所需要的钢丝拉绳的吊环最小直径 $D=[14482\times4/(3.1416\times50\times2)]^{1/2}=14\text{mm}$

五、锚固段与楼板连接的计算

水平钢梁与楼板压点如果采用"U"形钢筋拉环，水平钢梁与楼板压点的拉环受力 $R=12.232\text{kN}$，拉环强度计算公式为

$$\sigma=\frac{N}{A}\leqslant[f]$$

式中$[f]$为拉环钢筋抗拉强度，每个拉环按照两个截面计算，按照《混凝土结构设计规范》(GB 50010—2002)第 10.9.8 条$[f]=50\text{N/mm}^2$ 选取；

所需要的水平钢梁与楼板压点的拉环最小直径

$$D=[12232\times4/(3.1416\times50\times2)]^{1/2}=13\text{mm}$$

水平钢梁与楼板压点的拉环一定要压在楼板下层钢筋下面，并要保证两侧有 30cm 以上搭接长度。

水平钢梁与楼板压点如果采用螺栓，螺栓粘结力锚固深度计算如下：

$$h\geqslant\frac{N}{\pi d[f_b]}$$

式中　N——锚固力，即作用于楼板螺栓的轴向拉力，$N=12.232\text{kN}$；

d——楼板螺栓的直径，$d=20\text{mm}$；

$[f_b]$——楼板螺栓与混凝土的容许粘接强度，计算中取 1.5N/mm^2；

h——楼板螺栓在混凝土楼板内的锚固深度，经过计算得到 h 要大于 $12232/(3.1416\times20\times1.5)=129.8\text{mm}$。

混凝土局部承压的螺栓拉力要满足公式

$$N\leqslant\left(b^2-\frac{\pi d^2}{4}\right)f_{cc}$$

式中　N——锚固力，即作用于楼板螺栓的轴向拉力，$N=12.232\text{kN}$；

d——楼板螺栓的直径，$d=20\text{mm}$；

b——楼板内的螺栓锚板边长，$b=5d=100\text{mm}$；

f_{cc}——混凝土的局部挤压强度设计值，计算中取 $0.95f_c=13.59\text{N/mm}^2$；

经过计算得到公式右边等于 131.6kN，楼板混凝土局部承压计算满足要求！

第九节　复杂脚手架计算

脚手架和模板支撑架实际构造经常比较复杂，采用结构有限元计算扣件钢管脚手架复杂架体更具有通用性，其特点是以多根杆件组成的平面或空间杆系支撑结构，但只有当杆

系支撑结构达到静定或超静定状态时，才能考虑结构计算，否则就是几何可变体系，没有承载能力无法进行计算。

扣件钢管脚手架有限元计算首先面临的问题是杆件连接点是刚性连接还是铰接的问题，计算中通常采用如下假定：扣件连接点按照铰接处理；通常立杆按照刚性杆处理；立杆与地面的连接处按照铰接处理；上部连墙杆与建筑物拉结按照两端铰接处理；计算中可以根据情况考虑钢丝绳、斜向剪刀撑、扫地杆作用参与计算。

在特殊体系脚手架设计方案中，应详细绘制脚手架搭设结构的平、立、剖面图，明确结构连接点的要求、剪刀撑的设置方式、连墙杆的设置位置等，在此基础上形成结构计算简图，进行结构分析的有限元计算。

计算要求满足《建筑施工扣件钢管脚手架规范》(JGJ 130—2001) 与《钢结构设计规范》(GB 50017—2003) 的基本要求。

以悬挑架计算为例，前面讲述的悬挑架计算方法，一个基本假定是不考虑建筑物外面支点处的节点变形，这是与实际情况有比较大的出入的，主要是为了计算的方便性，但是计算结果通常比较大，得到钢丝绳的拉力要比考虑建筑物外面支点处的节点变形的计算模式大 15%左右，这也可以解释有些悬挑架使用中没有问题而手工计算却不能通过，需要很大直径的钢丝绳才能满足计算的要求。

因此，比较准确计算悬挑架需要考虑建筑物外面支点处的节点变形，如图 1.48 所示，按照基本受力单元一榀架体考虑，钢丝绳的两个端点、水平支撑梁与建筑物的放置点、水平支撑梁深入建筑物的锚固点全部按照铰接处理，通过建立基本模型单元，采用结构有限元的分析计算分别得到计算结果弯矩图、剪力图和结点变形图（图 1.49～图 1.51），得到比较接近实际情况的变形结果（图 1.51）和钢丝绳拉力。

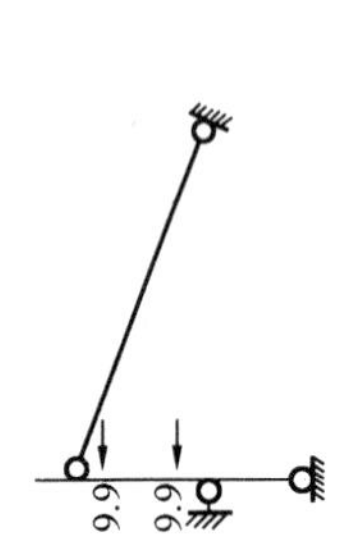

图 1.48　考虑支点变形计算模型图

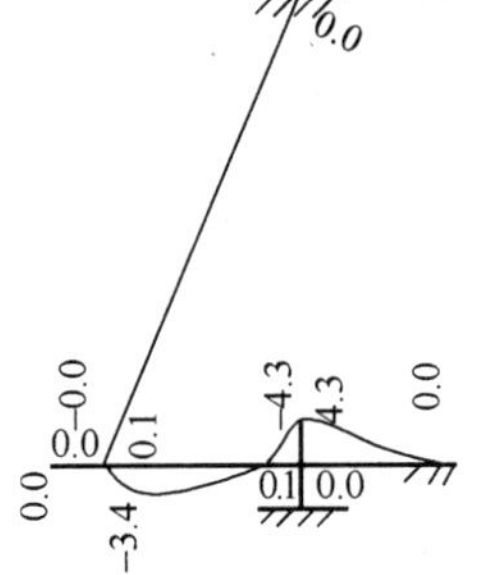

图 1.49　考虑支点变形计算弯矩图

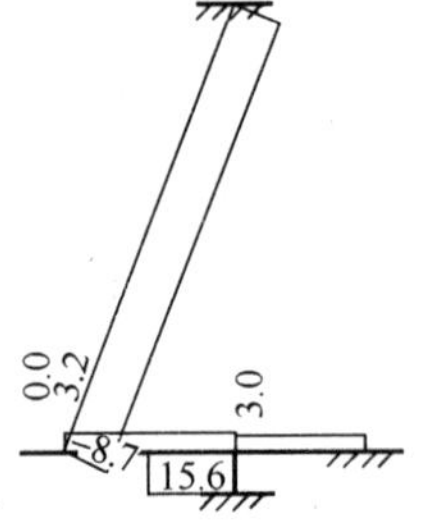

图 1.50　考虑支点变形计算剪力图

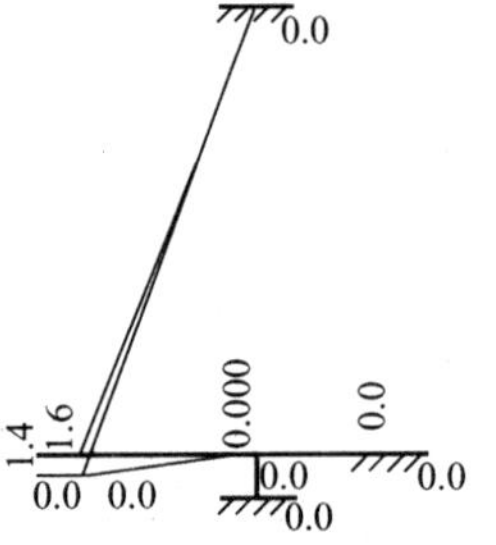

图 1.51　考虑支点变形计算变形图

更复杂的算例，某体育场工程的第八层看台边梁相对于下面是外凸的，拟采用如图 1.52 所示的支撑模式，最大悬挑长度 2100mm，落在六层楼板范围外，支撑体系采用搭设工字钢挑架，上面梁模板支撑的钢管脚手架生根于Ⅰ22 双工字钢上（通过下面有限元分析计算得到计算结果满足规范要求的最小工字钢），双工字钢用 10mm 厚度钢板焊在一起，在六层楼板上预埋 ϕ20mm 圆钢 U 形环，用于锚固工字钢，U 形环锚固点至楼板边缘距离 3300mm，工字钢间隔距离 600mm，工字钢与工字钢之间通过钢管横向连接成整体，看台边梁的支撑立杆套在焊接于工字钢上的钢筋头外面。支撑架全部采用钢管搭设，钢管架体设置纵横剪刀撑以使钢管架成为一个稳定的整体架。

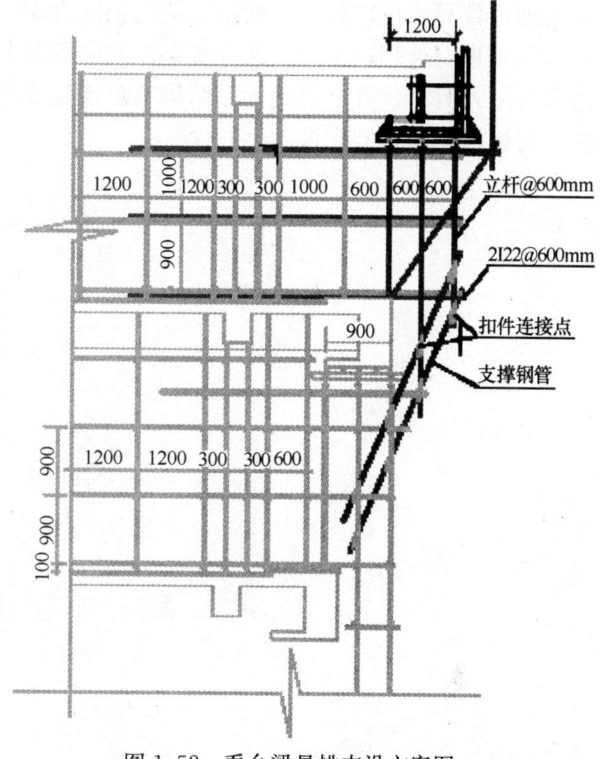

图 1.52　看台梁悬挑支设方案图

经过计算得到梁下面三根立杆的轴向力分别为 2.40kN、19.00kN、2.40kN（计算过程略去），水平型钢和支撑使用Ⅰ22 双工字钢，计算简图及计算结果见图 1.53～图 1.56。

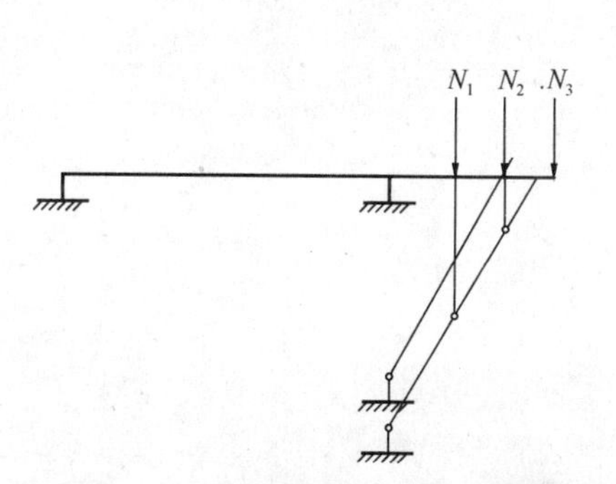

图 1.53　看台梁悬挑支设方案计算简图

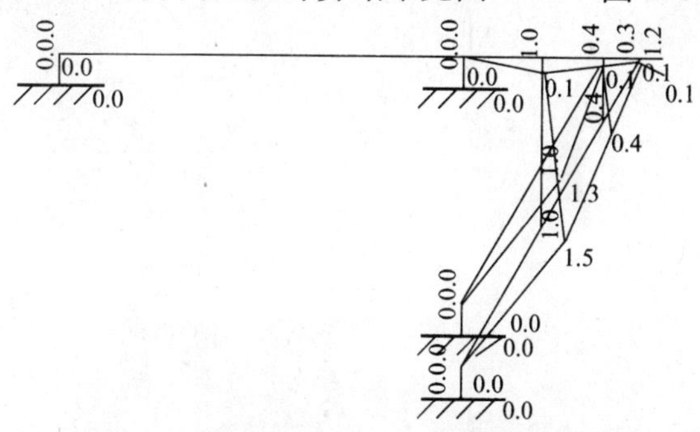

图 1.54　看台梁悬挑支设方案计算结果变形图

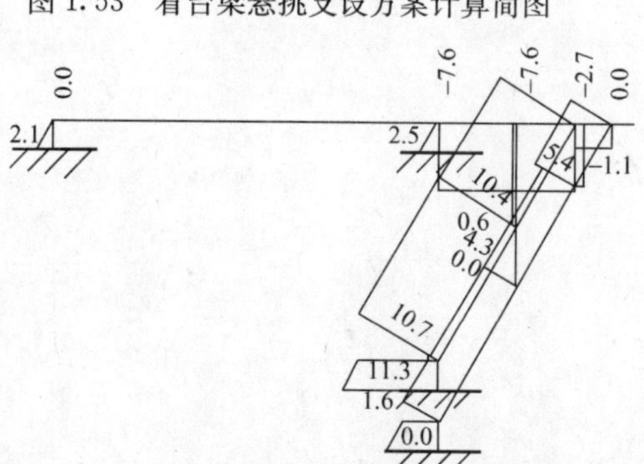

图 1.55　看台梁悬挑支设方案计算结果轴力图

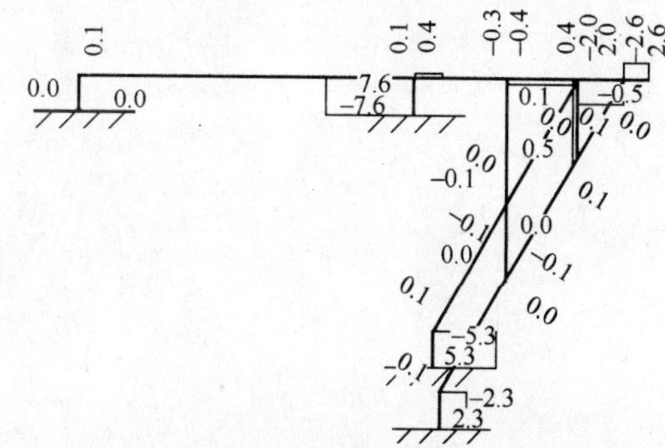

图 1.56　看台梁悬挑支设方案计算结果剪力图

通过计算，可以得到上面斜支杆的轴向力 10.7kN，大于规范要求的 8.0kN 扣件抗滑力，需要进行处理；另外，选择工字钢间隔距离 600mm 作为一榀支撑的计算单元，最终通过有限元分析计算，得到计算结果满足规范要求的最小工字钢距离太密，放弃了悬挑支撑，直接改用落地架支撑。

第二章　扣件式钢管梁板模板支撑架

我国施工现场普遍采用钢管与扣件搭设水平结构（楼板、梁、阳台）的混凝土模板支架，不同施工单位的施工技术人员也设计了多种模板支设形式，如图 2.1～图 2.4 所示。

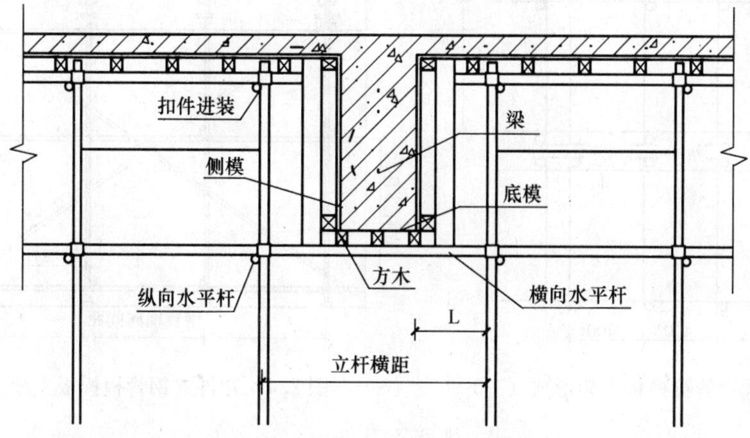

图 2.1　扣件式钢管梁模板支架形式（一）

当梁断面不是很大及楼板不是很厚重的时候，长江三角洲地区的很多施工企业习惯于采用图 2.1 和图 2.2 的支设形式，如果计算梁底支撑不能满足《建筑施工扣件式钢管脚手架技术规范》(JGJ 130—2001)（本章以下简称规范）要求，还需要根据计算结果适当增加梁底承重杆。其最大特点是简单灵活，施工成本比较低；最大缺点是主要靠扣件的抗滑力承受竖向荷载，对扣件的质量要求比较高，如果是梁断面比较大及楼板很厚重的施工，计算结果很难满足规范的基本要求。

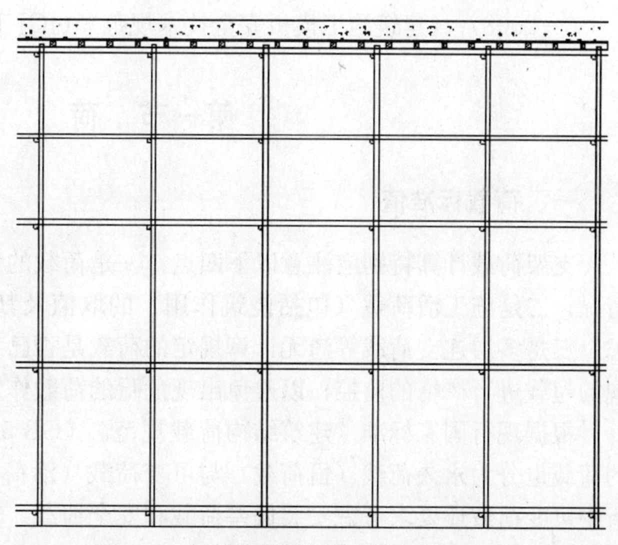

图 2.2　扣件式钢管板模板支架形式（二）

对于大断面梁和楼板比较厚重的情形，全国大部分地区施工单位对于楼板支撑和梁模板支撑采用“U”形顶托（U 托）支撑形式，采用这种支撑方式主要是由于目前市场提供的扣件的质量绝大多数不符合规范要求，缺斤少两，再者工人在实际操作过程当中，扭矩多达不到规范的要求，因此扣件作为一个受力构件，有着很大的安全隐患，为了避免靠扣件的抗滑力承受竖向荷载，采用 U 托形式竖向荷载直接传给立杆，避免了扣件抗滑力，大大降低安全隐患，如图 2.3、图 2.4 所示。

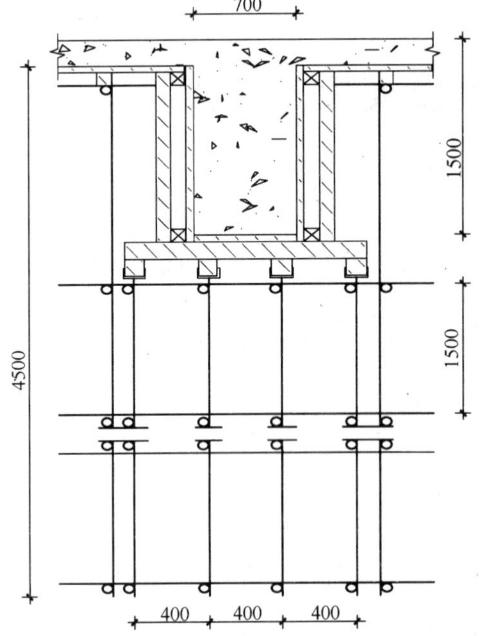

图 2.3　扣件式钢管梁模板支架形式（三）

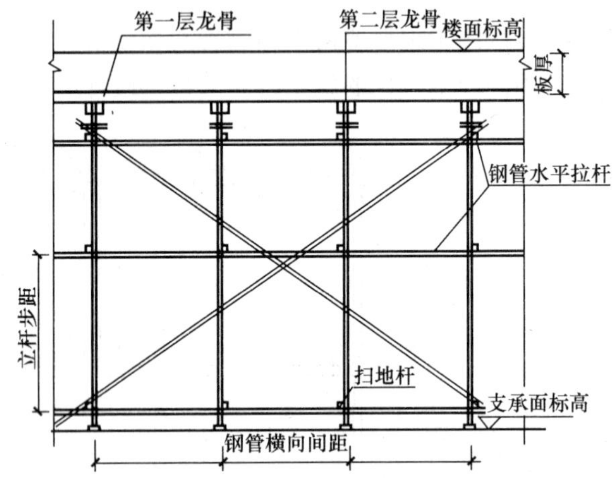

图 2.4　扣件式钢管板模板支架形式（四）

支架荷载计算涉及的项目和影响因素较多、变化较大，且常随工程条件和施工方案而异，难以准确把握，因而标准规定多数采用较大一些的取值，但也会有遗漏和考虑不足的荷载项目。当荷载计算规定的取值偏小或者其取值不能弥补漏算和计量不足的项目时，就会影响设计计算的安全性。

模板支架的计算主要依据的规范有很多版本：上海市《钢管扣件水平模板的支撑系统安全技术规程》（DG/TJ 08—016—2004）；浙江省《建筑施工扣件式钢管模板支架技术规程》（DB 33/1035—2006）；北京市《钢管脚手架、模板支架安全选用技术规程》（DB11/T 583—2008）；《建筑施工模板安全技术规范》（JGJ 162—2008）。

第一节　荷　　载

一、荷载标准值

支架荷载计算特别应注意以下四点：一是荷载的计算项目和取值是否符合工程的实际情况；二是施工活荷载（包括浇筑作用）的取值及其分布的不均匀性是否得以充分的考虑；三是多层连支荷载等尚无计算规定的荷载是否已有较为稳妥的考虑；四是应对可能出现的超载进行严格的监控，以避免出现危险的荷载作用。

根据现行国家标准《建筑结构荷载规范》（GB 50009—2001），模板支架荷载计算中的荷载也分为永久荷载（恒荷载）与可变荷载（活荷载），另外在上海规范的整体稳定分析中可变荷载还要求考虑安装偏差荷载和安全荷载。其中永久荷载（恒荷载）包括模板自重、支架自重和钢筋混凝土自重等；可变荷载（活荷载）包括倾倒混凝土荷载、振捣混凝土荷载、施工荷载和风荷载等。

新浇混凝土自重标准值：对普通混凝土可采用 $24kN/m^3$，对其他混凝土应根据实际重力密度确定。钢筋自重标准值：对一般梁板结构每立方米钢筋混凝土的钢筋自重标准值，对楼板可采用 $1.1kN/m^3$，对梁可采用 $1.5kN/m^3$，当采用型钢混凝土结构时，型钢重量应根据实际情况确定；施工人员及设备荷载标准值，可以按 $1.0\ kN/m^2$ 取值；振捣混凝土时产生的荷载标准值，对水平模板可以按 $2.0kN/m^2$ 取值；模板自重标准值可参照表 2.1 选择。

模板自重标准值（kN/m^2） **表 2.1**

模板构件名称	木模板	组合钢模板	钢框架胶合板模板
无梁楼板模板	0.30	0.5	0.40
肋形楼板模板（其中包括梁的模板）	0.50	0.75	0.60

二、荷载组合

一般来讲，按照《建筑施工模板安全技术规范》（JGJ162－2008）的要求，在承重构件强度和稳定性计算时，模板支架荷载计算的基本荷载组合系数可以按照永久荷载的分项系数 1.2、可变荷载的分项系数 1.4 来考虑（大于 $4kN/m^2$ 时取 1.3）；在承重构件挠度计算时，只根据正常使用极限状态验算变形，采用荷载短期组合效应，即只取永久荷载分项系数 1.0 计算。

《建筑施工模板安全技术规范》（JGJ 162—2008）要求对于承载能力极限状态，应该按照荷载效应基本组合，采用下式进行模板设计：

$$r_0 S \leqslant R \tag{2.1}$$

式中 r_0——结构重要性系数，取 0.9；

S——荷载效应组合设计值；

R——结构构件抗力设计值。

R 根据钢管、木方、扣件、托梁等各自材料取值，增加了结构重要性系数 0.9，这就要求结构计算中考虑将荷载标准值按照 0.9 折减。

浙江省《建筑施工扣件式钢管模板支架技术规程》与上海市《钢管扣件水平模板的支撑系统安全技术规程》规定，杆件的内力计算如抗弯、抗压、抗剪采用基本组合，即永久荷载的分项系数，对由永久荷载效应控制的组合，取 1.35，对由可变荷载效应控制的组合取 1.2；可变荷载的分项系数，取 1.4。多个可变荷载同时作用时，可变荷载的组合系数取 0.9。杆件的变形计算采用标准组合，如挠度、竖向变形等。永久荷载和可变荷载的分项系数均取 1.0。

三、风荷载标准值

一般来讲，由于没有围护安全网的存在，风荷载对单杆的压弯应力是很小的，主要是单杆的受力面积很小，而模板支架的横向拉结、剪刀撑也只是按照构造考虑，足以抵抗水平风荷载的影响。为了计算方便，通常可以不考虑这两方面影响。但《建筑施工模板安全技术规范》（JGJ 162—2008）、浙江省《建筑施工扣件式钢管模板支架技术规程》（DB 33/

1035—2006）与上海市《钢管扣件水平模板的支撑系统安全技术规程》（DG/TJ 08—016—2004）特别要求考虑风荷载计算，风荷载标准值应按照《建筑施工扣件式钢管脚手架安全技术规范》（JGJ 130—2001）的规定，采用以下公式计算

$$w_k = 0.7\mu_S \cdot \mu_Z \cdot w_0 \tag{2.2}$$

式中　w_0——基本风压（kN/m^2），按照《建筑结构荷载规范》（GB 50009—2001）的规定根据不同地区采用；

μ_Z——风荷载高度变化系数，按照《建筑结构荷载规范》（GB 50009—2001），由建筑物的地区（A类—近海或湖岸区、B类—城市郊区、C类—有密集建筑群市区和D类—有密集建筑群城且房屋较高市区）与计算高度查表确定；

μ_S——风荷载体型系数。对于模板支架 $\mu_S=\varphi_w\mu_{stw}$，μ_{stw} 值可将脚手架视为桁架，按现行国家标准《建筑结构荷载规范》（GB 50009—2001）表6.3.1第32项和第36项的规定计算；φ_w 为挡风系数，$\varphi_w=1.2A_n/A_w$，其中 A_n 为挡风面积，A_w 为迎风面积。

浙江省《建筑施工扣件式钢管模板支架技术规程》给出了敞开式模板支架的 φ_w 值的建议值，按照表2.2选择。

敞开式模板支架的挡风系数 φ_w 值　　**表 2.2**

步　距 (m)	纵　距　(m)			
	1.2	1.5	1.8	2.0
1.2	0.115	0.105	0.099	0.097
1.35	0.110	0.100	0.093	0.091
1.5	0.105	0.095	0.089	0.087
1.8	0.099	0.089	0.083	0.080
2.0	0.096	0.086	0.080	0.077

第二节　梁底支撑计算

对模板支架，特别是空间高、跨度大、荷载重的模板支架进行分析计算的研究和总结不多，不少工程编制的施工技术方案比较简略。对于梁模板承重架的搭设形式，根据荷载的传递过程，计算应该涉及以下基本内容：

（1）梁模板的面板抗弯强度、抗剪强度和挠度计算；

（2）梁底方木、托梁抗弯强度、抗剪强度和挠度计算；

（3）横纵水平钢管的强度和挠度计算；

（4）横纵水平钢管与立杆连接点的扣件抗滑移计算；

（5）立杆的稳定性计算；

（6）立杆变形计算（地方规范要求）；

（7）地基基础计算。

一、基本计算模型

随着模板支架支撑方式不同，梁底支撑的传力路线和基本计算单元也略有不同。

（1）无承重立杆，木方垂直梁截面（图2.5）：传力路线为竖向荷载→模板→纵向木

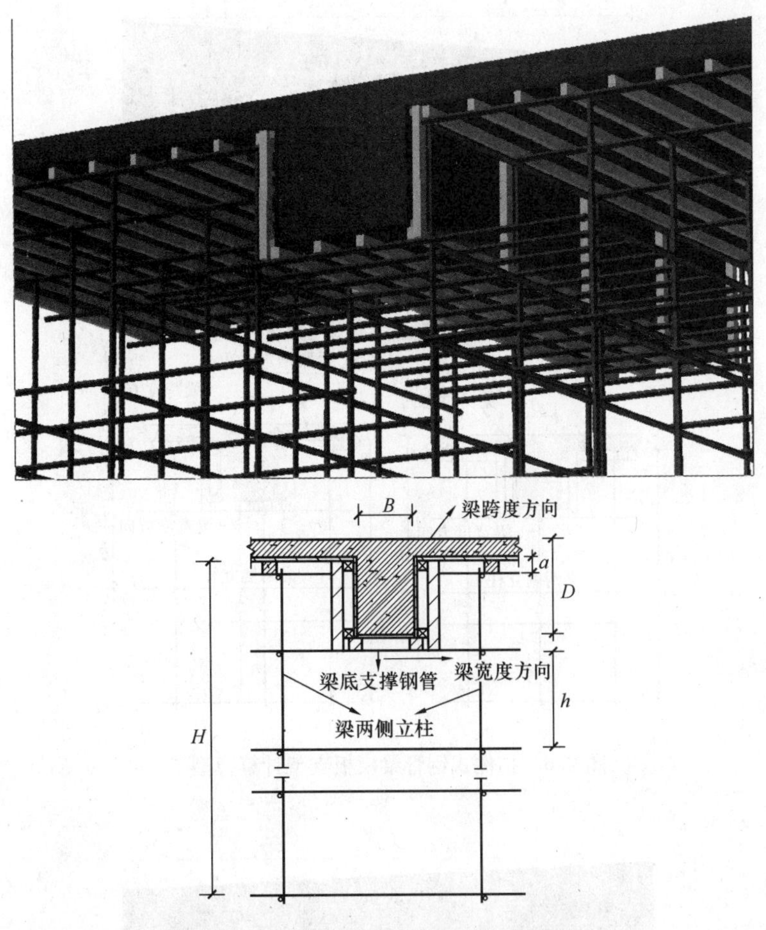

图 2.5　扣件式钢管梁模板支架计算模型一

方→梁底支撑钢管(→纵向钢管)→扣件→立杆，其中模板计算按以纵向木方为支座的简支梁计算；木方按三等跨连续梁计算，跨度为立杆在梁跨度方向距离；梁底支撑钢管以梁截面两侧的立杆距离为跨度的简支梁计算，通过木方传递集中荷载。

一般情况下，在梁跨度方向的梁底支撑钢管与立杆距离是相同的，这时纵向钢管只起构造拉结作用；当木方计算不满足要求时，要增加梁底支撑钢管的根数，立杆距离是梁底支撑钢管间距的整数倍，中间梁底支撑钢管是放在纵向钢管中的，需要增加纵向钢管计算，采用三跨连续梁计算单元，跨度为立杆在梁跨度方向距离，梁底支撑钢管的支座力传递集中荷载。

(2) 梁底增加承重立杆，木方垂直梁截面（图 2.6）：传力路线为竖向荷载→模板→纵向木方→梁底支撑钢管（→ 纵向钢管）→ 扣件→立杆，其中模板计算应以木方为支座按多跨度连续梁计算；木方三等跨连续梁计算，跨度为立杆在梁跨度方向距离；梁底支撑钢管以梁截面两侧的立杆距离为跨度的连续梁计算，通过木方传递集中荷载。

(3) 各地施工企业在进行梁模板搭设过程当中，由于搭设习惯的不同使得梁模板支撑方式比较丰富，有的施工企业采用木方平行梁截面搭设形式（图 2.7）：这种搭设方式传力路线为竖向荷载→模板→横向木方→纵向钢管→梁底支撑钢管→扣件→立杆，其中模板计算应以木方为支座按三跨连续梁计算，跨度为木方距离；模板把荷载以均布荷载形式传

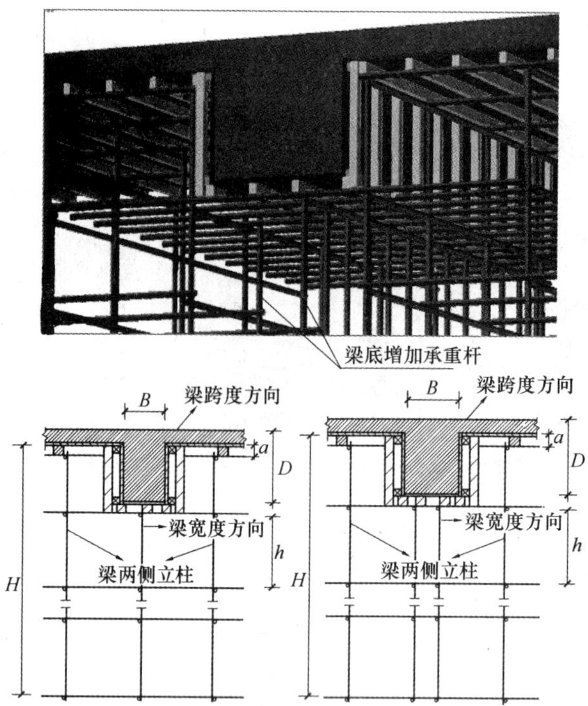

图 2.6　扣件式钢管梁模板支架计算模型二

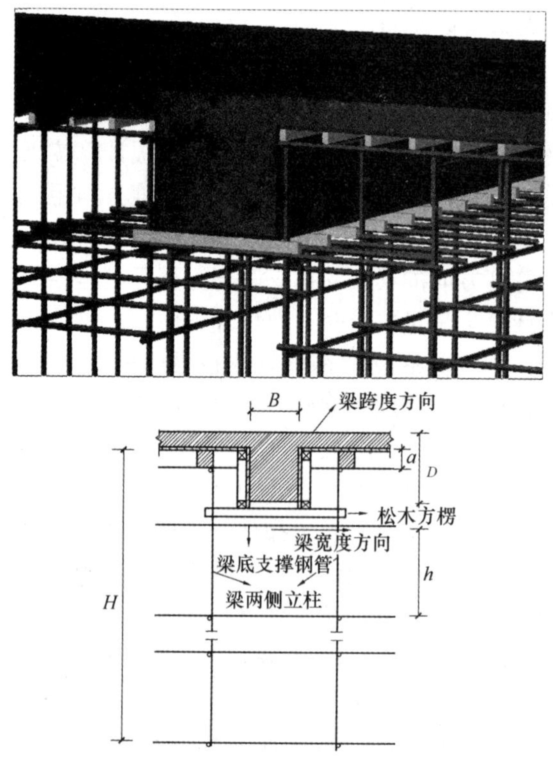

图 2.7　扣件式钢管梁模板支架计算模型三

给木方，木方按照简支梁计算；木方的支座力以集中荷载的形式传给纵向钢管，纵向钢管按三跨连续梁计算；纵向钢管支座力以集中荷载的形式传给梁底支撑钢管，梁底支撑钢管直接把荷载传递给扣件，计算扣件抗滑移承载力；扣件力传递给梁两侧的立杆，最后计算立杆的稳定性是否满足要求。

（4）目前极少数施工单位采用组合小钢模支撑形式，当施工单位采用组合小钢模支设时，梁底可以考虑采用组合小钢模形式（图2.8）：其中模板计算应以木方为支座按三跨连续梁计算，跨度为横向钢管间距；模板把荷载以均布荷载形式传给横向钢管，横向钢管按照简支梁计算；横向钢管的支座力以集中荷载的形式传给纵向钢管，纵向钢管按三跨连续梁计算；纵向钢管直接把荷载传递给扣件，计算扣件抗滑移承载力；扣件力传递给梁两侧的立杆，最后计算立杆的稳定性是否满足要求。

（5）“U”托支撑形式一（图2.9）：这是大断面梁采用最多的支设形式，可以避免靠扣件的抗滑力承受竖向荷载，扣件只起到构造作用。为了保证梁支撑的稳定性，最少在梁下增加两根承重立杆，计算方式为简支梁形式，随着梁截面的增大，根据实际情况再增加承重立杆，由多根立杆承担更大的荷载，横向木方计算方式要以两跨、三跨梁形式来计算。传力路线为竖向荷载→模板→横向木方→顶托梁→立杆，其中模板计算应以木方为支座按三跨连续梁计算，跨度为木方距离；木方计算以顶托梁为支座按多跨连续梁计算；顶托梁计算应采用三跨连续梁计算，跨度为梁底支撑立杆在梁跨度方向距离（在使用顶托进行支撑时，考虑经济实用，梁底支撑次楞和托梁常采用木方，木方进场长度为4m，实际施工时跨度通常小于1.2m，即1.2×3<4，所以木方宜采用三跨连续梁计算；如果三跨之和大于4m，则宜采用两跨连续梁进行计算，依此类推）。顶托梁的计算应根据实际施工采用具体材料考虑，如木方、槽钢、双钢管等比较常用。

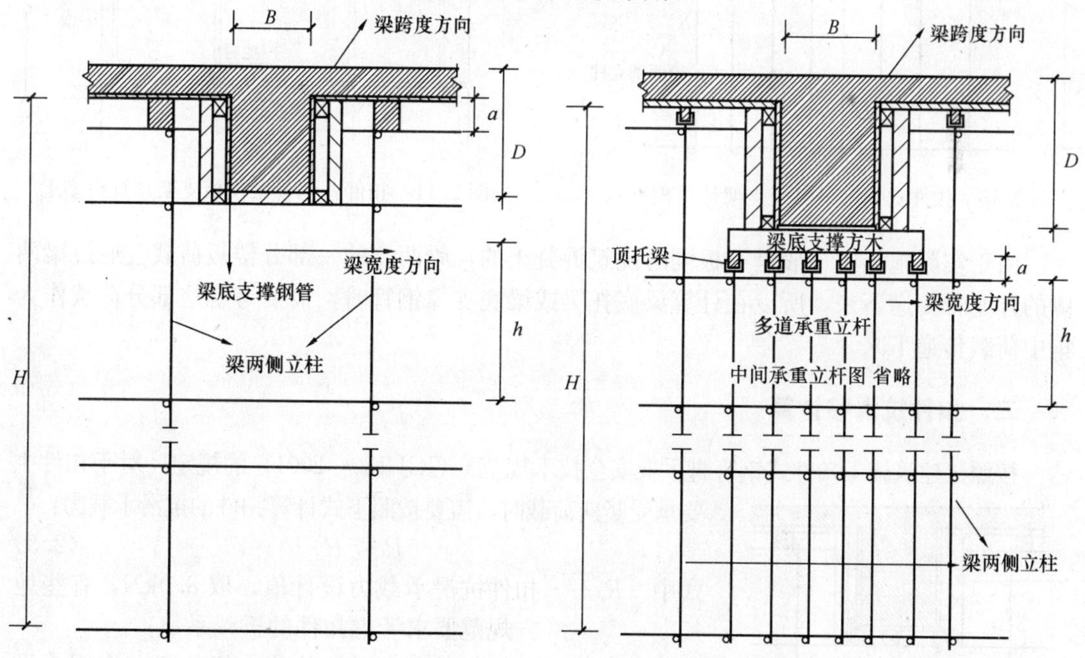

图2.8　扣件式钢管梁模板支架计算模型四

图2.9　扣件式钢管梁模板支架计算模型五

（6）“U”托支撑形式二（图2.10）：这种支设形式与上面的不同就是木方与顶托梁的

布置方向互换而已，具体传力路线是不变的，竖向荷载→模板→横向木方→顶托梁→立杆，其中模板计算应以木方为支座按多跨连续梁计算；木方计算以顶托梁为支座的三跨连续梁计算，跨度为梁底支撑立杆在梁跨度方向距离；顶托梁计算应采用以“U”托为支座的多跨连续梁计算。

(7)“U”托支撑形式三（图 2.11）：这种三层支撑材料过于浪费，也比较麻烦，但也有施工单位采用。传力路线为竖向荷载→模板→上层木方→中间层木方→顶托梁→立杆，其中模板计算应以上层木方为支座按三跨连续梁计算，跨度为木方距离；上层木方计算以中间层木方为支座的多跨连续梁计算；中间层木方采用三跨连续梁计算；顶托梁计算应采用以“U”托为支座的多跨连续梁计算。

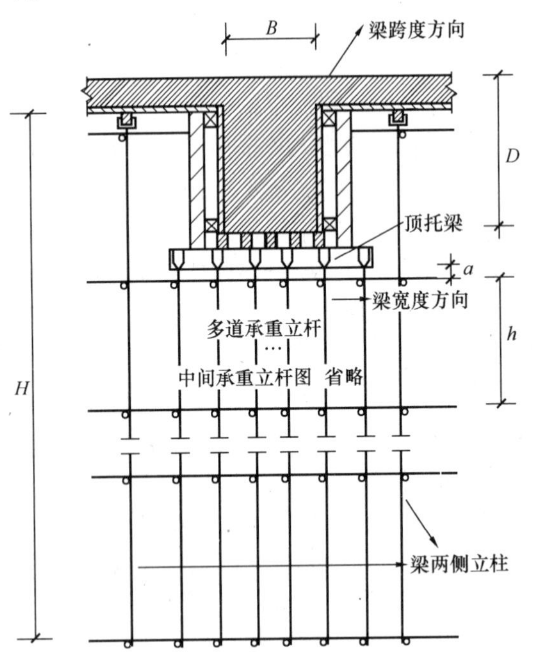

图 2.10　扣件式钢管梁模板支架计算模型六

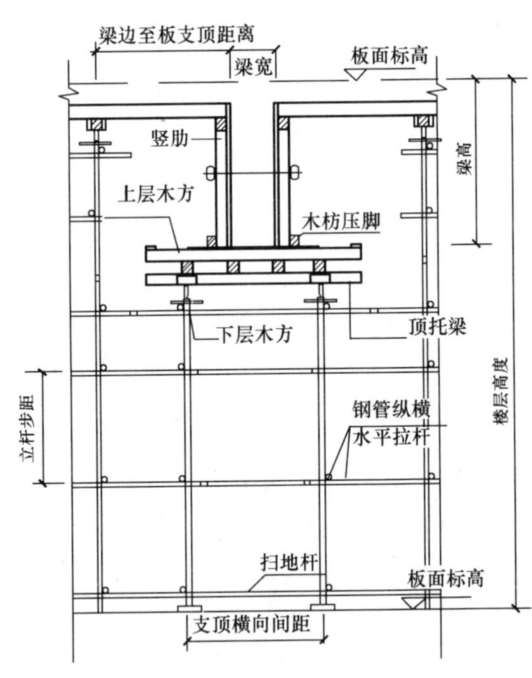

图 2.11　扣件式钢管梁模板支架计算模型七

由于实际施工中一般是梁板同时浇筑混凝土的，梁两侧的一部分楼板荷载会通过梁两侧的外龙骨传递下来，所以在计算梁底托梁或梁底支撑钢管时，需要考虑这部分荷载作为集中荷载传递下来。

二、扣件抗滑移计算

按照《建筑施工扣件式钢管脚手架安全技术规范》(JGJ 130—2001) 的规定，对于扣件主要承受竖向荷载时，需要按照下式计算扣件的抗滑承载力：

$$R \leqslant R_c \tag{2.3}$$

式中　R_c——扣件抗滑承载力设计值，取 8.0kN，有些地方规范要求考虑扣件的折减系数；

R——纵向或横向水平杆传给立杆的竖向作用力设计值。

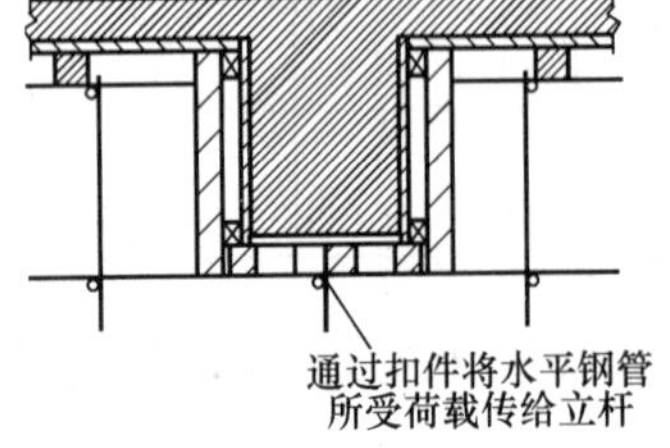

图 2.12　扣件传递荷载示意图

扣件传递荷载示意图如图 2.12 所示。

三、立杆稳定计算——国家规范

《建筑施工扣件式钢管脚手架安全技术规范》(JGJ 130—2001) 规定立杆的稳定性计算公式：

$$\sigma = \frac{N}{\phi A} \leqslant [f] \tag{2.4}$$

式中 N——立杆的轴心压力设计值，作用于模板支架的荷载包括水平支撑传给立杆的竖向力标准值和立杆自重标准值；

ϕ——轴心受压立杆的稳定系数，由长细比 λ 查表确定；

λ——长细比，$\lambda = l_0/i$，立杆允许长细比 $\lambda \leqslant 150$；

A——立杆净截面面积；

l_0——稳定性计算长度，$l_0 = h + 2a$；

h——步距；

a——支撑立杆伸出顶层横向水平杆中心线至模板支撑点的长度，取值示意见图 2.13；

i——立杆截面回转半径；

$[f]$——立杆抗压强度设计值，规范中要求钢管 $[f] = 205\text{N/mm}^2$，上海地区要求对于重复使用的旧钢管要乘以 0.85 折减系数。

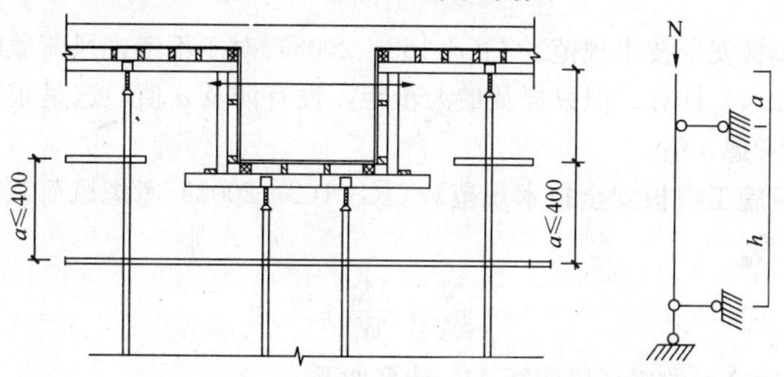

图 2.13　立杆稳定性计算 a 取值示意图

规范中为保证扣件式钢管模板支架的稳定性，支架立杆的计算长度借鉴英国标准，规定稳定性计算长度 $l_0 = h + 2a$，其中 a 为立杆上部伸出的悬臂段，这是为了限制施工现场任意增大钢管伸出长度，保证支架的稳定性，并没有理论上的依据。

例如伸出长度为 0.3m，则计算长度为 $l_0 = h + 2 \times 0.3 = h + 0.6$；当步距 $h = 1.8\text{m}$ 时，$l_0 = 2.4\text{m}$，其计算长度系数 $u = 2.4/1.8 = 1.33$，比通常的 $u = 1.0$ 值提高了 33.3%，有利于支架的整体稳定。

规范中对模板承重架的整体稳定性计算是通过计算长度来体现的，即 $l_0 = h + 2a$，是针对于一般多高层建筑其层间高度不高的楼屋面混凝土结构的模板支架，这个计算长度公式没有考虑搭设高度对架体稳定性的影响，对用于高、大、重的模板支架的适用性值得探讨，这是规范的缺陷。

在高、大、重模板承重架的整体稳定性计算中，同时考虑规范中的双排脚手架计算长度公式 $l = kuh$，这是比 $l = h + 2a$ 更加偏于安全的计算公式，但是需要在构造上多增加类似于双排脚手架的连墙杆，实际很多施工单位也是这么做的（图 2.14 和图 2.15），即模板承重架尽量利用已经浇筑完成的剪力墙或柱作为拉结点，增加架体的整体稳定性。

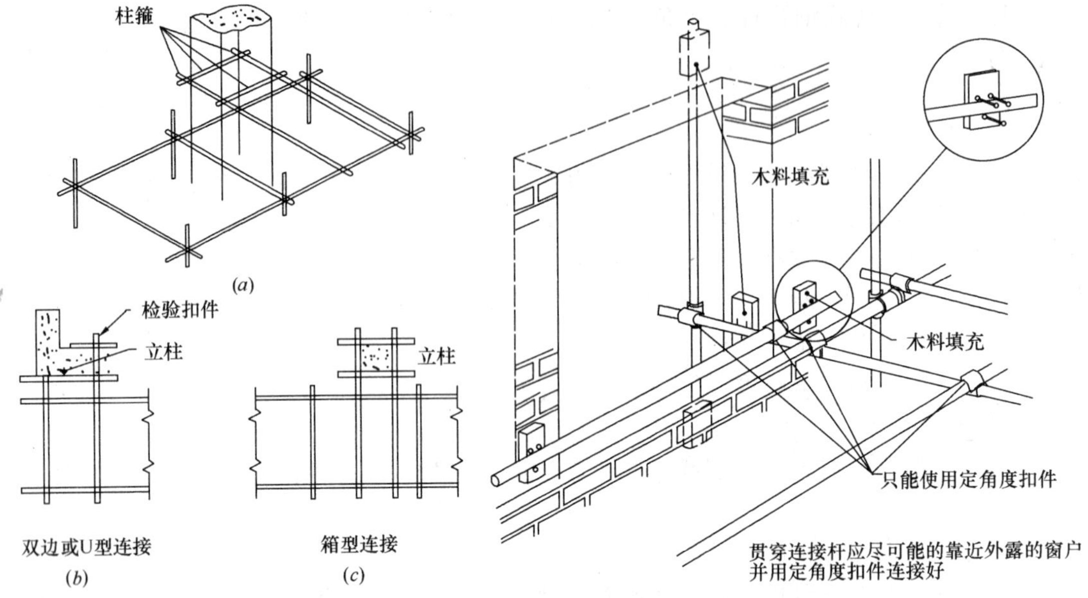

图 2.14 钢管与混凝土柱横向拉结示意图

图 2.15 钢管与剪力墙洞横向拉结示意图

《建筑施工模板安全技术规范》（JGJ 162—2008）对于不考虑风荷载时，立杆的稳定性也按照公式（2.4）计算，但只提及最大步距，没有涉及 a 值，这是很不安全的，还是建议计算中增加考虑 a 值。

另外，《建筑施工模板安全技术规范》（JGJ 162—2008）考虑风荷载的工况，立杆的稳定性计算公式为：

$$\sigma = \frac{N}{\phi A} + \frac{M_W}{W} \leqslant [f] \tag{2.5}$$

风荷载设计值产生的立杆段弯矩 M_W 计算如下：

$$N_w = 0.9 \times (1.2N_{Gik} + 0.9 \times 1.4N_{Qik}) \tag{2.6}$$

$$M_w = \frac{0.9^2 \times 1.4w_k l_a h^2}{10} \tag{2.7}$$

式中 N_{Gik}——模板及支架自重、新浇混凝土自重与钢筋自重标准值产生的轴向力总和；

N_{Qik}——施工人员及施工设备荷载标准值、振捣混凝土时产生的轴向力总和；

W——立杆截面模量；

M_W——风荷载设计值产生的立杆段弯矩。

w_k——风荷载标准值；

l_a——立杆的纵距，对梁模板支架立杆梁跨度方向距离，对板模板支架立杆距离；

h——步距。

模板承重架的节点不是刚性节点，人工不确定因素很多，力传递也不直接且不规则，离散性很大，千百个扣件中有一个或几个失效，则计算长度就可能增加一倍甚至更大，轴心受压立杆的稳定系数 ϕ 就会急剧下降，立杆的承载力也大幅减小，立杆的受压稳定性也就很难得到保证。所以要高度重视模板承重架的构造要求，模板承重架应尽量利用剪力墙或柱作为连接连墙件，否则存在安全隐患。要确保各种杆件的布置符合规范要求，使杆件传力明确，立杆要尽可能承受轴向力，避免或减小荷载的偏心。要加强整体连接和拉结，确保整体稳定性，避免出现不稳定结构和节点可变状态，要实现构造尺寸的规范化，避免设计的随意性。

四、立杆稳定计算——上海规范

上海市《钢管扣件水平模板的支撑系统安全技术规程》要求计算中考虑作用于模板支架风荷载，在不考虑风荷载时，立杆稳定性判断按照式（2.4）计算；在考虑风荷载时，立杆稳定性判断按照式（2.5）计算。

风荷载设计值产生的立杆段弯矩 M_W 与式（2.7）略有不同：

$$M_w=\gamma\times\psi\times w_k\times l_a\times h^2/10 \tag{2.8}$$

式中　γ——风荷载分项系数，取值1.4；

ψ——风荷载组合值系数，取值0.85。

其他参数描述如前。

五、立杆稳定计算——浙江规范

类似于上海规程，浙江省《建筑施工扣件式钢管模板支架技术规程》要求计算中考虑作用于模板支架风荷载，并且立杆稳定性计算公式还略有不同。

对直接落在基础上的模板支架，立杆的稳定性应按下列公式计算：

不组合风荷载时：

$$\sigma=\frac{N}{\phi AK_H}\leqslant[f] \tag{2.9}$$

组合风荷载时：

$$\sigma=\frac{N}{\phi AK_H}+\frac{M_W}{W}\leqslant[f] \tag{2.10}$$

对两层及两层楼板以上模板支架，考虑叠合效应，立杆的稳定性应按下列公式计算：

不组合风荷载时：

$$\sigma=\frac{1.05N}{\phi AK_H}\leqslant[f] \tag{2.11}$$

组合风荷载时：

$$\sigma=\frac{1.05N}{\phi AK_H}+\frac{M_W}{W}\leqslant[f] \tag{2.12}$$

式中增加了高度调整系数 K_H。

考虑风荷载作用在模板上，对立杆产生附加轴力，验算边梁和中间梁下立杆的稳定性，对单层支架按式（2.13）重新验算：

$$\sigma=\frac{N+N_1}{\phi AK_H}\leqslant[f] \tag{2.13}$$

对两层及两层以上支架，考虑叠合效应，按式（2.14）验算：

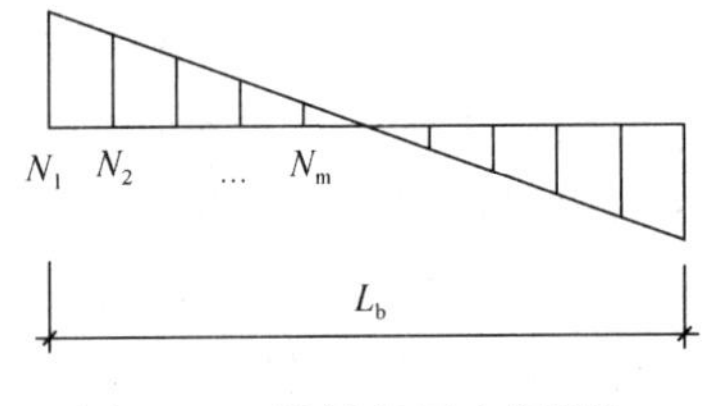

图 2.16 计算单元立杆附加轴力线性分布

$$\sigma = \frac{1.05N + N_1}{\phi A K_H} \leqslant [f] \tag{2.14}$$

式中 N_1——验算立杆的附加轴力。

风荷载引起的计算单元立杆附加轴力按线性分布确定，如图 2.16 所示，最大附加轴力 N_1，表达式为：

$$N_1 = \frac{3FH}{(m+1)L_b} \tag{2.15}$$

式中 F——作用在计算单元顶部模板上的水平力，按式（2.16）计算；

H——模板支架高度；

n——计算单元立杆数；

m——计算单元中附加轴力为压的立杆数，当 n 为奇数时，$m=(n-1)/2$；当 n 为偶数时，$m=n/2$；

L_b——模板支架的横向长度，对梁模板来讲取梁底支撑钢管的计算长度。

对于整体侧向力计算可采用简化方法计算。若风荷载沿模板支架横向作用，如图 2.17 所示，取整体模板支架的一排横向支架作为计算单元，将作用在计算单元顶部模板上的水平力 F 取为：

$$F = \frac{0.85 A_F w_k}{L_a} \cdot l_a \tag{2.16}$$

式中 A_F——结构模板纵向挡风面积；

w_k——风荷载标准值；

L_a——模板支架的纵向长度；

l_a——立杆纵距，对梁模板来讲取梁跨度方向立杆的距离。

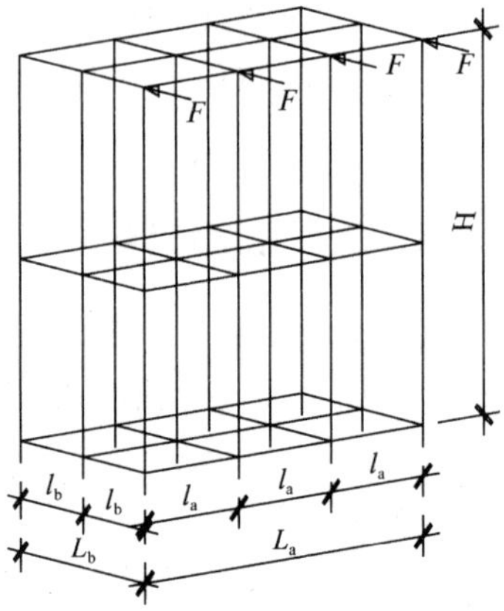

图 2.17 风荷载作用示意图

若风荷载沿模板支架纵向作用，取整体模板支架的一排纵向支架作为计算单元，立杆附加轴力按式（2.15）、式（2.16）计算时，应将式中的 L_a、L_b互换，l_a换为 l_b。若模板支架双面敞开，则按模板支架周边长度的短向计算。

规程要求，当模板支架高度超过 4m 时，应采用高度调整系数 K_H对立杆的稳定承载力进行调降，按下列公式计算：

$$K_H = \frac{1}{1 + 0.005(H-4)} \tag{2.17}$$

式中 H——模板支架高度。

规程在高、大、重模板承重架的整体稳定性计算中，考虑了双排脚手架计算长度公式 $l = kuh$，立杆计算长度 l_0给出了两种计算模式，并将按下列表达式计算的结果取大值：

$$l_0 = h + 2a \tag{2.18}$$

$$l_0 = kuh \tag{2.19}$$

式中 h——立杆步距；

a——模板支架立杆伸出顶层横向水平杆中心线至模板支撑点的长度；

k——计算长度附加系数；

u——考虑支架整体稳定因素的单杆等效计算长度系数。

在构造上多增加类似于双排脚手架的连墙杆，这样才能与计算的基本假定相符合，即模板承重架尽量利用已经浇筑完成的剪力墙或柱作为连接连墙件的拉结点，增加架体的整体稳定性。

六、立杆变形计算——上海规范

上海规程要求进行支撑立杆的竖向变形计算：

$$\Delta = \Delta_1 + \Delta_2 + \Delta_3 \leqslant [\Delta] \tag{2.20}$$

式中　Δ——支撑立杆竖向变形的总量；

Δ_1——支撑立杆弹性压缩变形 $\Delta_1 = \dfrac{N_K H}{EA}$；

N_K——支撑系统永久荷载与可变荷载的标准组合；

H——支撑立杆实际总高度；

E——支撑立杆钢材的弹性模量；

A——支撑立杆截面积；

Δ_2——支撑立杆接头处的非弹性变形 $\Delta = n \cdot \delta$；

n——支撑立杆实际高度 H 范围内接头的数量；

δ——每个支撑立杆接头处的非弹性变形值，可取 $\delta = 0.5$mm；

Δ_3——支撑立杆由于温度作用而产生的线弹性变形 $\Delta_3 = H \times a \times \Delta_t$；

a——支撑立杆钢材的线膨胀系数 $a = 1.2 \times 10^{-5}$（以每℃计）；

Δ_t——钢管的计算温差（℃）；

$[\Delta]$——支撑立杆允许的变形量；可取 $\leqslant H/1000$。

七、整体稳定分析和抗倾覆计算——上海规范

根据《钢管扣件水平模板的支撑系统安全技术规程》（DG/TJ 08-016-2004）的要求和规定，支撑系统整体稳定计算包括整体结构分析。

计算诱发荷载产生的弯矩，根据平截面假定得到弯矩产生的附加轴力在进行整体稳定分析时，把附加轴力与立杆稳定验算时的立杆轴力叠加，就能得到考虑了整体稳定分析的立杆法向应力。

1. 诱发荷载的计算

对平面布置为矩形的排架支撑系统，可简化地取一定宽度的竖向平面作为计算单元，近似的可采用诱发荷载法计算结构内力。诱发荷载包括：安装偏差荷载，按竖向永久荷载的 1%计算；安全荷载，按竖向永久荷载的 2.5%计算；风荷载，分别作用在模板上和支撑系统上。计算图见图 2.18。

2. 整体稳定分析

计算中假定斜向支撑系统不参与计算，即剪刀撑不参与计算，并且按平截面假定计算。

各杆件在诱发荷载作用下的轴力 P_i 的计算公式为

$$P_i = \frac{r_i M}{\Sigma r_i^2} \tag{2.21}$$

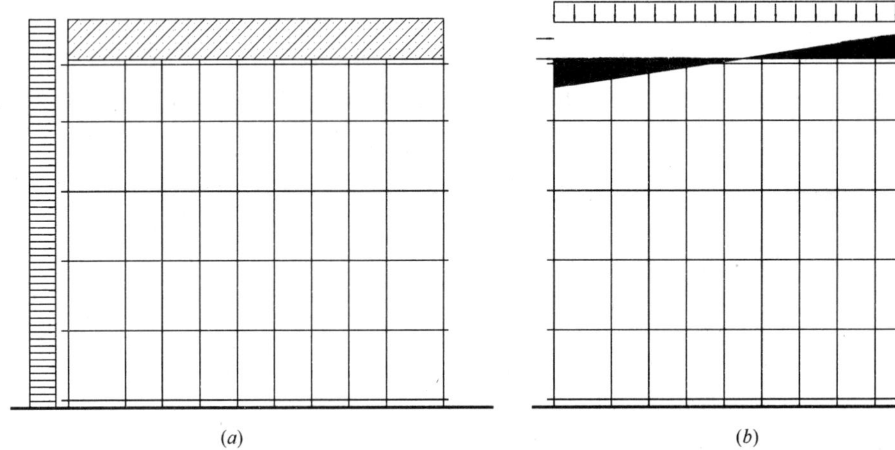

图 2.18　诱发荷载计算图

式中　r_i——各杆件到平面中心线（中性轴）的距离；

M——各诱发荷载引起的弯矩：对于安装偏差荷载或安全荷载取其与支架高度的乘积，对于风荷载取作用在模板上和支撑系统上的风荷载引起的弯矩之和；

3. 抗倾覆计算

当钢筋已绑扎完毕而混凝土未浇筑时，抗倾覆最不利。此时支撑结构的抗倾覆力矩 M_r 的计算公式：

$$M_r = G_{mr} \times D/2 \tag{2.22}$$

式中　G_{mr}——钢筋与模板自重；

D——计算单元的横向长度。

倾覆力矩 M_0 为各诱发荷载引起的弯矩之和，必须满足 $M_0 < M_r$ 。

八、地面基础计算

模板支架的基础一般存在两种情况，包括落在混凝土底板上或者普通地面上，如果是落在混凝土底板上，需要验算基础底板的设计强度是否满足要求，因为上面的临时支撑的钢筋混凝土未达到足够强度是不能受力的。存在多层荷载叠加的情况，基础底板不能满足支撑强度时，需要增加基础底板回顶，适当保留下面撑；对于普通地面上，需要按照《建筑地基基础设计规范》（GB 50007—2002）验算基础承载力，支撑立杆基础底面的平均压力应按下列公式计算

$$P \leqslant f_g \tag{2.23}$$

式中　P——支撑立杆基础底面的平均压力 $P = \dfrac{N}{A}$ ；

N——上部模板支撑结构传至基础顶面的竖向力设计值；

A——基础底面面积；

f_g——地基承载力设计值，$f_g = K_c f_{gk}$ ；

f_{gk}——地基承载力标准值；

K_c——支撑下部地基承载力调整系数，按表 2.3 取。

地基承载力调整系数表　　**表 2.3**

地　基	碎石土	砂　土	回填土	黏　土	混凝土
K_c	0.4	0.4	0.4	0.5	1.0

第三节　PKPM施工安全计算软件关于梁底支撑架计算

一、计算功能

PKPM施工安全计算软件中提供多种梁底模板钢管支设形式、三种不同的楼板模板钢管支设形式的计算，所有支撑模式全部来源于施工单位，通过简单参数录入（图2.19）自动完成梁或楼板底模板与扣件钢管支撑架计算书（包括梁底模板面板强度、挠度和剪力计算；木方强度、挠度和剪力计算；木方下面钢管或者托梁强度、挠度计算；扣件的抗滑承载力计算；立杆的稳定性计算等内容）。对于浙江和上海的施工单位，还有专门的地方规范计算软件。

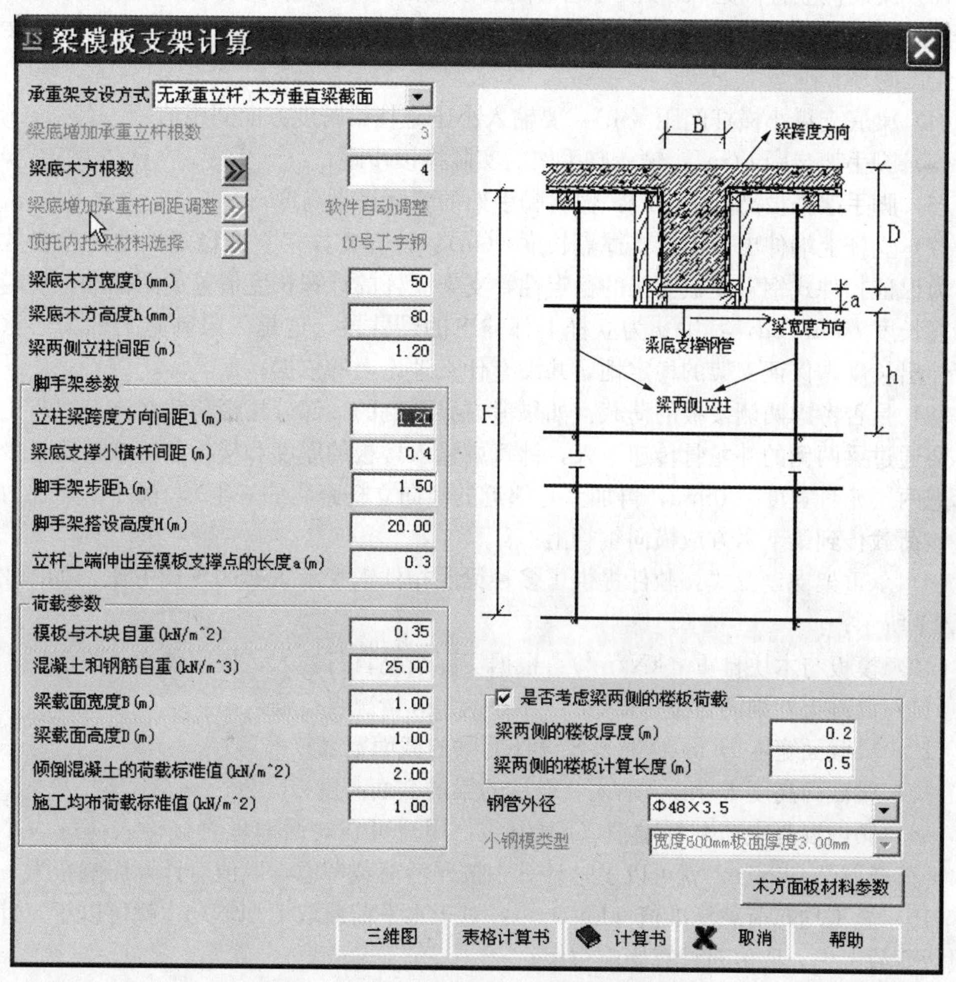

图2.19　梁底模板计算参数对话框

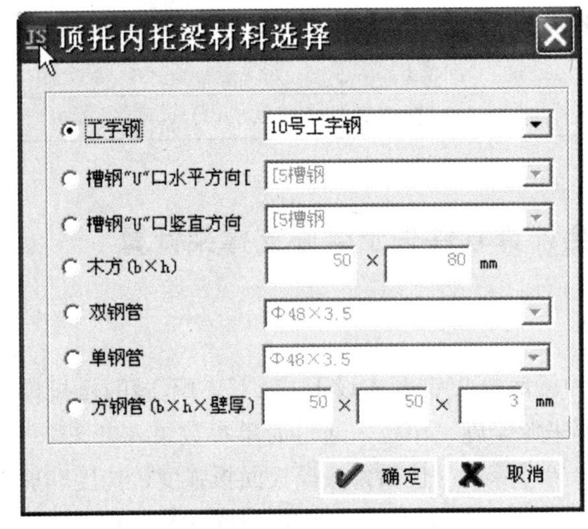

图 2.20　顶托梁材料选择对话框

（1）梁底木方根数：梁截面宽度范围内直接接触面板布置的木方数；

注意：对木方或者木托梁的计算，用户可以自己选择按照三跨或者两跨进行计算。

软件提供了如图 2.20 所示多种形式的顶托内托梁材料。

（2）立柱梁跨度方向间距 l(m)：垂直梁截面的方向称为梁跨度方向，在计算前三种梁底扣件钢管承重架的支设方案时，要输入梁底支撑小横杆间距（m）；在计算第四种梁底扣件钢管承重架的支设方案时，此参数用来支撑梁底木方；

（3）梁两侧立柱间距（m）：考虑梁侧面模板的厚度，通常梁两侧承重立杆要在梁截面以外 500mm 左右，梁两侧立柱间距就是此段距离与梁截面宽度 B(m)的和，用来计算连续梁的跨度；

（4）梁底支撑小横杆间距（m）：要输入小于立柱梁跨度方向间距值；

（5）脚手架步距 h(m)：输入脚手架的实际搭设步距；

（6）脚手架搭设高度 H(m)：输入脚手架的实际搭设高度；

（7）立杆上端伸出至模板支撑点长度 a(m)：计算支撑架立杆稳定性的经验参数，规范中为保证扣件式钢管模板支架的稳定性，支架立杆的计算长度借鉴英国标准，规定稳定性计算长度 $l=h+2a$，其中 a 为立杆上部伸出的悬臂段，这是为限制施工现场任意增大钢管伸出长度，保证支架的稳定性，并没有什么理论上的依据；

（8）是否考虑两侧楼板的荷载：如果考虑梁两侧的一部分楼板荷载在浇筑混凝土过程中，会通过梁两侧的外龙骨传递下来，计算中输入楼板的厚度和楼板的荷载计算长度（可以考虑两层龙骨宽度 200mm，再加上与邻近的竖向立杆距离的一半），软件以集中力的形式将该荷载传到梁下木方或横向钢管上；

（9）承重架支设方式：软件提供了多种梁底扣件钢管承重架的支设方案，如图 2.5～图 2.11 所示；

（10）模板与木块自重（kN/m^2）：根据实际情况自行输入，按照表 2.1 取值；

（11）混凝土和钢筋自重（kN/m^3）：根据实际情况自行输入；

（12）梁截面宽度 B(m)：输入要设计的梁的截面宽度；

（13）梁截面高度 D(m)：输入要设计的梁的截面高度；

（14）倾倒混凝土荷载标准值（kN/m^2）：用户可在对话框里直接输入荷载大小，对于水平荷载取 2.0kN/m^2 就可以了，计算中按照活荷载考虑，取值对计算影响很大；

（15）施工均布荷载标准值（kN/m^2）：对于水平荷载取 1.0kN/m^2 就可以了，计算中按照活荷载考虑，取值对计算影响很大；

（16）钢管类型：在国家规范中提供了 $\phi48\times3.5$mm 和 $\phi51\times3.0$mm 两种，实际应用

中可能会有 $\phi48\times3.25$mm、$\phi48\times3.2$mm 和 $\phi48\times3.0$mm，一般来讲建议使用 $\phi48\times3.0$mm 钢管计算。

用户可点击钢管外径对话框的下拉三角，弹出如下对话框：

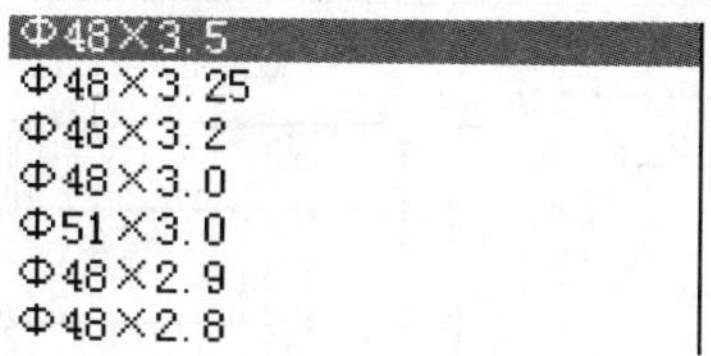

用户可根据实际情况选取符合要求的钢管材质；

(17) 木方面板材料：同柱梁木方面板参数一样。

注：系统默认的是采用胶合板作为面板，当采用梁支撑中小钢模面板钢管支撑的形式时，需要按照实际需要选择小钢模面板的规格，计算中根据不同小钢模面板的规格计算面板的截面惯性矩和截面抵抗矩。

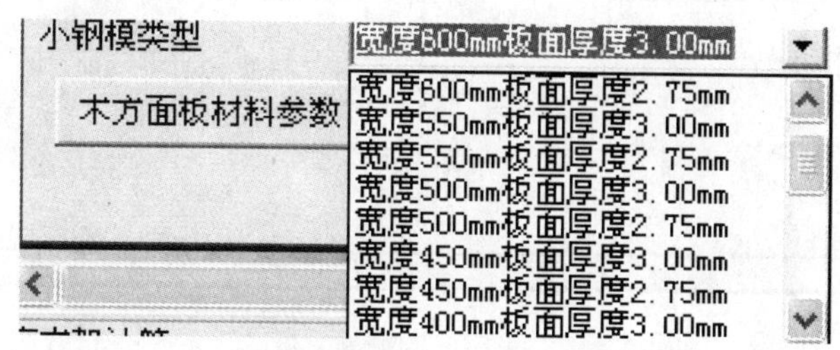

全部参数输入完毕后，点击 计算书，程序自动进行钢管脚手架梁板支撑的设计计算，得到相应的图文并茂标准计算书（WORD格式），参照（本章）第四、五节计算结果；单击“表格式计算书”程序会计算得到一个表格式的计算书；如单击“取消”按钮，则退出。单击“帮助”按钮，获得相应模块设计计算的帮助信息。

二、生成施工专项方案

软件能够生成脚手架完整的施工专项方案。软件提供绘制或编辑脚手架施工图、节点详图功能，生成的图形可以自动存入施工专项方案。软件可以摘录规范中对于脚手架的基本构造要求：包括立杆布置、横杆布置、剪刀撑布置、横向拉结布置等等作为施工专项方案的内容。并能够对普通梁板支撑体系的三维图进行直观的模拟显示。通过点取左侧“施工方案”栏相应的菜单子项实现（图2.21）。

梁板模板支撑架施工方案的参数中包括梁侧布置参数、梁底布置参数、板底脚手架参数。各种参数的设置依据工程的实际情况进行选择，当有PKPM安全计算软件中的有关数据，这里也可以把其数据导入到界面进行施工方案的生成。

在参数设置和图形绘制结束后，点击 方案 可以直接生成具有目录以及内容的详细完整（包含图形）的落地式脚手架的施工方案，计算书直接保存在方案中。生成的方案自动转化到WORD格式下，用户可以在WORD程序下对方案进行详细的增加、修改，最后可以形成一个操作可行，图文并茂的施工方案。

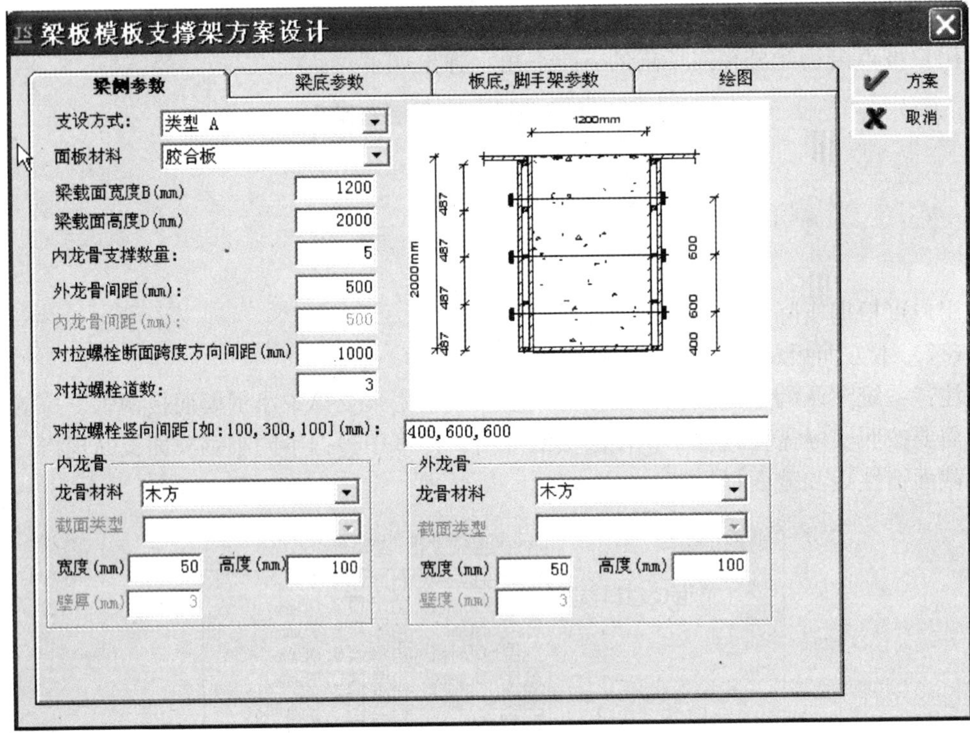

(a)

梁板模板支撑架方案设计

梁侧参数	梁底参数	板底,脚手架参数	绘图

方案　取消

承重架支设方式	无承重立杆,木方垂直梁截面
梁底增加承重立杆根数	3
梁底木方根数	4
梁底增加承重杆间距调整	软件自动调整
顶托内托梁材料选择	10号工字钢
梁底木方宽度b(mm)	80
梁底木方高度h(mm)	50
梁两侧立柱间距(m)	1.20
梁底支撑小横杆间距(m)	0.4
立杆上端伸出至模板支撑点的长度a(m)	0.0

B　梁跨度方向　D　a　梁宽度方向　梁底支撑钢管　h　梁两侧立柱　H

(b)

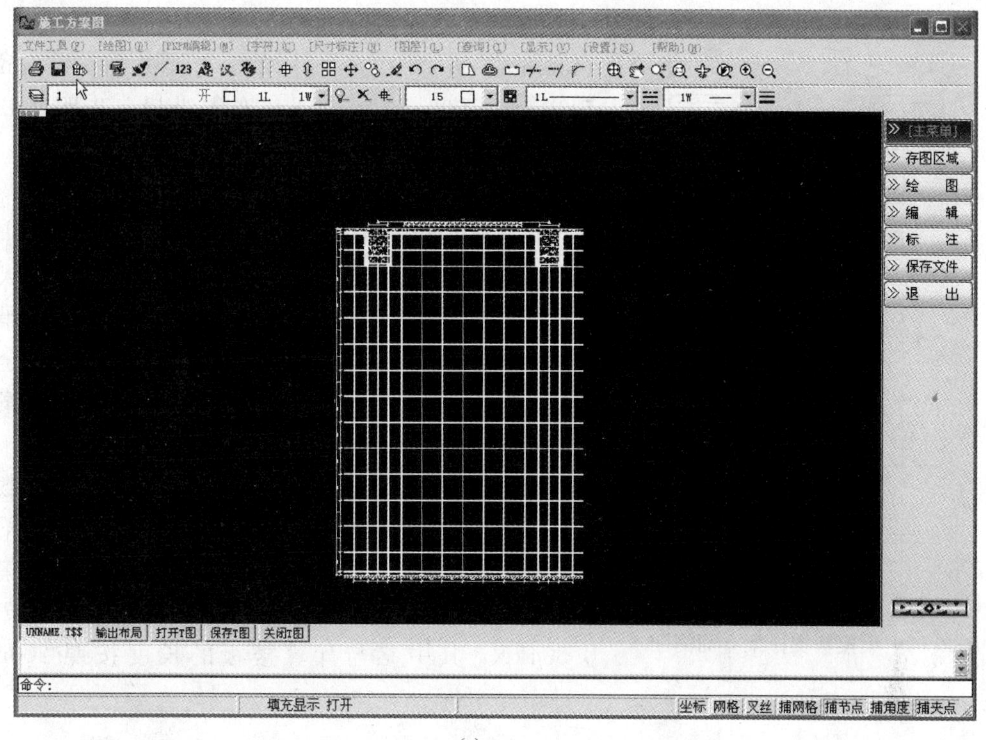

(c)

图 2.21　梁板支撑施工专项方案设计

(a) 梁板支撑施工专项方案梁侧参数对话框；(b) 梁板支撑施工专项方案梁底参数对话框；(c) 梁板支撑施工专项方案剖面绘图平台

三、软件特色

(1) 软件包含了各种形式的模板承重架设计计算内容，严格按照国家规范的基本要求，提供国家和地方多种规范版本的计算模型，避免了手工计算中出现丢项、丢步骤、数据混乱等经常出现的问题，提高了计算结果的可靠性，可以作为标准计算书模板；

(2) 软件将施工计算工作内容归纳为简单的基本参数，并配备大量的计算参数用表(如基本风压表、脚手架体型系数表等)，避免了用户查找规范和计算手册的麻烦；

(3) 操作方便，自动生成图文并茂的详细计算书，每个构件的计算提供计算简图、计算公式和计算过程，并可以根据需要保存为可以与 WORD 通用的计算书；

(4) 提供自主平台绘图功能，即可根据基本参数自动绘制脚手架搭设平面图、立面图和节点详图，软件自带功能强大的图形平台，方便用户绘图；

(5) 提供 WORD 格式脚手架专项施工方案，包括规范对于脚手架搭设的构造要求，同时可以将计算书和绘制的详图直接插入到方案中。

这样，通过用户补充工程概况、材料准备、人员管理和施工管理等内容，快速生成脚手架专项施工方案。

第四节　某起事故梁模板支撑算例一

2003 年 2 月，某公司一处即将结顶的厂房顶棚发生坍塌，造成 13 名施工人员死亡。

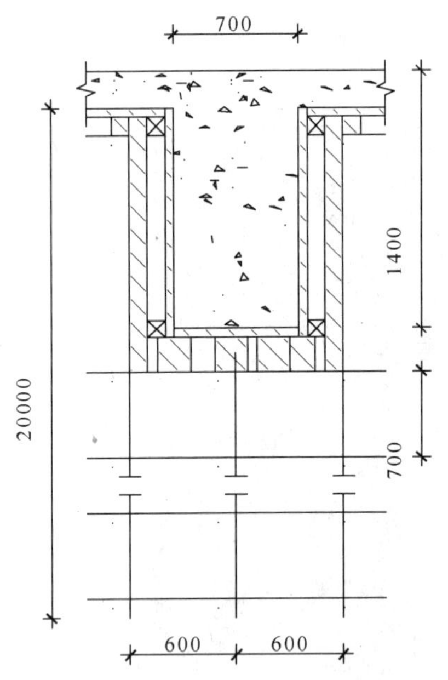

图 2.22　梁模板支撑架立面简图

主要施工对象为现浇钢筋混凝土梁，宽 700mm、高 1400mm、板厚 120mm，模板支架立杆 700mm×700mm～1000mm×700mm 布置纵横，步距 1.8m，支架总高度 26.7m。梁底支撑如图 2.22 所示意，增加 1 道承重立杆。

由于当时计算偏重于经验，对计算准确度要求不高，并且没有相应的计算软件作参考，施工技术人员计算中错将梁截面荷载的一半施加到梁底增加的承重立杆上，造成计算荷载偏小，引起重大施工安全事故。下面是正确的计算过程，首先利用软件将方案设定的相关参数输入，见图 2.23。

由于混凝土浇筑梁板同时进行，部分楼板荷载会通过梁两侧模板龙骨传递下来，所以计算中考虑梁两侧部分楼板混凝土荷载以集中力方式向下传递，集中力大小为 $F = 1.2 \times 25.0 \times 0.12 \times 0.2 \times 0.7 = 0.504\text{kN}$，其中参与计算楼板的长度按照 200mm 考虑。

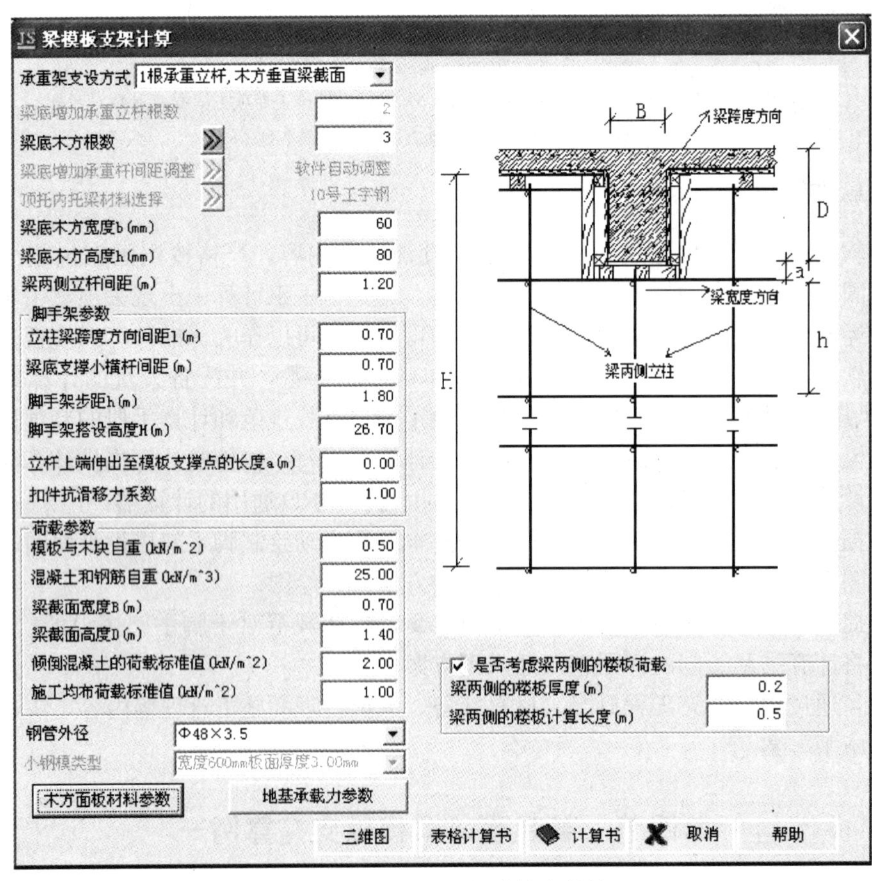

图 2.23　梁模板支撑架计算参数输入

参数输入完毕后，点击计算书则会有如下计算结果：

一、模板面板计算

面板为受弯结构，需要验算其抗弯强度和刚度。模板面板的按照多跨连续梁计算。作用荷载包括梁与模板自重荷载，施工活荷载等。

荷载的计算：

（1）钢筋混凝土梁自重（kN/m）：

$$q_1 = 25.0 \times 1.4 \times 0.7 = 24.5\text{kN/m}$$

（2）模板的自重线荷载（kN/m）：

$$q_2 = 0.5 \times 0.7 \times (2 \times 1.4 + 0.7) / 0.7 = 1.75\text{kN/m}$$

（3）活荷载为施工荷载标准值与振捣混凝土时产生的荷载（kN）：

经计算得到，活荷载标准值 $P_1 = 2.0 \times 0.7 \times 0.7 = 0.98$kN

均布荷载 $q = 1.2 \times 24.5 + 1.2 \times 1.75 = 31.5$kN/m

集中荷载 $P = 1.4 \times 0.98 = 1.372$kN

面板按照 18mm 厚度胶合板考虑，截面惯性矩 I 和截面抵抗矩 W 分别为：

$$W = 70.0 \times 1.8 \times 1.8 / 6 = 37.8\text{cm}^3$$

$$I = 70.0 \times 1.8 \times 1.8 \times 1.80 / 12 = 34.02\text{cm}^4$$

模板的计算简图如图 2.24，经过计算得到从左到右各支座力分别为

$N_1 = 2.837$kN　　$N_2 = 8.874$kN　　$N_3 = 8.874$kN　　$N_4 = 2.837$kN

最大弯矩 $M = 0.195$kN·m，最大变形 $V = 0.3$mm。

（1）抗弯强度计算（图 2.25）

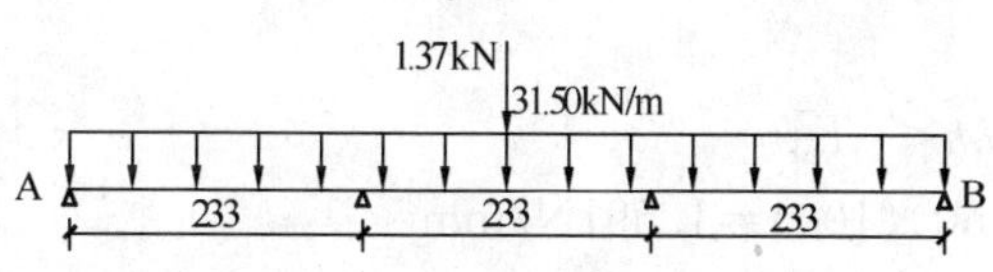

图 2.24　模板面板计算简图

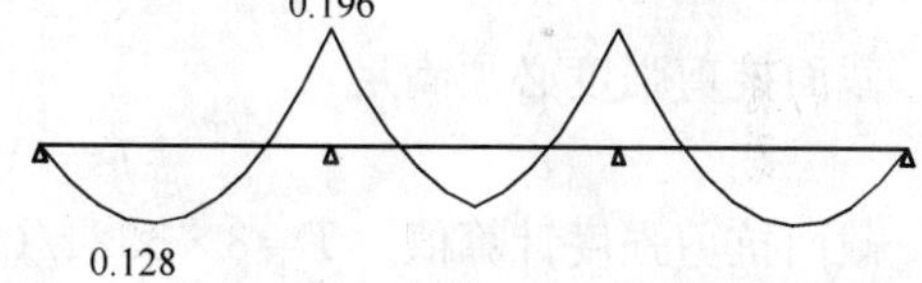

图 2.25　模板面板计算弯矩图（kN·m）

面板抗弯强度计算值　$f = 0.195 \times 1000 \times 1000 / 37800 = 5.159\text{N/mm}^2$

面板的抗弯强度设计值 $[f]$，取 15.0N/mm²；

面板的抗弯强度验算 $f < [f]$，满足要求！

（2）抗剪计算［可以不计算］（如图 2.26）

截面抗剪强度计算值 $T = 3 \times 4512.0 / (2 \times 700.0 \times 18) = 0.537\text{N/mm}^2$

截面抗剪强度设计值 $[T] = 1.4\text{N/mm}^2$

抗剪强度验算 $T < [T]$，满足要求！

（3）挠度计算（图 2.27）

面板最大挠度计算值 $v = 0.271$mm

面板的最大挠度小于 233.3/250，满足要求！

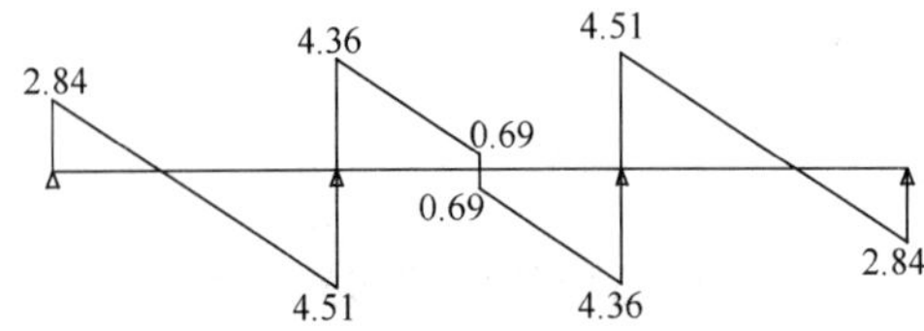

图 2.26　模板面板计算剪力图（kN）

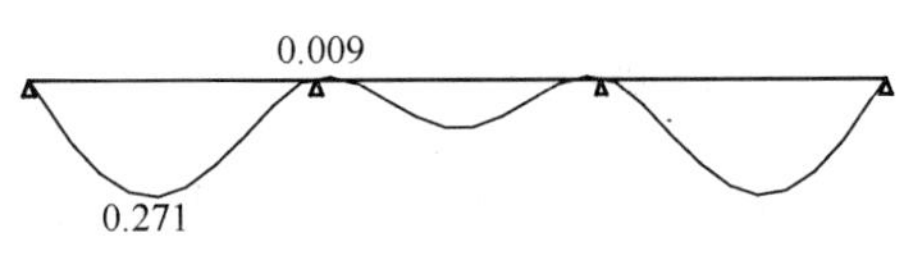

图 2.27　模板面板计算变形图（mm）

二、梁底支撑木方的计算

按照三跨连续梁计算，最大弯矩考虑为静荷载与活荷载的计算值最不利分配的弯矩和，计算公式如下：

均布荷载　　$q=8.874/0.7=12.677\text{kN/m}$

最大弯矩　　$M=0.1ql^2=0.1\times12.68\times0.7\times0.7=0.621\text{kN}\cdot\text{m}$

最大剪力　　$V=0.6\times0.7\times12.677=5.324\text{kN}$

最大支座力　　$N=1.1\times0.7\times12.677=9.761\text{kN}$

木方的截面，截面惯性矩 I 和截面抵抗矩 W 分别为：

$$W=5.0\times10.0\times10.0/6=83.33\text{cm}^3$$

$$I=5.0\times10.00\times10.0\times10.0/12=416.67\text{cm}^4$$

（1）木方抗弯强度计算

抗弯计算强度　$f=0.621\times10^6/83333.3=7.45\text{N/mm}^2$

木方的抗弯计算强度小于 13.0N/mm^2，满足要求！

（2）木方抗剪计算［可以不计算］

最大剪力的计算公式如下：

$$V=0.6ql$$

截面抗剪强度必须满足：

$$T=3V/2bh<[T]$$

截面抗剪强度计算值　$T=3\times5324/(2\times50\times100)=1.597\text{N/mm}^2$

截面抗剪强度设计值　$[T]=1.30\text{N/mm}^2$

木方的抗剪强度计算不满足要求！

（3）木方挠度计算

最大变形 $v=0.677\times10.564\times700.0^4/(100\times9500.0\times4166666.8)=0.434\text{mm}$

木方的最大挠度小于 700.0/250，满足要求！

三、梁底支撑钢管计算

横向支撑钢管按照集中荷载作用下的连续梁计算，集中荷载 P 取木方支撑传递力（计算简图如图 2.28）。

连续梁的计算（计算结果如图 2.29～图 2.31）得到

最大弯矩　$M_{max}=1.119\text{kN.m}$

最大变形　$v_{max}=0.561\text{mm}$

最大支座力　$V_{max}=20.938\text{kN}$

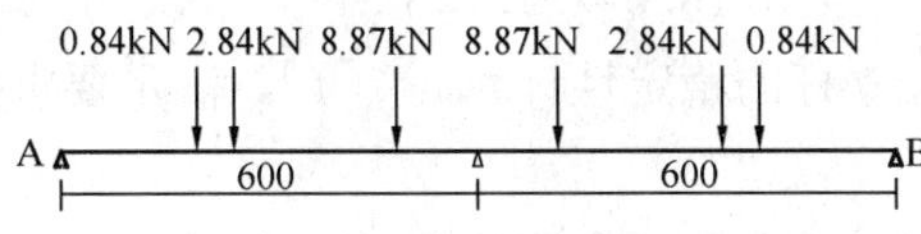

图 2.28　梁底支撑钢管计算简图

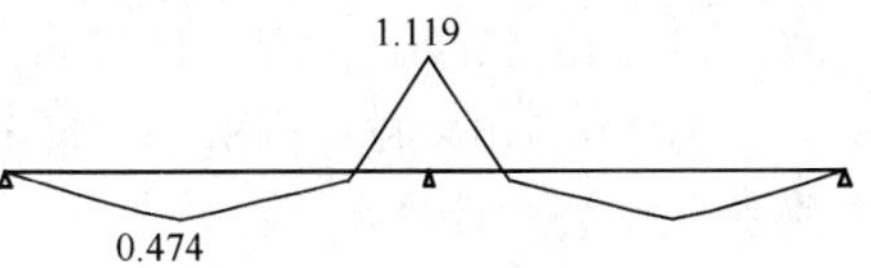

图 2.29　梁底支撑钢管弯矩图（kN·m）

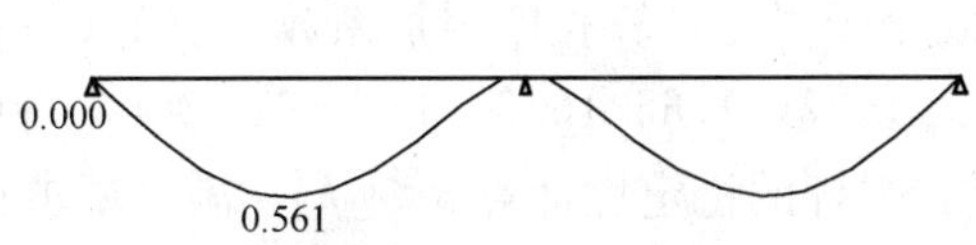

图 2.30　梁底支撑钢管变形图（mm）

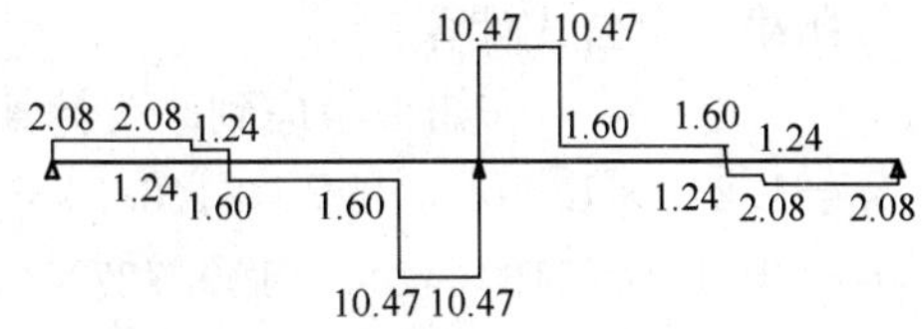

图 2.31　梁底支撑钢管剪力图（kN）

抗弯计算强度　$f=1.119\times10^6/4491.0=249.21\text{N/mm}^2$

支撑钢管的抗弯计算强度大于 205.0N/mm²，不满足要求！

支撑钢管的最大挠度小于 600.0/150 与 10mm，满足要求！

四、扣件抗滑移的计算

计算中 R 取最大支座反力，$R=20.94\text{kN}>8.0\text{kN}$；

单扣件抗滑承载力的设计计算不满足要求！

五、立杆的稳定性计算

立杆的稳定性计算如下

$$\sigma=\frac{N}{\phi A}\leqslant[f]$$

式中　N——立杆的轴心压力设计值，它包括：

横杆的最大支座反力　$N_1=20.94\text{kN}$（已经包括组合系数 1.4）

脚手架钢管的自重　$N_2=1.20\times0.128\times20.000=3.063\text{kN}$

$N=20.938+3.063=24.001\text{kN}$

ϕ——轴心受压立杆的稳定系数，由长细比 $\lambda=l_0/i$ 查表得到；

i——立杆截面回转半径，$i=1.60\text{cm}$；

A——立杆净截面面积，$A=4.24\text{cm}^2$；

W——立杆净截面抵抗矩，$W=4.49\text{cm}^3$；

σ——钢管立杆抗压强度计算值；

$[f]$——立杆抗压强度设计值，规范中要求$[f]=205\text{N/mm}^2$；

a——支撑立杆伸出顶层横向水平杆中心线至模板支撑点的长度，取 0.3m；

l_0——稳定性计算长度，分别按照以下三个公式计算：

$$l_0=h+2a\qquad l_0=kuh\qquad l_0=k_1k_2(h+2a)$$

式中　k、k_1、k_2——计算长度附加系数，分别取 1.243、1.243、1.092；

u——计算长度系数，取 1.70；

按照第一个公式计算：

$l_0=1.243\times1.70\times0.7=1.479\text{m}$　　$\lambda=1479/16.0=92.738$　　$\phi=0.646$

$\sigma=24001/(0.646\times424)=87.601\text{N/mm}^2$，立杆的稳定性计算 $\sigma<[f]$，满足要求！

按照第二个公式计算：

$l_0=0.7+2\times0.3=1.300\text{m}$　　$\lambda=1300/16.0=81.505$　　$\phi=0.716$

$\sigma=24001/(0.716\times424)=79.089\text{N/mm}^2$，立杆的稳定性计算 $\sigma<[f]$，满足要求！

按照第三个公式计算：

k_2——如果考虑到高支撑架的安全因素，计算长度附加系数，取 1.092；

$l_0=1.243\times1.092\times(0.7+2\times0.3)=1.765\text{m}$　$\lambda=1765/16.0=110.631$　$\phi=0.516$

$\sigma=24001/(0.516\times424)=109.727\text{N/mm}^2$，立杆的稳定性计算 $\sigma<[f]$，满足要求！

经过计算我们知道，梁底支撑钢管的扣件抗滑力与抗弯强度远大于规范的要求，所以施工方案本身存在重大安全隐患，最终造成重大事故。

第五节　某工程梁模板支撑算例二

某重点工程体育场顶部环梁截面 1200mm×1200mm，模板支架搭设高度为 14.0m，梁支撑立杆的纵距（跨度方向）600mm，立杆的步距 900mm，梁底增加 3 道承重立杆。梁底木方 50mm×100mm@300mm，顶托梁采用 100mm×100mm 木方，如图 2.32 所示。

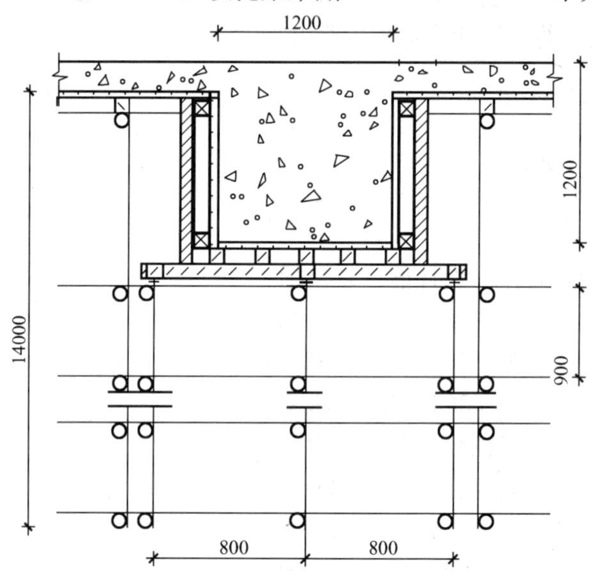

图 2.32　1200mm×1200mm 梁模板支撑架立面简图

一、模板面板计算

面板为受弯结构，需要验算其抗弯强度和刚度，模板面板按照多跨连续梁计算。作用荷载包括梁与模板自重荷载，施工活荷载等。

1. 荷载的计算：

（1）钢筋混凝土梁自重：

$$q_1=25.0\times1.2\times0.6=18.0\text{kN/m}$$

（2）模板的自重线荷载：

$$q_2=0.5\times0.6\times(2\times1.2+1.2)/1.2=0.9\text{kN/m}$$

（3）活荷载为施工荷载标准值与振捣混凝土时产生的荷载：

经计算得到，活荷载标准值　$P_1=(1.0+2.0)\times1.2\times0.6=2.16\text{kN}$

均布荷载　$q=1.2\times18.0+1.2\times0.9=22.68\text{kN/m}$

集中荷载　$P=1.4\times2.16=3.024\text{kN}$

（计算简图如图 2.33）面板按照 18mm 厚度胶合板考虑，截面惯性矩 I 和截面抵抗矩 W 分别为：

$$W=60.0\times1.8\times1.8/6=32.4\text{cm}^3$$

$$I=60.0\times1.8\times1.8\times1.8/12=29.16\text{cm}^4$$

经过计算得到从左到右各支座力分别为 $N_1=2.673\text{kN}$，$N_2=7.776\text{kN}$，$N_3=9.342\text{kN}$，$N_4=7.776\text{kN}$，$N_5=2.673\text{kN}$；最大弯矩 0.218kN·m，最大变形 0.7mm。

（1）抗弯强度计算（如图 2.34）

面板抗弯强度计算值　$f=0.218\times1000\times1000/32400=6.728\text{N/mm}^2$

面板的抗弯强度设计值 $[f]$，取 15.00N/mm²；

面板的抗弯强度验算 $f<[f]$，满足要求！

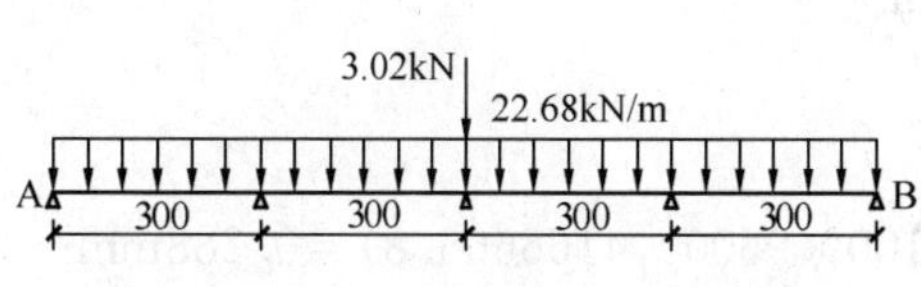

图 2.33　模板面板计算简图

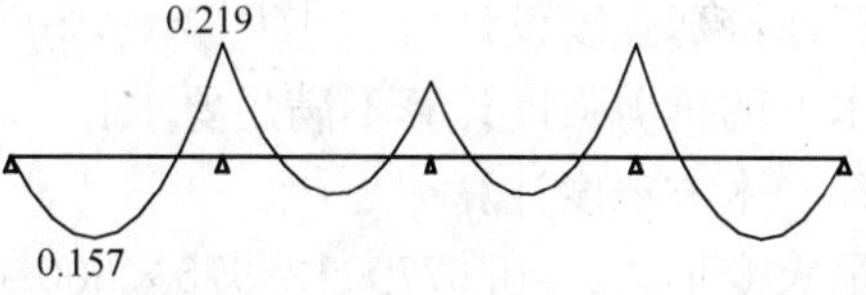

图 2.34　模板面板计算弯矩图（kN·m）

（2）抗剪计算（如图 2.35）

截面抗剪强度计算值　$T=3\times4131.0/(2\times600.0\times18.0)=0.574\text{N/mm}^2$

截面抗剪强度设计值 $[T]=1.40\text{N/mm}^2$

抗剪强度验算 $T<[T]$，满足要求！

（3）挠度计算（如图 2.36）

面板最大挠度计算值　$v=0.666\text{mm}$

面板的最大挠度小于 300.0/250，满足要求！

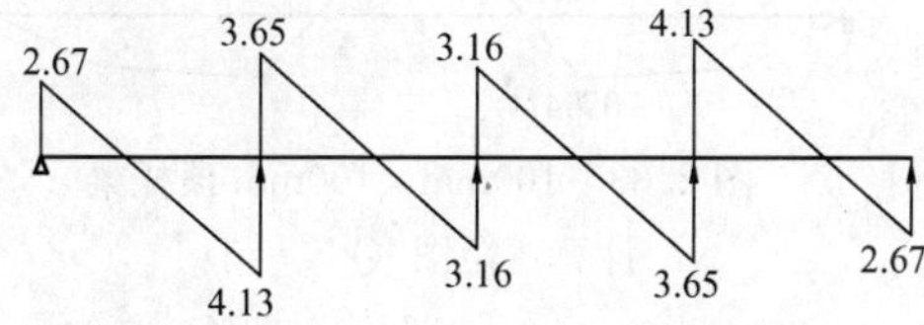

图 2.35　模板面板计算剪力图（kN）

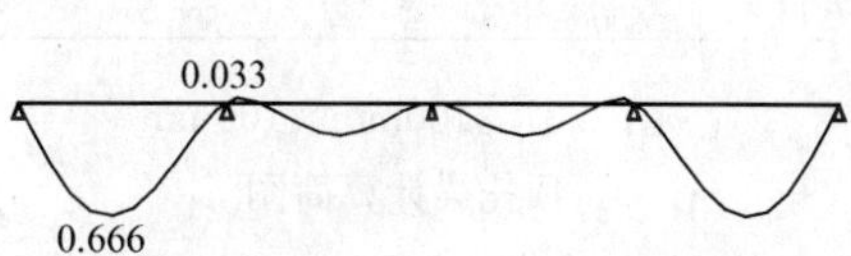

图 2.36　模板面板计算变形图（mm）

二、梁底支撑木方的计算

按照三跨连续梁计算，最大弯矩考虑为静荷载与活荷载的计算值最不利分配的弯矩和，计算公式如下：

均布荷载　$q=9.342/0.6=15.570\text{kN/m}$

最大弯矩　$M=0.1ql^2=0.1\times15.57\times0.6\times0.6=0.561\text{kN}\cdot\text{m}$

最大剪力　$V=0.6\times0.6\times15.57=5.605\text{kN}$

最大支座力　$N=1.1\times0.6\times15.57=10.276\text{kN}$

50mm×100mm 木方的截面惯性矩 I 和截面抵抗矩 W 分别为：

$$W=5.0\times10.0\times10.0/6=83.33\text{cm}^3$$

$$I=5.0\times10.0\times10.0\times10.0/12=416.67\text{cm}^4$$

（1）木方抗弯强度计算

抗弯计算强度　$f=0.561\times10^6/83333.3=6.73\text{N/mm}^2$

木方的抗弯计算强度小于 13.0N/mm^2，满足要求！

（2）木方抗剪计算［可以不计算］

最大剪力的计算公式如下：

$$V=0.6ql$$

截面抗剪强度必须满足：

$$T=3V/2bh<[T]$$

截面抗剪强度计算值　$T=3\times5605/(2\times50\times100)=1.682\text{N/mm}^2$

截面抗剪强度设计值　$[T]=1.30\text{N/mm}^2$

木方的抗剪强度计算不满足要求！

（3）木方挠度计算

最大变形　$v=0.677\times12.975\times600.0^4/(100\times9500\times4166666.8)=0.288\text{mm}$

木方的最大挠度小于 600.0/250，满足要求！

三、托梁的计算

托梁按照集中与均布荷载下多跨连续梁计算，均布荷载取托梁的自重 $q=0.096\text{kN/m}$（计算简图如图 2.37）。

经过计算得到最大弯矩 $1.442\text{kN}\cdot\text{m}$，最大支座力 24.083kN，最大变形 0.5mm（计算结果如图 2.38～图 2.40）。

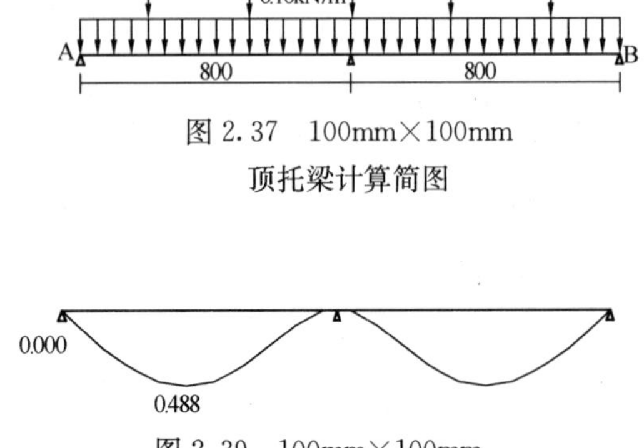

图 2.37　100mm×100mm 顶托梁计算简图

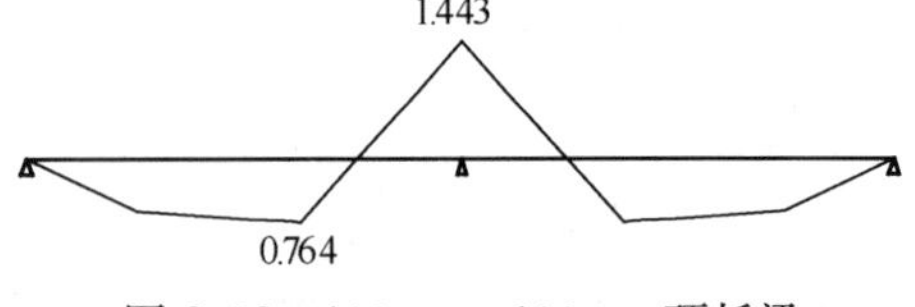

图 2.38　100mm×100mm 顶托梁计算弯矩图（kN·m）

图 2.39　100mm×100mm 顶托梁计算梁变形图（mm）

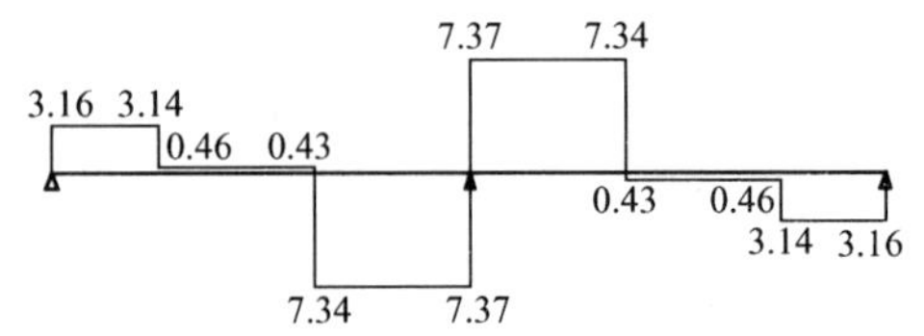

图 2.40　100mm×100mm 顶托梁计算剪力图（kN）

100mm×100mm 顶托梁的截面惯性矩 I 和截面抵抗矩 W 分别为：

$$W=10.0\times10.0\times10.0/6=166.67\text{cm}^3$$

$$I=10.0\times10.0\times10.0\times10.0/12=833.33\text{cm}^4$$

（1）顶托梁抗弯强度计算

抗弯计算强度　$f=1.442\times10^6/166666.7=8.65\text{N/mm}^2$

顶托梁的抗弯计算强度小于 13.0N/mm²，满足要求！

（2）顶托梁抗剪计算

截面抗剪强度必须满足：

$$T=3V/2bh<[T]$$

截面抗剪强度计算值　$T=3\times7370/(2\times100\times100)=1.106\text{N/mm}^2$

截面抗剪强度设计值　$[T]=1.30\text{N/mm}^2$

顶托梁的抗剪强度计算满足要求！

（3）顶托梁挠度计算

最大变形 $v=0.5$mm，最大挠度小于 800.0/250，满足要求！

四、扣件抗滑移的计算

上部荷载没有通过纵向或横向水平杆传给立杆，无需计算。

五、立杆的稳定性计算

立杆的稳定性计算如下

$$\sigma=\frac{N}{\phi A}\leqslant[f]$$

式中　N——立杆的轴心压力设计值，它包括：

横杆的最大支座反力　$N_1=24.08$kN（已经包括组合系数 1.4）

脚手架钢管的自重　$N_2=1.20\times0.138\times14.000=2.320$kN

$$N=24.083+2.320=26.402\text{kN}$$

ϕ——轴心受压立杆的稳定系数，由长细比 $\lambda=l_0/i$ 查表得到；

i——立杆截面回转半径，$i=1.60$cm；

A——立杆净截面面积，$A=4.24\text{cm}^2$；

W——立杆净截面抵抗矩，$W=4.49\text{cm}^3$；

σ——钢管立杆抗压强度计算值；

$[f]$——立杆抗压强度设计值，规范中要求 $[f]=205\text{N/mm}^2$；

a——支撑立杆伸出顶层横向水平杆中心线至模板支撑点的长度，取 0.3m；

l_0——稳定性计算长度，分别按照以下三个公式计算：

$$l_0=h+2a\qquad l_0=kuh\qquad l_0=k_1k_2(h+2a)$$

式中　k、k_1、k_2——计算长度附加系数，分别取 1.243、1.243、1.039；

u——计算长度系数，取 1.70；

按照第一个公式计算：

$l_0=1.243\times1.70\times0.9=1.902$m　　$\lambda=1902/16.0=119.234$　　$\phi=0.458$

$\sigma=26402/(0.458\times424)=135.992\text{N/mm}^2$，立杆的稳定性计算 $\sigma<[f]$，满足要求！

按照第二个公式计算：

$l_0=0.9+2\times0.3=1.5\text{m}$　　$\lambda=1500/16.0=94.044$　　$\phi=0.632$

$\sigma=26402/(0.632\times424)=98.603\text{N/mm}^2$，立杆的稳定性计算 $\sigma<[f]$，满足要求！

按照第三个公式计算：

k_2——如果考虑到高支撑架的安全因素，计算长度附加系数，取 1.039；

$l_0=1.243\times1.039\times(0.9+2\times0.3)=1.937\text{m}$　　$\lambda=1937/16.0=121.456$　　$\phi=0.446$

$\sigma=26402/(0.446\times424)=139.547\text{N/mm}^2$，立杆的稳定性计算 $\sigma<[f]$，满足要求！

1200mm×1200mm 梁模板承重架计算基本完毕。

第六节　楼板支撑体系计算

落地式模板的支架中，有三种板底的支撑形式：木方形式支撑、钢管形式支撑、U托形式支撑，与梁同样是水平荷载竖向支撑体系，计算过程模式也基本是一致的。但是，当混凝土浇筑后未达到强度时，需要考虑模板支架体系作为临时结构向下传递荷载的问题，如图 2.41 所示，需要验算底部的基础楼面是否能满足强度需求，这里介绍了一种目前施工安全计算软件采用的计算模式，验算楼板所能承受的最大弯矩是否能够满足上面各个楼板的所能承受的最大弯矩之和。但这只是一种估算的模式，有时也更需要施工经验作为参考，因为计算中的一些假定如单向板、双向板的考虑，混凝土未达到强度时的强度取值，都很难与实际施工工况完全符合。

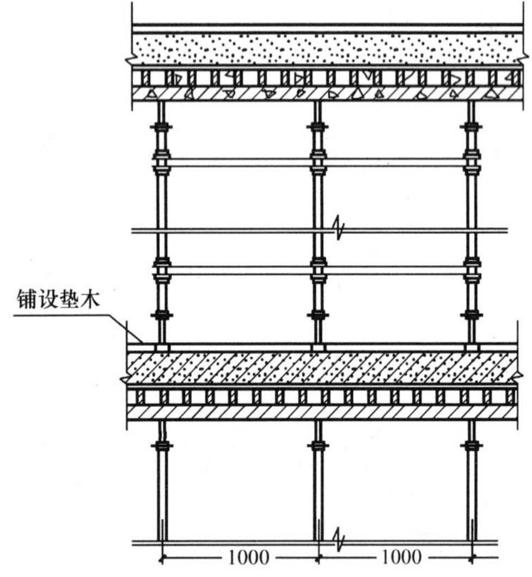

图 2.41　模板支架体系向下传递荷载示意图

具体思路是按照楼板每 n 天浇筑一层，所以需要验算 n 天、$2n$ 天、$3n$ 天…的承载能力是否满足荷载要求，验算立杆下端楼板的承载力需要考虑的荷载标准值如下：

静荷载标准值　　$N_G=k(N_{G_1}+N_{G_2}+N_{G_3})$

式中　k——支架上部所支承的楼板层数；

N_{G_1}——脚手架的自重；

N_{G_2}——模板的自重；

N_{G_3}——钢筋混凝土楼板自重。

活荷载标准值　　$N_Q=N_{Q_1}+N_{Q_2}$

式中　N_{Q_1}——倾倒混凝土的荷载；

N_{Q_2}——施工人员均布荷载。

验算楼板强度时需要按照最不利考虑，根据楼板的实际跨度和楼板承受的荷载按照线均布计算板带最大弯矩，板带最大弯矩设计值计算公式如下：

$$M_{max} = cql^2 \tag{2.24}$$

式中　c——弯矩计算系数，单向板时取0.1，双向板时按楼板短边与长边比值和楼板四周支承条件确定；

q——楼板均布荷载设计值；

l——计算跨度，取楼板短边长。

楼板所能承受的最大弯矩 ΣM，本层楼板最大弯矩 M_i 按照式（2.25）计算：

$$M_i = \alpha_s b h_0^2 f_c \tag{2.25}$$

式中　b——楼板短边长度；

h_0——楼板截面有效高度；

f_c——混凝土轴心抗压强度设计值，取混凝土早期强度，该值与混凝土标号、养护天数、养护温度有关；当没有实验数据可以参考时，可以考虑混凝土的强度换算公式，进行简单的估算；

α_s——抗弯能力计算系数，$\alpha_s = \xi - \xi^2/2$；

ξ——受压区相对高度系数，计算公式：

$$\xi = \frac{A_s f_y}{b h_0 f_c} \tag{2.26}$$

式中　A_s——配筋面积，$A_s = \rho bh$；

ρ——配筋率；

b——楼板短边长；

h——楼板厚度；

f_y——钢筋抗拉强度设计值。

则楼板所能承受的最大弯矩是各个楼板所能承受的最大弯矩之和

$$\Sigma M = M_1 + M_2 + \cdots + M_n \geqslant M_{max} \tag{2.27}$$

比较式（2.24）与式（2.27）的计算结果，如果 $M_{max} \geqslant \Sigma M$，则楼板强度可以满足支撑上部全部荷载。其实，也可以考虑更简单计算，将上部的全部荷载按照每根立杆的受力面积平均分配，转换为均匀荷载与达到强度的楼板设计荷载值比较，也可以作为计算结果的参考。

第七节　PKPM施工安全计算软件关于板支撑架计算

对于楼板模板支撑架，软件按照落地式楼板模板支架和满堂楼板模板支架计算来考虑，主要是在满堂楼板模板支架的计算中增加了楼板支撑强度的验算（图2.42）。

板底支撑形式有如图2.43所示的三种形式可供用户选择。基本参数与梁底参数是一致的，需要说明的是：

（1）立柱横向间距或排距（m）：参考脚手架规范，将平台下面的钢管支架分为两个方向，有连接件与建筑物主体结构连接的方向为横向间距，另外方向为纵向间距；

（2）立柱纵向间距（m）：根据对话框标注输入纵向钢管间距；为了保证计算的通用性，软件使用中立柱横距与纵距是可以不等距离的；

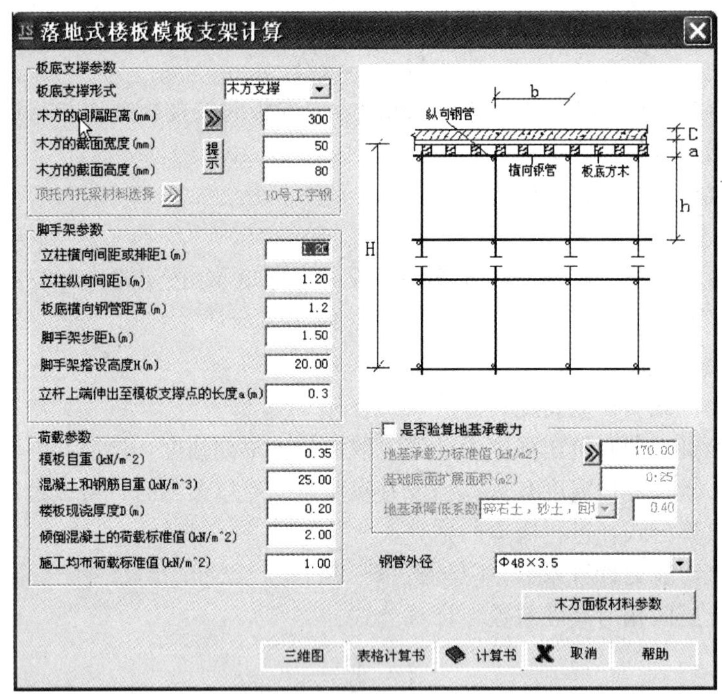

图 2.42　落地楼板模板计算参数对话框

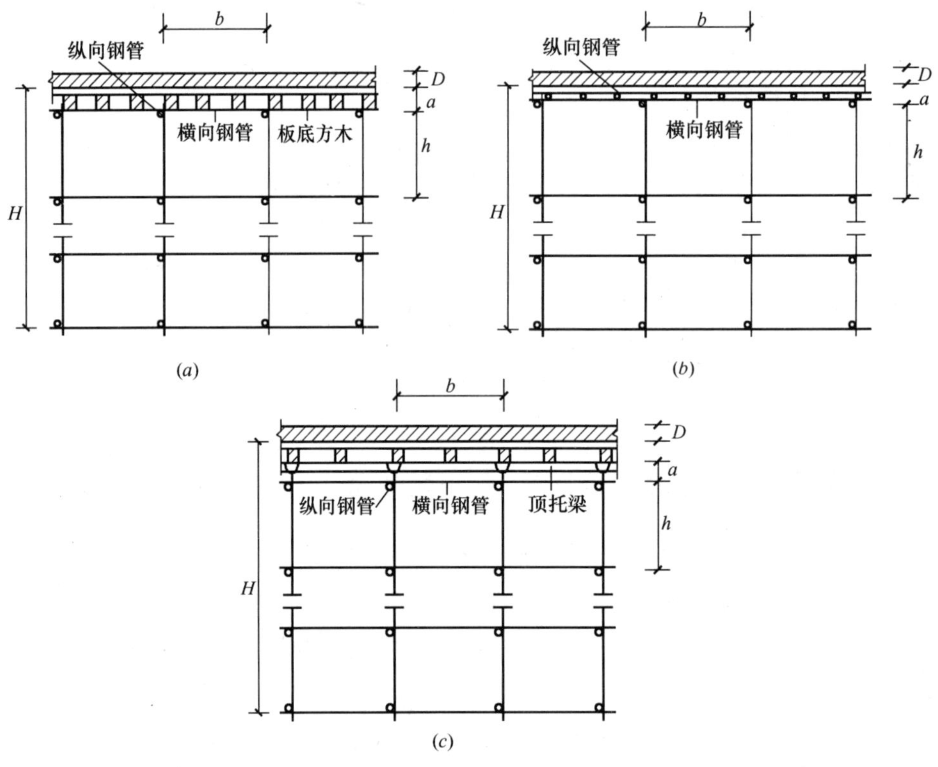

图 2.43　不同板底支撑形式的计算模式

(a) 木方形式楼板模板支架的计算模式；(b) 钢管形式楼板模板支架的计算模式；
(c) U托形式楼板模板支架的计算模式

(3) 板底横向钢管间距（m）：根据对话框标注输入，立柱横向间距应当是其值的整数倍数，此项只适用于第一种木方支撑形式。

为了能够验算满堂式楼板模板支撑架楼板强度的计算，所以增加了以下参数（如图2.44）：

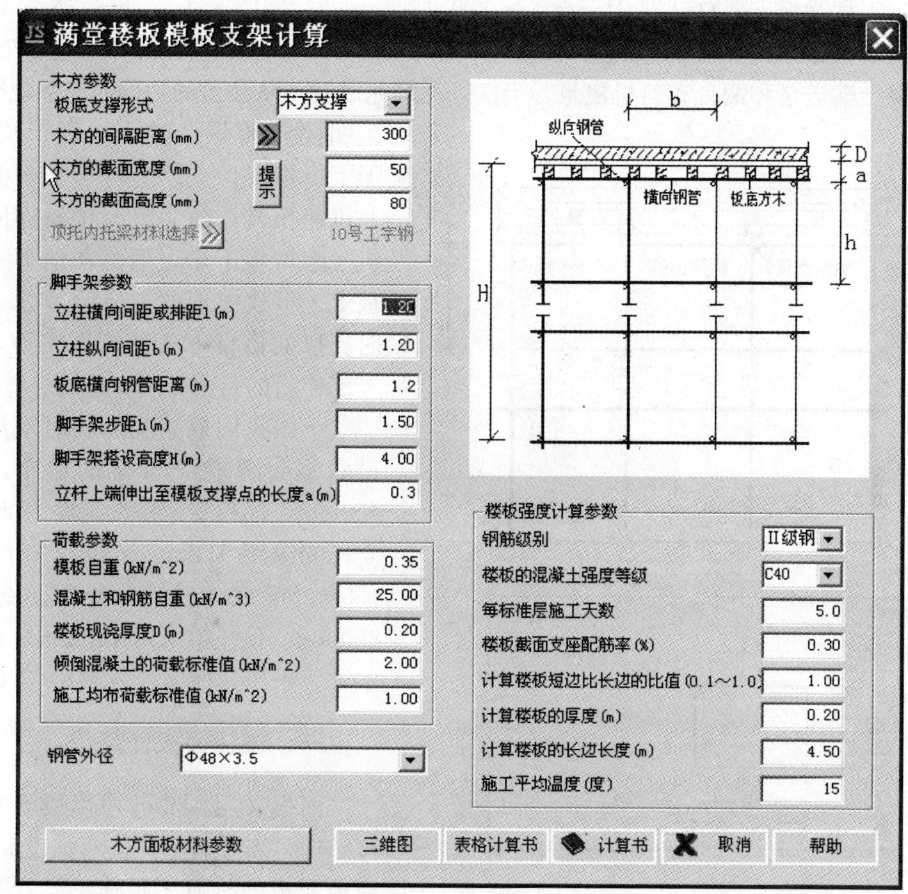

图2.44 满堂楼板模板计算参数对话框

(1) 钢筋级别：输入实际楼板的配筋等级；

(2) 楼板的混凝土强度等级：输入实际楼板的混凝土强度等级；

(3) 每标准层施工天数：根据工期安排一标准层施工天数；

(4) 楼板截面配筋率（%）：用于计算楼板的最大承受弯矩，根据实际配筋情况输入；

(5) 计算楼板短边与长边的比值（0.1～1.0）：用于考虑板的单双向板计算，当比值大于0.5时，考虑板的双向板作用，输入的数据为短边/长边；

(6) 计算楼板的厚度：下部楼板的厚度值，考虑有时上层楼板厚度与下部不相同；

(7) 计算楼板的长边长度：取长边作为计算单元，当比值小于0.5时，考虑单向板计算；大于0.5时，考虑双向板作用，计算板带所承受均布荷载；

(8) 施工平均温度：施工时室外的平均温度，用于计算混凝土的强度。

第八节　某起事故板支撑模板算例一

2005年9月，北京某工地发生梁板模板支架整体倒塌事故，事故造成8人死亡，21人受伤。工程梁板支架总高度21.5m，长3.0×8.4m，宽2.0×8.4m，顶板楼盖423m²，为四周支于框架梁的预应力现浇空心楼板（厚度550mm，去掉空心折算厚度420mm），采用混凝土输送泵和两台布料机浇筑。当接近浇筑完成时，从楼盖的中偏西南部位突然发生凹陷式垮塌。整个楼板形成“V”形下折情况，支架立杆形成多波弯曲并迅速扭转，随后整个楼盖连同布料机一起垮塌下来，砸落在地下一层顶板上。事故出现的主要原因之一是临时支撑的搭设方案计算不完整，立杆上部伸出的自由长度a过长。

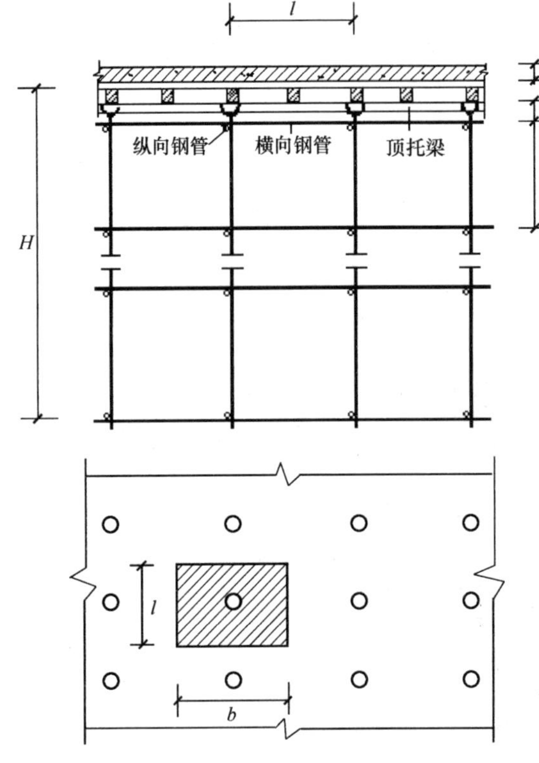

图2.45　楼板支撑架立杆稳定性荷载计算单元

下面我们根据实际临时支撑的搭设数据计算整个支架的稳定，板厚420mm，模板支架搭设高度为21.5m，立杆的纵距1.2m，横距1.2m，步距1.5m。梁底木方50mm×100mm@250mm，顶托梁采用100mm×100mm木方。采用扣件钢管为ϕ48×3.0mm。

一、模板面板计算

面板采用18mm厚度胶合板，受弯结构，需要验算其抗弯强度和刚度。模板面板的按照三跨连续梁计算（荷载计算单元如图2.45所示）。

静荷载标准值 $q_1=25.0\times0.42\times1.2+0.3\times1.2=12.960\text{kN/m}$

活荷载标准值 $q_2=(2.0+1.0)\times1.2=3.6\text{kN/m}$

面板的截面惯性矩 I 和截面抵抗矩 W 分别为：

$$W=12.0\times1.8\times1.8/6=64.80\text{cm}^3$$

$$I=12.0\times1.8\times1.8\times1.8/12=58.32\text{cm}^4$$

（1）抗弯强度计算

$$f=M/W<[f]$$

式中　f——面板的抗弯强度计算值；

M——面板的最大弯距；

W——面板的净截面抵抗矩；

$[f]$——面板的抗弯强度设计值，取15.00N/mm²；

$$M=0.1ql^2$$

式中　q——荷载设计值；

l——木方距离。

经计算得到 $M=0.1\times(1.2\times12.96+1.4\times3.6)\times0.25\times0.25=0.129\text{kN}\cdot\text{m}$

面板抗弯强度计算值 $f=0.129\times1000\times1000/64800=1.986\text{N/mm}^2$

面板的抗弯强度验算 $f<[f]$，满足要求！

(2) 抗剪计算

$$T=3V/2bh<[T]$$

其中最大剪力 $V=0.6\times(1.2\times12.960+1.4\times3.6)\times0.25=3.089\text{kN}$

截面抗剪强度计算值 $T=3\times3089.0/(2\times1200.0\times18.0)=0.215\text{N/mm}^2$

截面抗剪强度设计值 $[T]=1.40\text{N/mm}^2$

抗剪强度验算 $T<[T]$，满足要求！

(3) 挠度计算

$$v=0.677ql^4/100EI<[v]=l/250$$

面板最大挠度计算值 $v=0.677\times12.96\times250^4/(100\times6000\times583200)=0.098\text{mm}$

面板的最大挠度小于 250.0/250mm，满足要求！

二、支撑木方的计算

木方按照均布荷载下连续梁计算。

1. 荷载的计算

(1) 钢筋混凝土板自重（kN/m）：

$$q_{11}=25.0\times0.42\times0.25=2.625\text{kN/m}$$

(2) 模板的自重线荷载（kN/m）：

$$q_{12}=0.3\times0.25=0.075\text{kN/m}$$

(3) 活荷载为施工荷载标准值与振捣混凝土时产生的荷载（kN/m）：

经计算得到，活荷载标准值 $q_2=(1.0+2.0)\times0.25=0.75\text{kN/m}$

静荷载 $q_1=1.2\times2.625+1.2\times0.075=3.240\text{kN/m}$

活荷载 $q_2=1.4\times0.75=1.05\text{kN/m}$

2. 木方的计算

按照三跨连续梁计算，最大弯矩考虑为静荷载与活荷载的计算值最不利分配的弯矩和，计算公式如下：

均布荷载 $q=5.148/1.2=4.29\text{kN/m}$

最大弯矩 $M=0.1ql^2=0.1\times4.29\times1.2\times1.2=0.618\text{kN.m}$

最大剪力 $V=0.6\times1.2\times4.29=3.089\text{kN}$

最大支座力 $N=1.1\times1.2\times4.29=5.663\text{kN}$

50mm×100mm 木方的截面惯性矩 I 和截面抵抗矩 W 分别为：

$$W=5.0\times10.0\times10.0/6=83.33\text{cm}^3$$

$$I=5.0\times10.0\times10.0\times10.0/12=416.67\text{cm}^4;$$

(1) 木方抗弯强度计算

抗弯计算强度 $f=0.618\times10^6/83333.3=7.41\text{N/mm}^2$

木方的抗弯计算强度小于 13.0N/mm²，满足要求！

(2) 木方抗剪计算 [可以不计算]

最大剪力的计算公式如下：

$$V=0.6ql$$

截面抗剪强度必须满足：

$$T=3V/2bh<[T]$$

截面抗剪强度计算值 $T=3\times3089/(2\times50\times100)=0.927\text{N/mm}^2$

截面抗剪强度设计值 $[T]=1.30\text{N/mm}^2$

木方的抗剪强度计算满足要求！

(3) 木方挠度计算

最大变形 $v=0.677\times2.7\times12004/(100\times9500\times4166666.8)=0.958\text{mm}$

木方的最大挠度小于 1200.0/250mm，满足要求！

三、托梁的计算

托梁按照集中与均布荷载下多跨连续梁计算（图 2.46）。

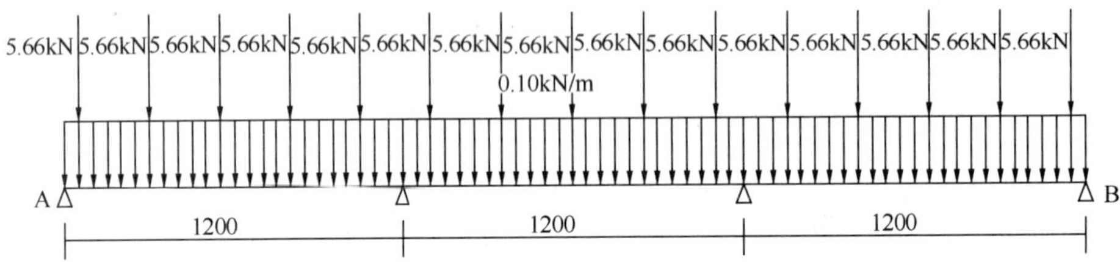

图 2.46　楼板支撑架顶托梁计算简图

集中荷载取木方的支座力 $P=5.663\text{kN}$

均布荷载取托梁的自重 $q=0.096\text{kN/m}$。

经过计算得到最大弯矩 3.326kN·m，最大支座反力 30.022kN，最大变形 4.1mm（如图 2.47～图 2.49）。100mm×100mm 顶托梁的截面惯性矩 I 和截面抵抗矩 W 分别为：

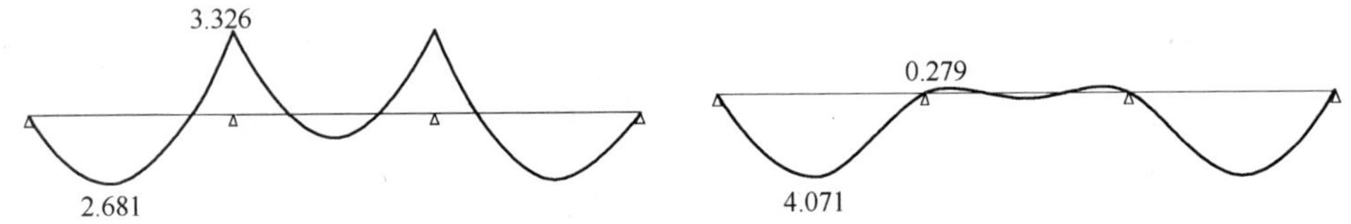

图 2.47　楼板支撑架顶托梁弯矩图（kN.m）　　图 2.48　楼板支撑架顶托梁变形图（mm）

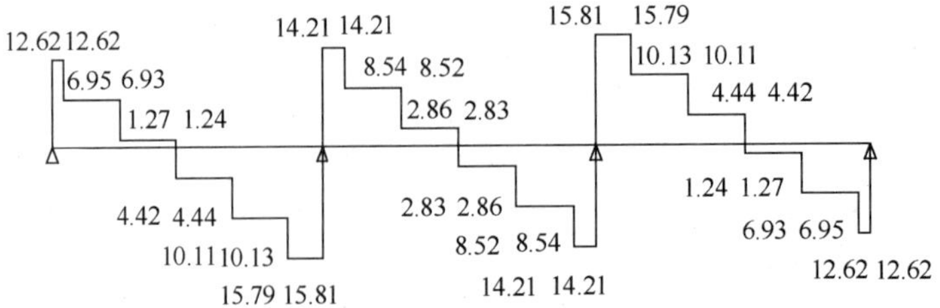

图 2.49　楼板支撑架顶托梁剪力图（kN）

$$W=10.0\times10.0\times10.0/6=166.67\text{cm}^3$$

$$I=10.0\times10.0\times10.0\times10.0/12=833.33\text{cm}^4$$

(1) 顶托梁抗弯强度计算

抗弯计算强度 $f=3.326\times10^6/166666.7=19.96\text{N/mm}^2$

顶托梁的计算强度大于 13.0N/mm²，不满足要求！

(2) 顶托梁抗剪计算

截面抗剪强度必须满足：

$$T=3V/2bh<[T]$$

截面抗剪强度计算值 $T=3\times15806/(2\times100\times100)=2.371\text{N/mm}^2$

截面抗剪强度设计值 $[T]=1.30\text{N/mm}^2$

顶托梁的抗剪强度计算不满足要求！

(3) 顶托梁挠度计算

最大变形 $v=4.1$mm，最大挠度小于 1200.0/250mm，满足要求！

四、扣件抗滑移的计算

上部荷载没有通过纵向或横向水平杆传给立杆，无需计算。

五、立杆的稳定性计算荷载标准值

作用于模板支架的荷载包括静荷载、活荷载和风荷载。

1. 静荷载标准值包括以下内容：

(1) 脚手架钢管的自重（kN)：

$$N_{G1}=0.111\times21.5=2.379\text{kN}$$

钢管的自重计算参照规范附录 A 双排架自重标准值，设计人员可根据情况修改。

(2) 模板的自重（kN)：

$$N_{G2}=0.3\times1.2\times1.2=0.432\text{kN}$$

(3) 钢筋混凝土楼板自重（kN)：

$$N_{G3}=25.0\times0.42\times1.2\times1.2=15.12\text{kN}$$

经计算得到，静荷载标准值 $N_G=N_{G1}+N_{G2}+N_{G3}=17.931\text{kN}$。

2. 活荷载为施工荷载标准值与振捣混凝土时产生的荷载。

经计算得到，活荷载标准值 $N_Q=(1.0+2.0)\times1.2\times1.2=4.32\text{kN}$

3. 不考虑风荷载时，立杆的轴向压力设计值计算公式

$$N=1.2N_G+1.4N_Q$$

六、立杆的稳定性计算

立杆的稳定性计算如下

$$\sigma = \frac{N}{\phi A} \leqslant [f]$$

式中 N——立杆的轴心压力设计值，N=27.57kN；

ϕ——轴心受压立杆的稳定系数，由长细比 $\lambda = l_0/i$ 查表得到；

i——立杆截面回转半径，i=1.60cm；

A——立杆净截面面积，A=4.24cm^2；

σ——钢管立杆抗压强度计算值；

$[f]$——立杆抗压强度设计值，规范中要求$[f]$=205N/mm^2；

a——支撑立杆伸出顶层横向水平杆中心线至模板支撑点的长度，取0.5m；

l_0——稳定性计算长度，分别按照以下三个公式计算：

$$l_0 = h + 2a \qquad l_0 = kuh \qquad l_0 = k_1 k_2 (h + 2a)$$

式中　k、k_1——计算长度附加系数，取1.167；

u——计算长度系数，取1.75；

按照第一个公式计算：

$l_0 = 1.167 \times 1.75 \times 1.5 = 3.063\text{m}$　　$\lambda = 3063/16.0 = 192.061$　　$\phi = 0.195$

σ=27565/(0.195×424)=333.097N/mm^2，立杆的稳定性计算 $\sigma > [f]$，不满足要求！

按照第二个公式计算：

$l_0 = 1.5 + 2 \times 0.5 = 2.5\text{m}$　　$\lambda = 2500/16.0 = 156.74$　　$\phi = 0.287$

σ=27565/(0.287×424)=226.315N/mm^2，立杆的稳定性计算 $\sigma > [f]$，不满足要求！

按照第三个公式计算：

k_2——如果考虑到高支撑架的安全因素，计算长度附加系数，取1.053；

$l_0 = 1.167 \times 1.053 \times (1.5 + 2 \times 0.5) = 3.072\text{m}$　$\lambda = 3072/16.0 = 192.61$　$\phi = 0.195$

σ=27565/(0.195×424)=333.097N/mm^2，立杆的稳定性计算 $\sigma > [f]$，不满足要求！

计算结果显示，顶托梁计算强度远大于规范要求的抗弯强度要求，并且我们立杆上部伸出的自由长度 a 按照500mm计算，实际施工的自由长度远大于500mm，即便如此，立杆的整体稳定性计算远远不能满足规范要求。

第九节　某工程板支撑模板算例二（上海规程）

上海某商业用房满堂楼板支撑架工程，主楼19层，高度78.8m。裙楼3层，高度20.1m，大楼结构类型属于钢筋混凝土框架-核心筒结构。建筑一层层高6m，二、三层层高5.1m，四层以上层高3.9m，板厚均为120mm。±0.000以上框架梁最大截面为500mm×1200mm，柱最大断面为1000mm×1000mm，剪力墙的最大厚度为400mm。

工程±0.000m以上楼板厚度为120mm，一层离地高度5.88m，二层、三层离地高度4.98m，四层以上离地高度3.78m。支撑架搭设立杆纵横间距取900mm，步距1500mm。每步都设置纵横拉杆，剪刀撑为6m一道，离地200mm设纵横扫地杆。

计算过程依据上海市《钢管扣件水平模板的支撑系统安全技术规程》规定。

一、计算参数

模板支架搭设高度为5.88m，采用的钢管类型为 ϕ48×3.5mm。纵距 b=1.0m，横距

l=0.9m，步距 h=1.2m。板底横向钢管距离1.0m，立杆上端伸出至模板支撑点的长度 a=500mm，板底支撑方式和搭设简图如图2.50。

楼板面板采用胶合板，板厚18mm；板底支撑采用木方50mm×100mm@300mm；楼板现浇厚度120mm，模板自重0.35kN/m²，混凝土自重：24.0kN/m³，钢筋自重1.0kN/m³，倾倒混凝土的荷载标准值2.0kN/m²，施工均布荷载标准值1.0kN/m²。由于本楼板支架为高模板支架，按照规范要求需要进行整体稳定分析。计算中不考虑钢管强度折减系数，但考虑扣件抗滑承载力系数0.85。

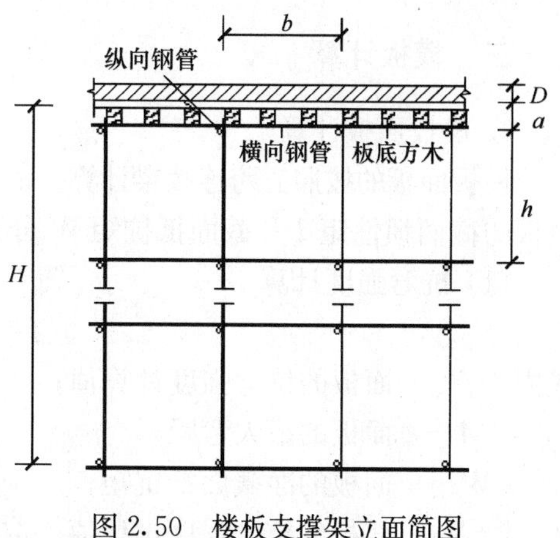

图2.50　楼板支撑架立面简图

二、组合系数表

计算项目	永久荷载分项系数	可变荷载分项系数	可变荷载组合系数	风荷载分项系数	风荷载组合系数	安装偏差荷载分项系数	安装偏差荷载组合系数	安全荷载分项系数	安全荷载组合系数
面板内力									
1	1.2	1.4	1						
面板变形									
1	1	1	1						
板底纵向支撑内力									
1	1.2	1.4	1						
板底纵向支撑变形									
1	1	1	1						
板底横向支撑内力									
1	1.2	1.4	1						
板底横向支撑变形									
1	1	1	1						
扣件									
1	1.35	1.4	1						
2	1.2	1.4	0.9	1.4	0.9				
立杆稳定									
1	1.35	1.4	1						
2	1.2	1.4	0.9	1.4	0.9				
3	1.2	1.4	1						
立杆变形									
1	1	1	1						
楼板									
1	1.2	1.4	1						
基础									
1	1.2	1.4	1						

三、模板计算

1. 模板面板计算

模板面板的按照三跨连续梁计算。静荷载标准值 3.35kN/m，活荷载标准值 1.0 kN/m，面板的截面惯性矩 I 和截面抵抗矩 W 分别为：$W=54000\text{mm}^3$；$I=486000\text{mm}^4$。

（1）抗弯强度计算

$$f=M/W<[f]$$

式中　f——面板的抗弯强度计算值；

M——面板的最大弯距；

W——面板的净截面抵抗矩；

$[f]$——面板的抗弯强度设计值，取 15.0N/mm^2；

$$M=0.1ql^2$$

式中　q——荷载设计值（kN/m）；

经计算得到 $M=0.049$kN.m，抗弯强度计算值 $f=48780/54000=0.903\text{N/mm}^2$

面板的抗弯强度验算 $f\leqslant[f]$，满足要求！

（2）抗剪计算

$$T=3V/2bh<[T]$$

式中最大剪力 $V=1.480$kN

截面抗剪强度计算值 $T=0.081\text{N/mm}^2$

截面抗剪强度设计值$[T]=1.400\text{N/mm}^2$

抗剪强度验算 $T\leqslant[T]$，满足要求！

（3）挠度计算

$$v=0.677ql^4/100EI<[v]=1/250$$

面板最大挠度计算值 $v=0.081$mm，最大挠度小于等于 300/250mm，满足要求！

2. 模板支撑木方的计算

静荷载 $q_1=0.35\times0.3+25.0\times120.0/1000\times0.3=1.005$kN/m，活荷载计算考虑施工荷载标准值与振捣混凝土时产生的荷载，活荷载 $q_2=2.0\times0.3+1.0\times0.3=0.9$kN/m。

木方的计算按照三跨连续梁计算，最大弯矩考虑为静荷载与活荷载的计算值最不利分配的弯矩和。最大弯矩 0.247kN·m，最大剪力 1.48kN，最大支座力 2.713kN，截面惯性矩 I 和截面抵抗矩 W 分别为 $W=83333.34\text{mm}^3$；$I=4166667\text{mm}^4$。

（1）抗弯强度计算

抗弯计算强度 $f=2.959\text{N/mm}^2$

木方的抗弯计算强度小于等于 13.000N/mm^2，满足要求！

（2）抗剪计算

最大剪力的计算公式如下：

$$V=0.6ql$$

截面抗剪强度必须满足：

$$T=3V/2bh<[T]$$

截面抗剪强度计算值 $T=1.332\text{N/mm}^2$

截面抗剪强度设计值 $[T]=1.600\text{N/mm}^2$

木方的抗剪强度计算满足要求！

(3) 挠度计算

最大变形 $v=0.321\text{mm}$，最大挠度小于等于 1000/250mm，满足要求！

3. 横向支撑钢管计算

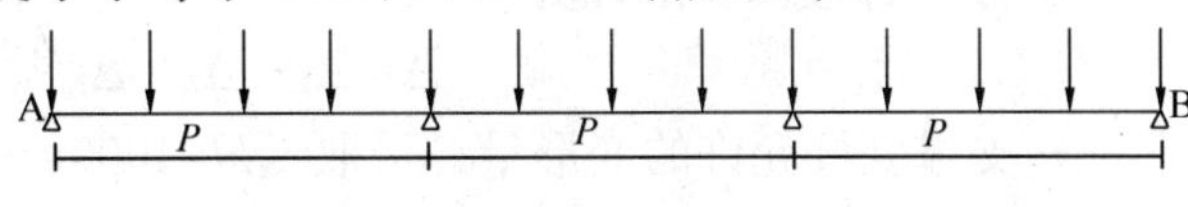

图 2.51　横向支撑钢管计算简图

横向支撑钢管按照集中荷载作用下的连续梁计算（图 2.51）。集中荷载 P 取木方支撑传递力，包括永久荷载引起的集中力 $P_1=1.106\text{kN}$，可变荷载引起的集中力 $P_2=0.99\text{kN}$。

经过连续梁的计算得到最大弯矩 0.94kN・m，最大变形 2.172mm，最大支座力 8.538kN。

抗弯计算强度 $f=185.016\text{N/mm}^2$

支撑钢管的抗弯计算强度小于等于 205.000N/mm^2，满足要求！

支撑钢管的最大挠度小于等于 900.000/150 与 10mm，满足要求！

4. 扣件抗滑移的计算

横向水平杆与立杆连接时，扣件的抗滑承载力按照下式计算：

$$R\leqslant R_c$$

式中　R_c——扣件抗滑承载力设计值，选用单扣件时 6.8kN，选用双扣件 10.2kN；

R——纵向或横向水平杆传给立杆的竖向作用力设计值，取最大支座反力 8.538kN。

单扣件抗滑承载力的设计计算不能满足要求！

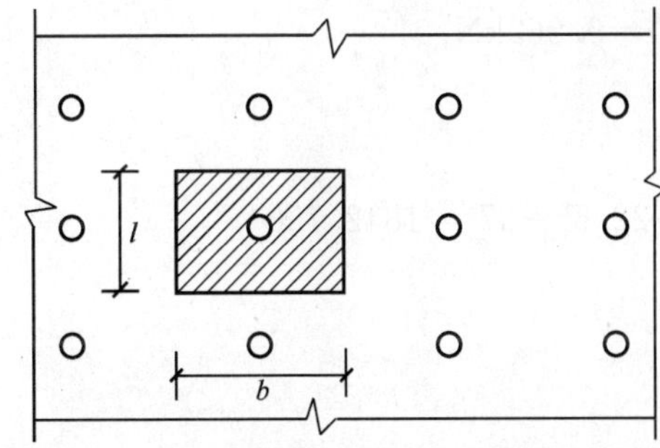

图 2.52　楼板支撑架立杆稳定性荷载计算单元

四、立杆计算

楼板支撑架立杆稳定性荷载计算单元见图 2.52。

1. 立杆计算荷载标准值

静荷载标准值包括以下内容：

(1) 脚手架钢管的自重（kN），参照规范附录 A 双排架自重标准值：

$$NG_1=0.129\times5.88=0.759\text{kN}$$

(2) 模板的自重（kN）：

$$NG_2=0.35\times1.0\times0.9=0.315\text{kN}$$

(3) 钢筋混凝土楼板自重（kN）：

$$NG_3=25.0\times120.0\times1.0\times0.9=2.7\text{kN}$$

静荷载标准值 $NG=NG_1+NG_2+NG_3=3.774\text{kN}$

活荷载为施工荷载标准值与振捣混凝土时产生的荷载。

活荷载标准值 $NQ=(2.0+1.0)\times1.0\times0.9=2.7\text{kN}$

单根立杆的轴力 $N=1.2\times3.774+1.4\times2.7=8.309\text{kN}$

2. 立杆的稳定性计算

钢管立杆抗压强度设计值$[f]=205.0\text{N/mm}^2$

计算长度 $l_0=h+2a=1.2+2\times0.5=2.2\text{m}$　$\lambda=2200/16.0=137.5$　$\phi=0.36$

$\sigma=8309/(0.36\times424)=54.43\text{N/mm}^2$，立杆的稳定性计算 $\sigma<[f]$，满足要求！

3. 支撑立杆竖向变形计算

$$\Delta=\Delta_1+\Delta_2+\Delta_3\leqslant[\Delta]$$

$[\Delta]$ ——支撑立杆允许的变形量；可取$\leqslant H/1000=0.006\text{m}$

Δ_1——支撑立杆弹性压缩变形；

$$\Delta_1=\frac{N_K H}{EA}=0.385\text{mm}$$

Δ_2——支撑立杆接头处的非弹性变形；

$$\Delta_2=n\cdot\delta=2.450\text{mm}$$

Δ_3——支撑立杆由于温度作用而产生的线弹性变形；

$$\Delta_3=H\times a\times\Delta t=0.706\text{mm}$$

Δt——钢管的计算温差（℃）$=10.000$；

经计算得到 $\Delta=0.385+2.450+0.706=3.541\text{mm}$，满足要求！

五、整体稳定分析

1. 荷载

包括安装偏差荷载，按 1%竖向永久荷载计算：$Fc=1\%\times G=1.141\text{kN}$；安全荷载，按 2.5%竖向永久荷载计算 $S=2.5\%\times G=2.852\text{kN}$。

2. 结构计算

根据结构布置和间距计算得到各立杆的内力 $Ri=9.062\text{kN}$；

3. 诱发荷载计算

立杆横向布置数量及间距，形成 r_i，$R=\Sigma r_i^{\ 2}$

$$R=\Sigma r_i^{\ 2}=4.5^2+9^2+13.5^2+18^2+22.5^2+27^2=1842.750$$

$$P_i=\frac{r_i}{\Sigma r_i^2}M$$

$M=F\times \text{H0}$

荷载	水平力	力矩
F_{m1}	0.380	0.380×5.88/2=1.118
F_{m2}	0.039	0.039×(5.88+0.05/2)=0.232
F_m		Σ=1.350
F_l	1.141	1.141×5.88=6.708
S	2.852	2.852×5.88=16.769

4. 强度验算

$$S=r_G\Sigma S_{GK}+\psi r_Q\Sigma S_{QK}$$

各杆件内力及组合如下表

序号	内力 G	诱发荷载	F_m	F_l	S	组合 $G+1.4\times0.9\times(F_m+F_l)$
1	9.06	P1	0.00	0.00	0.00	9.062
2	9.06	P2	0.00	0.00	0.00	9.062

续表

序号	内力G	诱发荷载	F_m	F_l	S	组合$G+1.4\times0.9\times(F_m+F_l)$
3	9.06	P3	0.00	0.00	0.00	9.062
4	9.06	P4	0.04	0.21	0.53	9.062
5	9.06	P5	0.13	0.64	1.60	9.062
6	9.06	P6	0.21	1.06	2.66	9.062

5. 抗倾覆验算

当钢筋已绑扎混凝土未浇筑，抗倾覆不利。

钢筋与模板支撑重 6.075kN；

安装偏差荷载：$F_c=G\times1\%=0.061$kN；

安全荷载，按 2.5%竖向永久荷载计算 $S=2.5\%\times G=0.152$kN；

风荷载：$F_{m1}=0.380$kN/m，$F_{m2}=0.039$kN/m；

风荷载下的倾覆弯矩为 $M_o=0.36+0.89+1.35=2.60$kN·m；

抗倾覆弯矩：按结构重量作用下的力与力作用距离的乘积。

$$M_r=G_1\times R_1=6.08\times2.25=13.67\text{kN}\cdot\text{m}$$

$M_o<M_r$，整体稳定计算分析结论满足要求！

六、楼板强度计算

1. 计算楼板强度说明

验算楼板强度时按照最不利考虑，楼板的跨度取 4.50m，楼板承受的荷载按照线均布考虑。宽度范围内配筋 2 级钢筋，配筋面积 $A_s=1620.0\text{mm}^2$，$f_y=300.0\text{N/mm}^2$。板的截面尺寸为 $b\times h=4500\text{mm}\times120\text{mm}$，截面有效高度 $h_0=100$mm。按照楼板每 8 天浇筑一层，所以需要验算 8 天、16 天、24 天…的承载能力是否满足荷载要求，其计算简图见图 2.41。

2. 计算楼板混凝土 8 天的强度是否满足承载力要求

楼板计算长边 4.50m，短边 4.50×1.00=4.50m，楼板计算范围内摆放 4×4 排脚手架，将其荷载转换为计算宽度内均布荷载。

第 2 层楼板所需承受的荷载为

$$\begin{aligned}q&=1\times1.2\times(0.35+25.0\times0.2)+1\times1.2\times(0.52\times4\times4/4.5/4.5)\\&\quad+1.4\times(2.0+1.0)\\&=11.11\text{kN/m}^2\end{aligned}$$

计算单元板带所承受均布荷载 q=4.5×11.11=49.99kN/m，板带所需承担的最大弯矩按照四边固接双向板计算：

$$M_{max}=0.0513\times ql^2=0.0513\times49.99\times4.5\times4.5=51.93\text{kN}\cdot\text{m}$$

按照混凝土的强度换算得到 8 天后混凝土强度达到 62.40%，C40 混凝土强度近似等效为 C25。混凝土弯曲抗压强度设计值为 $f_{cm}=11.88\text{N/mm}^2$ 则可以得到矩形截面相对受压区高度：

$$\xi=A_sf_y/bh_0f_{cm}=1620.0\times300.0/(4500\times100\times11.88)=0.09$$

查表得到钢筋混凝土受弯构件正截面抗弯能力计算系数为 $\alpha_s=0.085$

此层楼板所能承受的最大弯矩为：

$$M_1=\alpha_s b\,h_0{}^2 f_{cm}=0.085\times4500\times100^2\times11.9\times10^6=45.5\mathrm{kN\cdot m}$$

结论：由于 $\Sigma M_i=45.45\mathrm{kN\cdot m}<M_{max}=51.93\mathrm{kN\cdot m}$

所以第 8 天以后的楼板楼板强度和不足以承受以上楼层传递下来的荷载。第 2 层以下的模板支撑必须保存。

3. 计算楼板混凝土 16 天的强度是否满足承载力要求

第 3 层楼板所需承受的荷载为

$$\begin{aligned}q&=1\times1.2\times(0.35+25.0\times0.2)+1\times1.2\times(0.35+25.0\times0.12)+\\&\quad 2\times1.2\times(0.52\times4\times4/4.5/4.5)+1.4\times(2.0+1.0)\\&=15.62\mathrm{kN/m^2}\end{aligned}$$

计算单元板带所承受均布荷载 $q=4.50\times15.62=70.29\mathrm{kN/m}$，板带所需承担的最大弯矩按照四边固接双向板计算

$$M_{max}=0.0513\times ql^2=0.0513\times70.29\times4.50^2=73.02\mathrm{kN\cdot m}$$

按照混凝土的强度换算得到 16 天后混凝土强度达到 83.21%，C40 混凝土强度近似等效为 C33.3。混凝土弯曲抗压强度设计值为 $f_{cm}=15.88\mathrm{N/mm^2}$，则可以得到矩形截面相对受压区高度：

$$\zeta=A_s f_y/b\,h_0 f_{cm}=1620.0\times300.0/(4500\times100\times15.88)=0.07$$

查表得到钢筋混凝土受弯构件正截面抗弯能力计算系数为 $\alpha_s=0.067$

此层楼板所能承受的最大弯矩为：

$$M_2=\alpha_s b\,h0^2 f_{cm}=0.067\times4500\times100^2\times15.9\times10^{-6}=47.9\mathrm{kN\cdot m}$$

结论：由于 $\Sigma Mi=45.45+47.87=93.32\mathrm{kN\cdot m}>M_{max}=73.02\mathrm{kN\cdot m}$

所以第 16 天以后的各层楼板强度和足以承受以上楼层传递下来的荷载。第 3 层以下的模板支撑可以拆除。

第十节　梁板支撑架构造要求

梁板模板承重架应按照楼盖的结构与荷载情况、支撑高度与周边环境条件、设置的基础与支撑物条件、施工要求与浇筑工艺情况、安全监控和应急处置条件、支架材料筹备和供应条件等因素，综合考虑和研究选择合适的设计施工方案。

施工方案构造要求需要高度重视，这是保证计算体系结果的基本假定。模板承重架的节点不是刚性节点，人工不确定因素很多，力传递也不直接不规则，离散性很大，千百个扣件中有一个或几个失效，则计算长度就可能增加一倍甚至更大，轴心受压立杆的稳定系数就会急剧下降，立杆的承载力也大幅减小，立杆的受压稳定性也就很难得到保证。

施工方案中需要重点突出的模板支架构造要求：

1. 扫地杆

方案中严格执行规范中要求必须设置纵、横向扫地杆的要求。脚手架的立杆一般是承受偏心荷载作用的，纵、横向扫地杆的设立可以使立杆的偏心力矩由立杆和扫地杆共同承担，扫地杆可以吸收大量的钢管安装偏心矩；设立扫地杆可以将立杆从自由状态转变为半

刚性状态，这将有效减小立杆的计算长度，降低立杆的应力；同时扫地杆还可以协助平衡地基应力的不均匀作用。

2. 顶端横杆

为了满足规范中立杆稳定计算要求，方案中最好要求顶部支撑点位于顶层横杆时，应靠近立杆，且不宜过大，如图 2.53、图 2.54 所示。与扫地杆的原理一样，上部自由段长度的有效控制可以将立杆从自由状态转变为半刚性状态，减小立杆的计算长度，降低立杆的应力。在梁板模板承重架的施工方案中，类似图 2.53 的情形必须防止出现。

在立杆顶部设置顶托梁其距离支架顶层横杆的高度不宜大于 400mm；顶部支撑点位于顶层横杆时，应靠近立杆，且不宜大于 200mm。

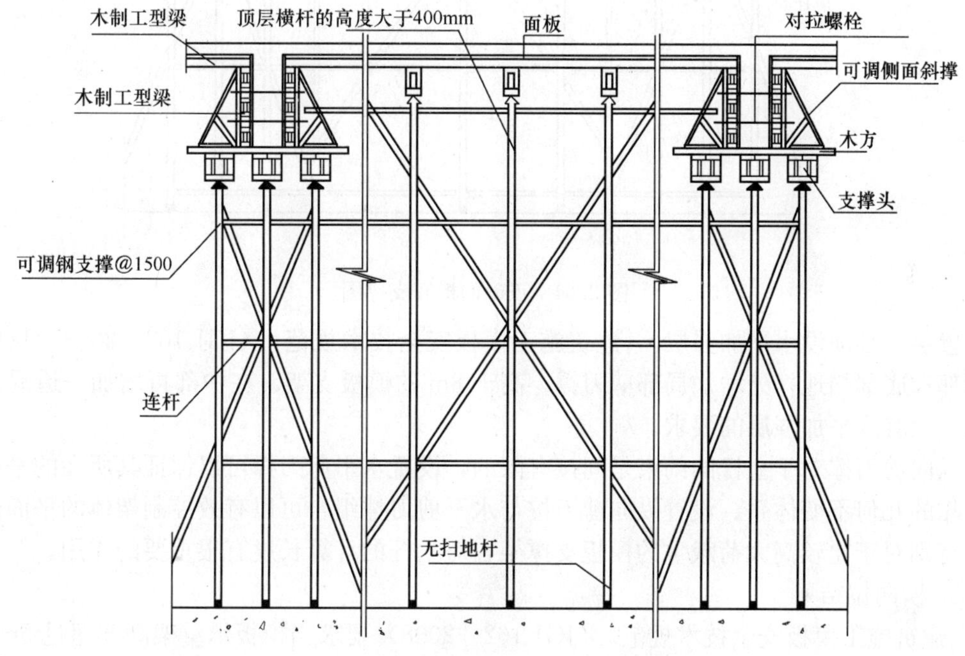

图 2.53　错误的板底支撑图

3. 纵向剪刀撑

《建筑施工模板安全技术规范》（JGJ 162—2008）要求满堂模板支架在外侧周圈应由下至上连续设置纵向剪刀撑，中间在纵横向应该每隔 10m 左右由下至上连续设置纵向剪刀撑，其宽度为 4～6m。对于高度在 8～20m 的模板支架，应该在纵横向连续剪刀撑之间增加“之”字形斜撑；对于 20m 以上的模板支架，应该将“之”字形斜撑改为连续剪刀撑。

从简化计算的角度讲，纵向剪刀撑可以看作构造措施，不参与计算；但是模板支撑架还是存在一定的水平力的，包括风荷载、支架搭设误差偏心产生水平力、施工中水平冲击力等，必须依靠剪刀撑抵抗，立杆是不能抵抗任何方向水平力的。设置纵向剪刀撑可以将模板支架垂直平面内形成几何不变体系，增加支架的整体稳定性，约束架体的整体变形。

4. 水平剪刀撑

北京、上海等地方规范要求高于 4m 的模板支架，其两端与中间每隔 4 排立杆从顶层开始向下每隔 2 步设置一道水平剪刀撑；在任何情况下，高支撑架的顶部和底部（扫地杆

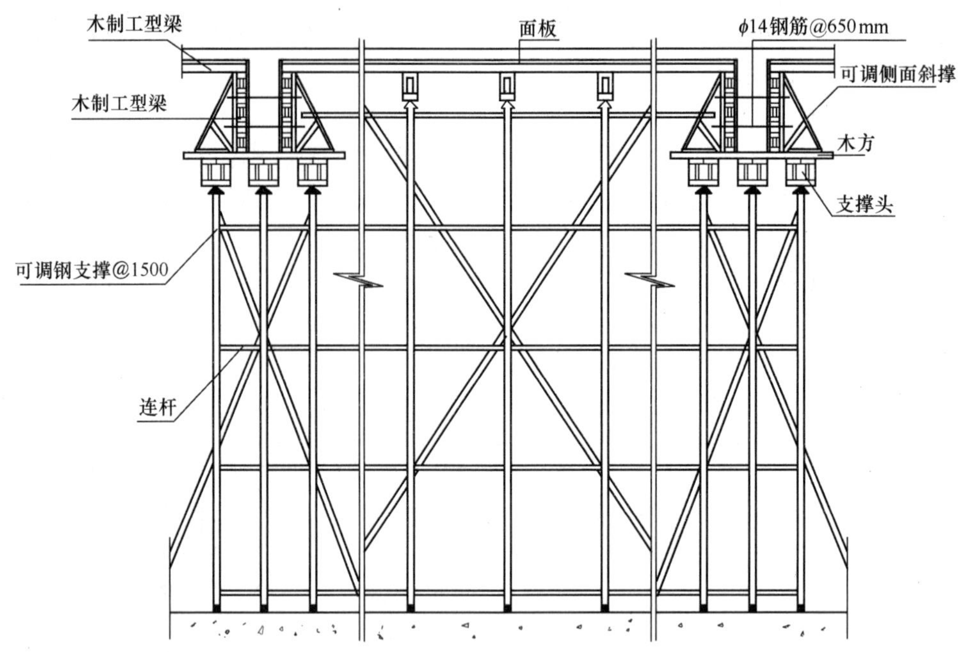

图 2.54　正确的板底支撑图

的设置层）必须设水平加强层。《建筑施工模板安全技术规范》（JGJ 162—2008）只要求在顶部和底部扫地杆处增加局部剪刀撑；高于 8m 的模板支架，在中部再增加一道局部剪刀撑；没有水平加强层的要求。

纵向剪刀撑对于立杆的约束是间接有限的，设置水平剪刀撑可以保证其所在的平面内是可靠的几何不变体系。设置纵向剪刀撑与水平剪刀撑组合可以有效控制架体的平面内变形，特别对于比较高大荷载重的模板支撑架，对立杆的计算长度有很重要的作用。

5. 横向拉结

《建筑施工模板安全技术规范》（JGJ 162—2008）要求当模板承重架高度超过 5m 时，应该在立柱周圈外侧和中间有结构柱的部位，按照水平间距 6～9m，竖向间距 2～3m 与建筑结构设置一个固结点，如图 2.14、图 2.15 所示。

6. 立杆间距、步距的设计

梁和楼板荷载相差较大时，可以采用不同的立杆间距，但只宜在一个方向变距、而另一个方向不变。当架体构造荷载在立杆不同高度轴力变化不大时，可以采用等步距设置；当中部有加强层或支架很高，轴力沿高度分布变化较大，可采用下小上大的变步距设置，但变化不要过多；高支撑架步距以 0.9～1.5m 为宜，不宜超过 1.5m。

7. 施工使用的要求

精心设计混凝土浇筑方案，确保模板支架施工过程中均衡受载，最好采用由中部向两边扩展的浇筑方式；严格控制实际施工荷载不超过设计荷载，对出现的超过最大荷载情况要有相应的控制措施，钢筋等材料不能在支架上方堆放；浇筑过程中，派人检查支架和支承情况，发现下沉、松动和变形情况要及时解决。

第三章　门式梁板模板支撑架

门式脚手架以门架、交叉支撑、连接棒、挂扣式脚手板或水平架、锁臂等组成基本结构，再设置水平加固杆、剪刀撑、扫地杆、封口杆、托座与底座的一种标准化钢管脚手架(如图 3.1)。门式脚手架由美国首先研制成功，它具有装拆简单、承载性能好、使用安全可靠等特点，发展速度很快。到 60 年代，欧洲、日本等国家先后引进并发展了这种脚手架 70 年代以来，我国先后从日本、美国、英国等国家引进门式脚手架，在一些高层建筑工程施工中应用。目前在国内，使用门式脚手架作为外架的情况已经很少了，但作为路桥施工的桥梁、建筑中的梁板模板支撑架还是比较常见的。

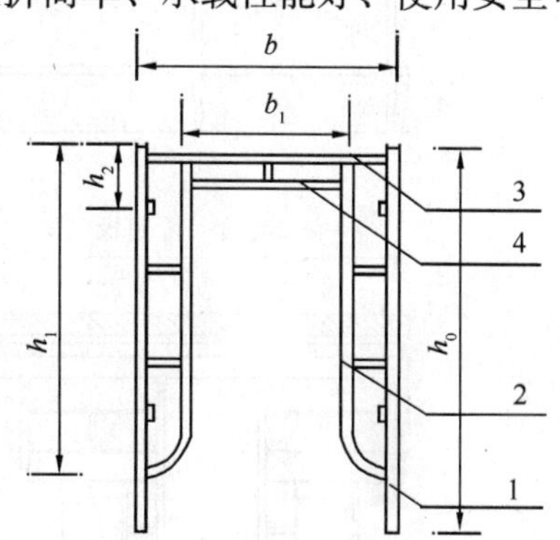

图 3.1　一榀门架的构造图
1—立杆；2—立杆加强杆；3—横杆；4—横杆加强杆；b—门架的宽度；h_0—门架的高度；h_1、h_2、b_1—门架本身结构尺寸

与扣件式钢管脚手架相比较，从施工工艺来讲，门式脚手架装拆方便，施工工效高，约为扣件式脚手架的 2～3 倍，工人劳动相对强度较低。虽然扣件式脚手架装拆也比较方便，但施工工效较低；从搭设高度来讲，门式脚手架搭设高度一般≤45m，而扣件式钢管脚手架搭设高度虽然相应规范要求不能超过 50m，但通过采取卸荷、双立杆等措施可以搭设更高；从经济效益来讲，门式脚手架用钢量较省，但脚手架部件规格品种多，一次性投资大，脚手架管理困难，保养不易，而扣件式钢管脚手架虽然用钢量较多，但脚手架一次性投资小；从文明施工角度考虑，门式脚手架组装标准化，排列整齐且美观。

第一节　门式梁板模板支架计算规则

与扣件钢管脚手架不同，门式钢管脚手架的主要破坏形式是在抗弯刚度弱的门架平面外多波鼓曲失稳破坏。由于门式钢管脚手架的基本单元，门架是一个框架结构，在施工荷载作用下，施工层的门架杆件在门架平面内受局部弯矩作用。因此门式钢管脚手架主要是靠门架立杆轴心受压将竖向荷载传给基础的，风荷载作用时，将在门架平面方向产生弯矩，这也要靠门架的立杆轴心力组成力偶矩来抵抗。总之，门式钢管脚手架主要受竖向荷载，即计算主要评定门式钢管脚手架的稳定性。

门式钢管脚手架的计算主要依据《建筑施工门式钢管脚手架安全技术规范》(JGJ 128—2000)(本章以下简称规范)，结合高大梁板门式架支设实际施工中采用的形式。用于梁模板支撑的门架，可采用平行或垂直于梁轴线的布置方式。垂直于梁轴线布置时，门架两侧应设置交叉支撑，如图 3.2 所示；平行于梁轴线设置时，两门架采用交叉支撑或梁底模小愣连接牢固，如图 3.3 所示；当模板支撑高度较高或荷载较大时，模板支撑可采用交错门架的布置方式，如图 3.4 所示。

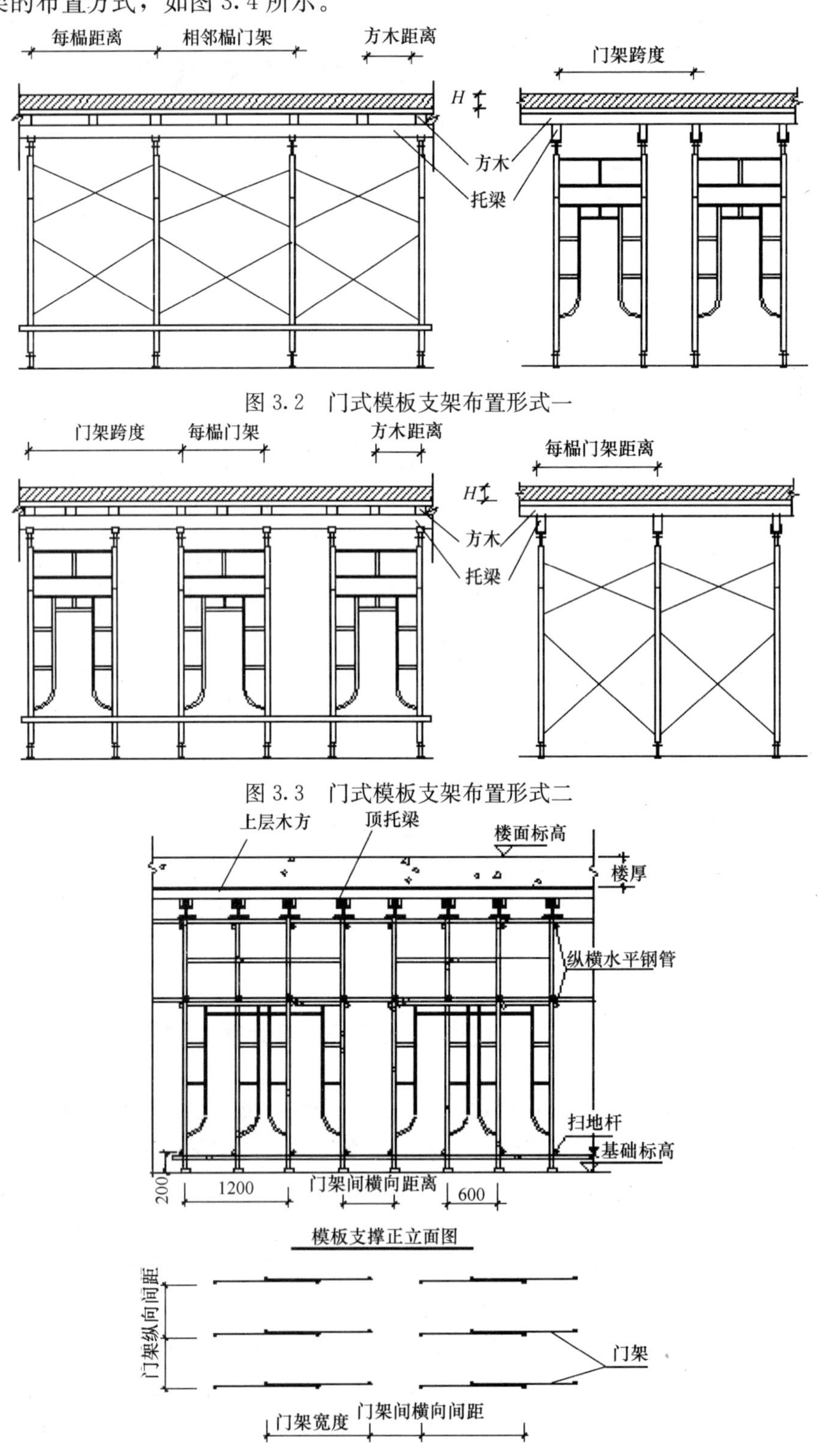

图 3.2　门式模板支架布置形式一

图 3.3　门式模板支架布置形式二

图 3.4　门式模板支架布置形式三

由基本单元“门架”组成的门式脚手架属于节点约束性能较为复杂的多层多跨空间结构，但组成门式脚手架的基本单元“门架”属于框架结构，且门架立杆受轴向压力为主，故可简化为计算门架平面外局部稳定性问题，理论与试验研究表明，在正常搭设条件下，当荷载达到其稳定极限值时，脚手架以多个小波鼓曲形成失稳破坏特点，对脚手架的整体结构计算简化成一榀门架在其平面外的稳定性计算，并按半概率半经验的设计计算方法，其取值以单一系数法的安全系数 2.0 为基本依据，按轴心受压杆计算脚手架稳定承载能力。虽风荷载作用的附加应力不大，但规范规定的计算调整系数中已考虑这一因素，以保证安全。

按照《建筑施工门式钢管脚手架安全技术规范》(JGJ 128—2000) 的要求，脚手架的稳定性应按下列公式计算：

$$N \leqslant N^{d} \tag{3.1}$$

式中 N——作用于榀门的轴向力设计值，取式 (3.2) 和式 (3.3) 计算结果的较大者；

N^{d}——一榀门架的稳定承载力设计值，按式 (3.5) 计算。

(1) 作用于一榀门架的轴向力设计值，考虑永久荷载的分项系数 1.2 与可变荷载的分项系数 1.4。应按下列公式计算：

不组合风荷载时

$$N = 1.2(N_{Gk1} + N_{Gk2})H + 1.4\Sigma N_{Qik} \tag{3.2}$$

式中 N_{Gk1}——每米高度脚手架构配件自重产生的轴向力标准值；

N_{Gk2}——每米高度脚手架附件重产生的轴向力标准值；

ΣN_{Qik}——各施工层施工荷载作用于一榀门架的轴向力标准值总和；

H——以米为单位的脚手架高度值。

组合风荷载时

$$N = 1.2(N_{Gk1} + N_{Gk2})H + 0.85 \times 1.4(\Sigma N_{Qik} + 2M_{k}/b) \tag{3.3}$$

$$M_{k} = q_{k}H_{1}^{2}/10 \tag{3.4}$$

式中 M_{k}——风荷载产生弯矩标准值；

q_{k}——风线荷载标准值；

H_{1}——连墙件的竖向间距；

0.85——荷载效应组合系数。

(2) 一榀门架的稳定承载力设计值按下列公式计算

$$N^{d} = \phi A f \tag{3.5}$$

$$i = \sqrt{I/A_{1}} \tag{3.6}$$

$$I = I_{0} + I_{1}h_{1}/A_{1} \tag{3.7}$$

式中 ϕ——门架立杆的稳定系数，按 $\lambda = kh_{0}/i$ 查规范附表；

k——调整系数，按表 3.1 采用：

调整系数 k　　**表 3.1**

脚手架高度 (m)	≤30	31～45	46～60
k	1.13	1.17	1.22

i——门架立杆换算截面回转半径；

I——门架立杆换算截面惯性矩；

h_0——门架高度；

I_0、A_1——分别为门架立杆的毛截面惯性矩与毛截面积；

h_1、I_1——分别为门架加强杆的高度及毛截面惯性矩；

A——一榀门架立杆的毛截面积，$A=2A_1$；

f——门架钢材的强度设计值，对 Q235 钢采用 205N/mm^2。

第二节　门式梁板模板计算 PKPM 软件实现

梁板模板计算在施工安全计算软件中的计算参数描述基本是一致的，只是在支架形式有一些不同，以梁模板支架计算参数描述如图 3.5 所示。

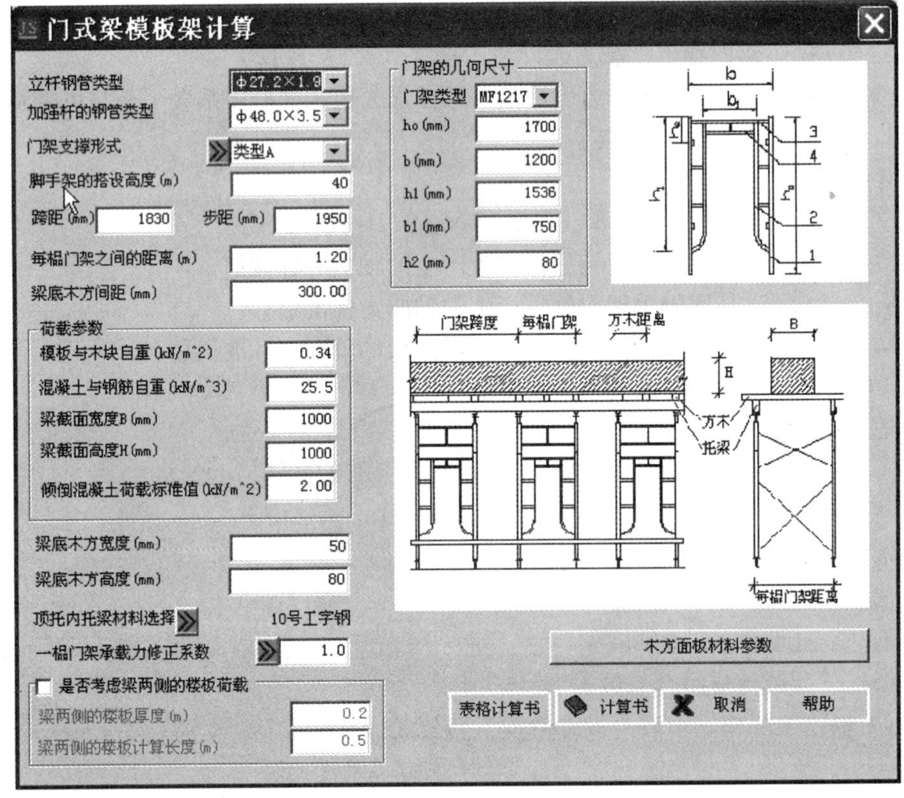

图 3.5　门式梁模板支架计算参数对话框

(1) 门架几何尺寸：系统提供 MF1219 和 MF1217 两种形式供用户选择以及修改参数，其中门架的宽度 b 对于直接影响梁门式支架中最上面木方的计算宽度；

(2) 立杆、加强杆的钢管类型（mm）：选择配置门架的钢管类型；

(3) 门架支撑形式：系统按照规范要求有多种模板支架形式的计算，对于板门式支架，提供如图 3.2、如图 3.3、如图 3.4 的计算形式；对于梁门式支架，提供如图 3.2、如图 3.3 以及如图 3.6～图 3.8 等多种形式；

(4) 脚手架搭设高度：输入模板承重架的实际搭设高度；

梁边至板支顶距离
梁宽
板面标高
上层
木方
木枋压脚
下层
木方
顶托梁
钢管水平拉杆
扫地杆
板面标高
1200

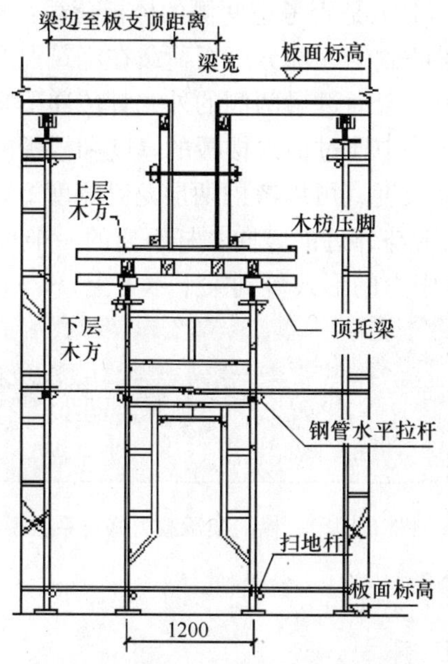

图 3.6　梁底门架平行三层龙骨支撑

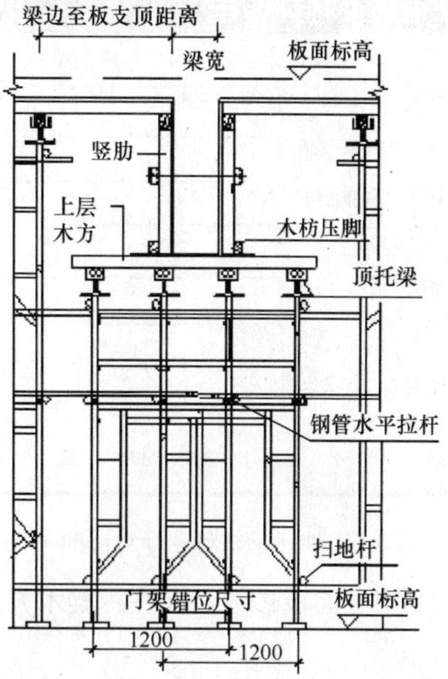

梁边至板支顶距离
梁宽
板面标高
竖肋
上层
木方
木枋压脚
顶托梁
钢管水平拉杆
扫地杆
门架错位尺寸
板面标高
1200
1200

图 3.7　梁底门架交错两层龙骨支撑

(5) 跨距、步距（m）：跨距是平行相邻的两榀门架构件的中心线距离，步距是上下相邻的两榀门架水平距离；

(6) 每榀门架之间的距间（m）：输入两榀门架之间的间距，此距离为计算单元的荷载取值计算宽度；

(7) 梁底方木间距：输入梁底紧贴模板方木的排放间距，对于三层龙骨的类型，此参数输入中间层每榀门架宽度内的支撑木方数量；

(8) 梁底木方高度及宽度：输入梁底木方截面宽度及高度参数，不考虑磨损情况，一般木方为 50mm×100mm；

(9) 荷载参数：输入模板、混凝土、梁截面参数及倾倒混凝土荷载标准值，参照第三章扣件钢管支撑的荷载数据；

(10) 梁底托梁参数：在下图的对话框中选择相应的方式和型号，不考虑磨损情况，一般木方为 100mm×100mm；“U 托”一般是 100mm 的宽度，所以通常的托梁宽度应该 100mm 比较合适，比如双钢管等；

(11) 一榀门架承载力修正系数说明：这是规范中的计算条文说明；

梁边至板支面的间距
梁宽
板面标高
楼面厚
架高
对拉螺杆
内肋
上层
木方
下层木方
顶托梁
双门架
错位尺寸
支承面标高
1200
1200

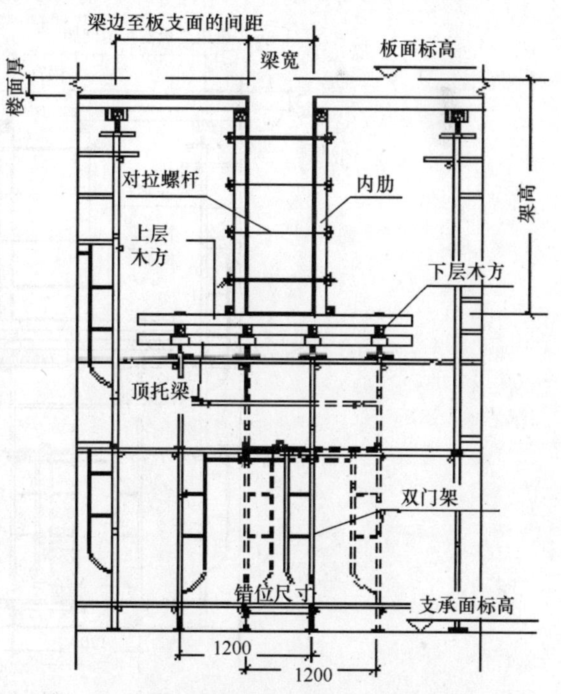

图 3.8　梁底门架交错三层龙骨支撑

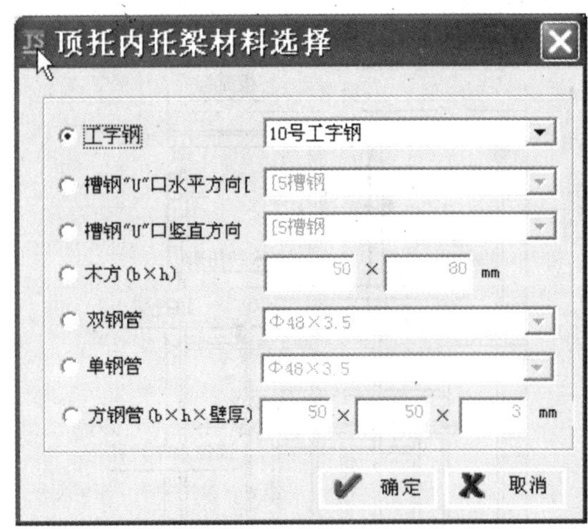

图 3.9　顶托梁材料选择对话框

(12) 是否考虑两侧的楼板荷载：如果考虑梁两侧的一部分楼板荷载在浇筑混凝土过程中，会通过梁两侧的外龙骨传递下来，所以计算中通过输入楼板的厚度和楼板的荷载计算长度（可以考虑两层龙骨宽度 200mm，再加上与邻近的竖向立杆距离的一半），软件以集中力的形式传到梁下木方上；

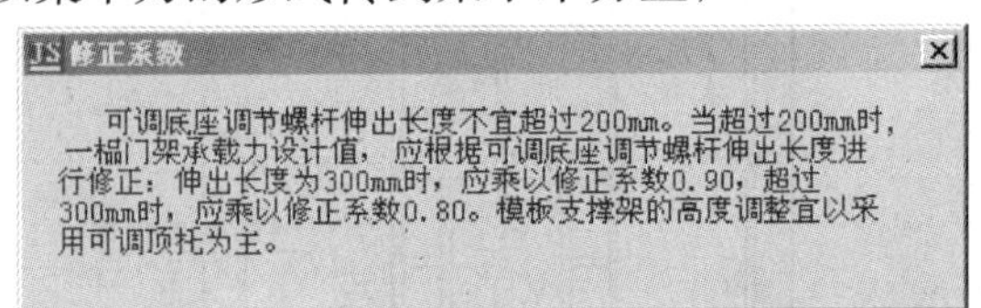

图 3.10　一榀门架承载力修正系数说明

(13) 木方面板参数：同柱、梁木方面板的参数。

第三节　门式梁板模板计算例题

本工程梁、板模板支架系统采用门式钢管架，如图 3.11 所示，梁架高度为 1930mm，宽度 1200mm，配拉杆，可调底座，U 型可调顶托、接销等，质量要求门架及配件必须无锈蚀、焊点，可靠无弯曲、变形现象。模板采用 18mm 厚木胶合板，木方 100mm×100mm、50mm×100mm，质量要求模板质量必须符合有关规定，木方必须无结疤、断裂现象。

计算依据门式钢管脚手架的计算参照《建筑施工门式钢管脚手架安全技术规范》

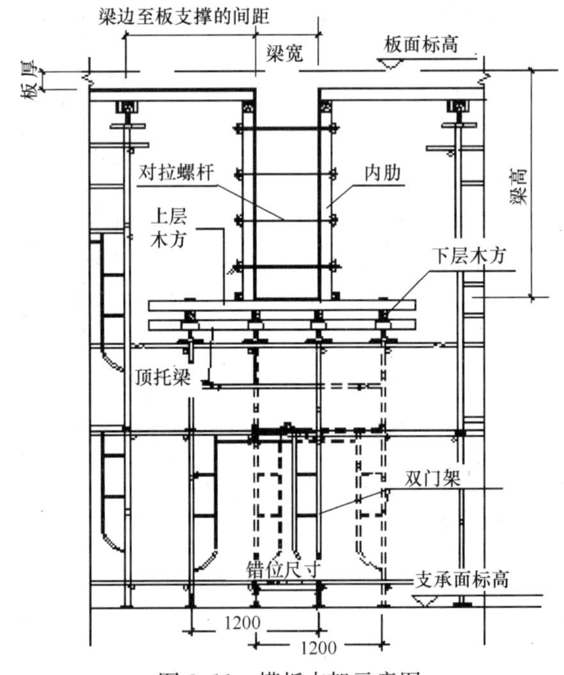

图 3.11　模板支架示意图

(JGJ 128—2000)，由第二节 PKPM 施工安全计算软件录入数据后自动计算完成。

计算中，脚手架搭设高度为 30.0m，门架型号采用 MF1217，钢材采用 Q235。门架的宽度 $b=1.20$m，门架的高度 $h_0=1.93$m，步距按照 2.0m 考虑，跨距 $l=1.83$m。门架本身结构尺寸为 $h_1=1.54$m，$h_2=0.08$m，$b_1=0.75$m，如图 3.1 所示。门架立杆采用 $\phi27.2\times1.9$mm 钢管，立杆加强杆采用 $\phi48.0\times3.5$mm 钢管。每榀门架之间的距离 0.60m，每榀门架内的下层木方 4 根。

面板计算厚度 18mm，剪切强度 1.4N/mm^2，抗弯强度 15.0N/mm^2，弹性模量 6000.0N/mm^4。

木方剪切强度 1.3N/mm^2，抗弯强度 13.0N/mm^2，弹性模量 9500.0N/mm^4。

荷载按照模板自重 0.34kN/m^2，混凝土钢筋自重 25.5kN/m^3，施工活荷载 2.0kN/m^2。

梁两侧的楼板厚度 0.2m，梁两侧的楼板计算长度 0.4m。

计算按照基本荷载的传递过程分构件计算，荷载的传递过程为：梁板的施工荷载→模板的面板→上层木方→下层木方→顶托梁→竖向立杆（门式架）。模板的面板比较简单，不再赘述。其他完整的计算过程如下：

计算中考虑梁两侧部分楼板混凝土荷载以集中力方式向下传递。

集中力大小为 $F=1.2\times25.5\times0.2\times0.4\times0.6=1.469$kN。

一、梁底木方的计算

（一）上层木方计算

上层木方直接承受面板传递的均布荷载，考虑下层木方作为支点，可以按照多跨连续梁计算，计算简图见图 3.12。基本计算荷载包括：

（1）钢筋混凝土板自重：

$$q_1=25.5\times1.2\times0.6=18.36\text{kN/m}$$

（2）模板的自重线荷载：

$$q_2=0.34\times0.6\times(2\times1.2+1.0)/1.0=0.694\text{kN/m}$$

（3）活荷载为施工荷载标准值与振捣混凝土时产生的荷载：

经计算得到，活荷载标准值 $q_3=2.0\times0.6=1.2$kN/m

木方均布荷载设计值 $Q=1.2\times(18.36+0.694)+1.4\times1.2=24.544$kN/m

计算得到木方弯矩图、变形图及剪力图分别见图 3.13～图 3.15。

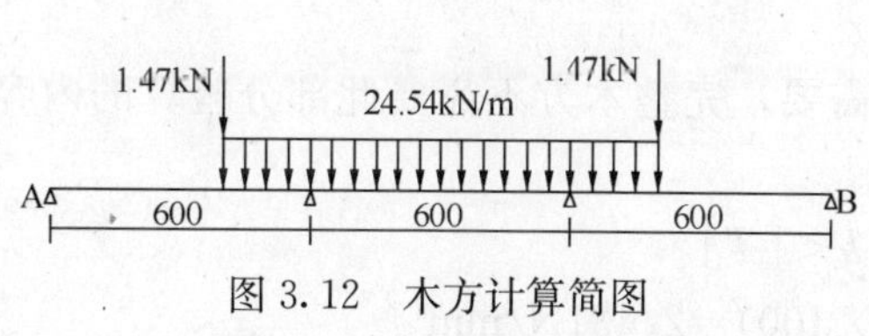

图 3.12　木方计算简图

0.643

0.461

图 3.13　木方弯矩图（kN·m）

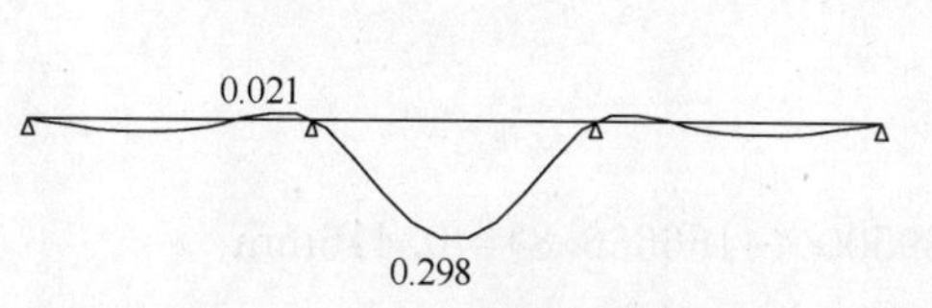

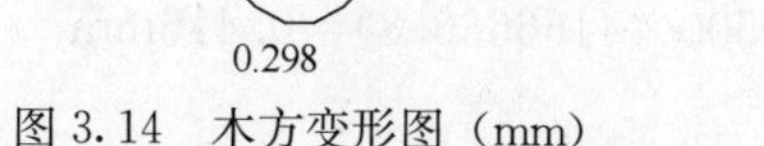

图 3.14　木方变形图（mm）

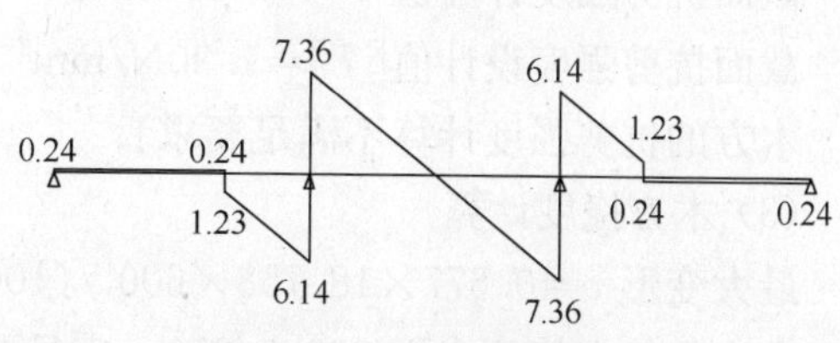

图 3.15　木方剪力图（kN）

经过连续梁计算，得到从左到右各支座力分别为 $N_1=0.235\text{kN}$，$N_2=13.506\text{kN}$，$N_3=13.506\text{kN}$，$N_4=0.235\text{kN}$；最大弯矩 $M=0.643\text{kN}\cdot\text{m}$，最大支座力 $F=13.506\text{kN}$，最大变形 $v=0.3\text{mm}$。

木方的截面力学参数惯性矩 I 和截面抵抗矩 W 分别为：

$$W=5.0\times10.0\times10.0/6=83.33\text{cm}^3$$

$$I=5.0\times10.0\times10.0\times10.0/12=416.67\text{cm}^4$$

（1）木方抗弯强度计算

抗弯计算强度 $f=0.643\times10^6/83333.3=7.72\text{N/mm}^2$

木方的抗弯计算强度小于 13.0N/mm^2，满足要求！

（2）木方抗剪计算

木方抗剪计算结果只对有缺口的木方验算需要，完整木方不需要此部分验算的内容，抗剪强度必须满足：

$$T=3V/2bh<[T]$$

截面抗剪强度计算值 $T=3\times7.363/(2\times50\times100)=2.209\text{N/mm}^2$

截面抗剪强度设计值 $[T]=1.30\text{N/mm}^2$

木方的抗剪强度计算不满足要求！

（3）木方挠度计算

最大变形 $v=0.3\text{mm}$，木方的最大挠度小于 1800/250，满足要求！

（二）下层木方计算

下层木方是沿着梁跨度方向选择计算单元的，计算可以按照三跨连续梁，最大弯矩考虑为静荷载与活荷载的计算值最不利分配的弯矩和，计算公式如下：

均布荷载 $q=13.506/0.600=22.509\text{kN/m}$

最大弯矩 $M=0.1ql^2=0.1\times22.51\times0.6\times0.6=0.81\text{kN}\cdot\text{m}$

最大剪力 $V=0.6\text{ql}=0.6\times0.6\times22.509=8.103\text{kN}$

最大支座力 $N=1.1\times0.6\times22.509=14.856\text{kN}$

（1）木方抗弯强度计算

抗弯计算强度 $f=0.81\times10^6/83333.3=9.72\text{N/mm}^2$

木方的抗弯计算强度小于 13.0N/mm^2，满足要求！

（2）木方抗剪计算

木方抗剪计算结果只对有缺口的木方验算需要，完整木方不需要此部分验算的内容，抗剪强度必须满足：

$$T=3V/2bh<[T]$$

截面抗剪强度计算值 $T=3\times8103/(2\times50\times100)=2.431\text{N/mm}^2$

截面抗剪强度设计值 $[T]=1.30\text{N/mm}^2$

木方的抗剪强度计算不满足要求！

（3）木方挠度计算

最大变形 $v=0.677\times18.758\times600^4/(100\times9500\times4166666.8)=0.416\text{mm}$

木方的最大挠度小于 600.0/250，满足要求！

二、梁底托梁的计算

本算例中，木方落在交错门架的四个支点上，所以顶托梁只有支点力，不需要计算。

三、门架荷载标准值

作用于门架的荷载包括门架静荷载与上面托梁传递荷载。门架静荷载标准值需要计算每个组成构件的荷载，包括以下内容：

(1) 脚手架自重产生的轴向力（kN/m）

门架的每跨距内，每步架高内的构配件及其重量分别为：

门架（MF1217）	1 榀	0.205kN
交叉支撑	2 副	2×0.04=0.08kN
水平架	5 步 4 设	0.165×4/5=0.132kN
连接棒	2 个	2×0.006=0.012kN
锁臂	2 副	2×0.009=0.017kN
合计		0.446kN

经计算得到，每米高脚手架自重合计 N_{Gk1}=0.446 / 2.0 = 0.223kN/m

(2) 加固杆、剪刀撑和附件等产生的轴向力计算（kN/m）

剪刀撑采用 ϕ48.0×3.5mm 钢管，按照 4 步 4 跨设置，每米高的钢管重计算：

$$\tan\alpha=(4\times2.0)/(4\times1.83)=1.093$$

$$2\times0.038\times(4\times1.83)/\cos\alpha/(4\times2.000)=0.104\text{kN/m}$$

水平加固杆采用 ϕ48.0×3.5mm 钢管，按照 4 步 1 跨设置，每米高的钢管重为：

$$0.038\times(1\times1.83)/(4\times2.0)=0.009\text{kN/m}$$

每跨内的直角扣件 1 个，旋转扣件 1 个，每米高的钢管重为 0.036kN/m；

$$(1\times0.014+4\times0.014)/2.0=0.036\text{kN/m}$$

每米高的附件重量为 0.02kN/m；

每米高的栏杆重量为 0.01kN/m；

经计算得到每米高脚手架加固杆、剪刀撑和附件等产生的轴向力合计 N_{Gk2} = 0.179kN/m；

经计算得到，静荷载标准值总计为 N_G=0.402kN/m。

托梁传递荷载为一榀门架两端点产生的支点力总和。每榀门架两端点力 0.235kN，13.506kN，经计算得到托梁传递荷载为 N_Q=13.741kN。

四、立杆的稳定性计算

作用于一榀门架的轴向力设计值计算公式

$$N=1.2N_GH+N_Q$$

式中 N_G——每米高脚手架的静荷载标准值，N_G=0.402kN/m；

N_Q——托梁传递荷载，N_Q=13.741kN；

H——脚手架的搭设高度，H=30.0m。

经计算得到，N=1.2×0.402×30.0+13.741=28.2kN。

门式钢管脚手架的稳定性按照下列公式计算

$$N \leqslant N_d$$

式中　N——作用于一榀门架的轴向力设计值，$N=28.2\text{kN}$；

N_d——一榀门架的稳定承载力设计值（kN）；

一榀门架的稳定承载力设计值公式计算

$$N_d = \phi \cdot A \cdot f$$

$$t = \sqrt{I/A_1}$$

$$I = I_0 + I_1 \cdot h_1/h_0$$

其中　ϕ——门架立杆的稳定系数，由长细比 kh_0/i 查表得到，$\phi=0.788$；

k——调整系数，$k=1.13$；

i——门架立杆的换算截面回转半径，$i=2.85\text{cm}$；

I——门架立杆的换算截面惯性矩，$I=12.23\text{cm}^4$；

h_0——门架的高度，$h_0=1.93\text{m}$；

I_0——门架立杆的截面惯性矩，$I_0=1.22\text{cm}^4$；

A_1——门架立杆的净截面面积，$A_1=1.51\text{cm}^2$；

h_1——门架加强杆的高度，$h_1=1.54\text{m}$；

I_1——门架加强杆的截面惯性矩，$I_1=12.19\text{cm}^4$；

A——一榀门架立杆的毛截面面积，$A=2\text{A}_1=3.02\text{cm}^2$；

f——门架钢材的强度设计值，$f=205\text{N/mm}^2$。

N_d 调整系数按照 1.0 计算，则经计算得到，$N_d= 1.0\times48.764=48.764\text{kN}$。

立杆的稳定性计算 $N<N_d$，满足要求！

第四章　侧 模 板 计 算

模板的设计计算应该参照《建筑施工模板安全技术规范》(JGJ 162—2008)、《建筑工程大模板技术规程》(JGJ 74—2003) 和《组合钢模板技术规范》(GB 50214—2001)。侧模板的背部支撑构造一般由两层龙骨（木楞或钢楞）组成，直接支撑模板的龙骨为次龙骨，即内楞；用以支撑内层龙骨的为主龙骨，即外楞。组装成墙体模板时，通过对拉螺栓将墙体两片模板拉结，每个对拉螺栓成为主龙骨的支点。所以，作用于模板的荷载传递路线一般为面板→次龙骨→主龙骨→对拉螺栓，设计模板支撑的距离可以根据荷载作用状况及各部分构件的结构特点确定，模板的计算一般来讲控制变形是比较重要的内容。

第一节　侧 压 力 计 算

影响混凝土侧压力的因素很多，如与混凝土组成有关的骨料种类、配筋数量、水泥用量、外加剂、坍落度等都对其有影响。此外，还有很多外界影响因素，如混凝土的浇筑速度、混凝土的温度、振捣方式、模板情况、构件厚度等。

混凝土的浇筑速度是一个重要影响因素，最大侧压力一般与其成正比。但当其达到一定速度后，再提高浇筑速度，则对最大侧压力的影响就不明显。而混凝土的温度影响混凝土的凝结速度，温度低、凝结慢，混凝土的有效压头高，最大侧压力就大。模板情况和构件厚度影响拱作用的发挥，因之对侧压力也有影响。

由于影响混凝土侧压力的因素很多，想用一个计算公式全面加以反映是有一定困难的。国内外研究混凝土侧压力，都是抓住几个主要影响因素，通过典型试验或现场实测取得数据，再用数学方法分析归纳后提出公式。

按照《建筑施工模板安全技术规范》(JGJ 162—2008) 的规定，作用于模板的水平荷载包括新浇混凝土侧压力计算和倾倒混凝土侧压力，采用内部振动器时，新浇混凝土侧压力计算公式为下面两公式中的较小值（图 4.1）：

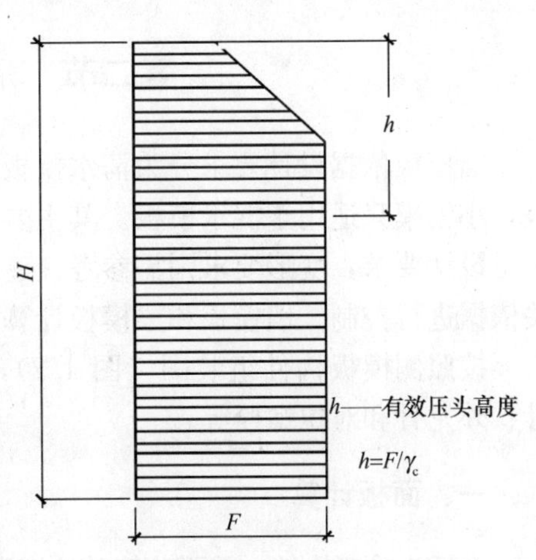

图 4.1　新浇混凝土侧压力计算图

$$F=0.22\gamma_c t_0 \beta_1 \beta_2 v^{1/2} \tag{4.1}$$

$$F=\gamma_c H \tag{4.2}$$

式中　γ_c——混凝土的重力密度；

t_0——新浇筑混凝土的初凝时间，可按实测确定，当缺乏试验资料时，可采用 $t_0=200/(T+15)$ 计算；

T——混凝土的入模温度；

v——混凝土的浇筑速度；

H——混凝土侧压力计算位置处至新浇混凝土顶面总高度；

β_1——外加剂影响修正系数，不掺外加剂时取 1.0；掺具有缓凝作用的外加剂时取 1.2；

β_2——混凝土坍落度影响修正系数，当坍落度小于 30mm 时，取 0.85；50～90mm 时，取 1.0；110～150mm 时，取 1.15；当坍落度大于 150mm 时，取 1.2。

倾倒混凝土时对垂直模板产生的水平荷载标准值，按照表 4.1 采用。计算模板及支架的荷载设计值，应该采用荷载标准值乘以相应的荷载分项系数得到，具体为新浇混凝土侧压力按照荷载分项系数 1.2 考虑和倾倒混凝土按照荷载分项系数 1.4 考虑。

倾倒混凝土时产生的水平荷载标准值 **表 4.1**

项 次	向模板供料方法	水平荷载标准值（kN/m^2）
1	由溜槽、串筒或导管输出	2
2	用容量为 0.2～0.8m^3 的运输器具	4
3	泵送混凝土	4
4	用容量大于 0.8m^3 的运输器具	6

按照规范的要求，计算模板及支架结构或构件的强度、稳定性和连接强度时，应采用荷载设计值（荷载标准值乘以荷载分项系数）；计算正常使用极限状态的变形时，应采用荷载标准值。也就是说强度验算要考虑新浇混凝土侧压力和倾倒混凝土时产生的荷载设计值；挠度验算只考虑新浇混凝土侧压力产生的荷载标准值。

第二节 墙模板和梁模板计算

墙模板依据设计要求分为清水模板和混水模板，一般清水模板常用定型大钢模或胶合板，小钢模只适用于混水模板。其主要目的是保证混凝土在初凝前的几何位置及几何尺寸满足设计要求，变形要求则需参考《建筑施工模板安全技术规范》（JGJ 162—2008）的相关依据进行控制。墙模板和梁模板计算内容基本是一致的。

按照侧模板构件组装图（图 4.2），其计算包括侧模板面板（胶合板或钢模）、内龙骨、外龙骨和对拉螺栓等。

一、面板计算

面板为受弯构件，需要验算其抗弯强度和刚度。模板面板以内龙骨为支座，按照简支梁（小钢模）或三跨连续梁（胶合板）计算，由于新浇混凝土侧压力和倾倒混凝土时产生的荷载设计值均是面荷载，所以在连续梁计算时需要按照面板计算宽度转化为线荷载，由于采用线性计算，则面板计算宽度可以取内龙骨的间距，也可以取单位宽度 1m，对计算结果没有影响。

1. 强度计算

按照三跨连续梁最大弯矩的计算为

$$M=0.1q_1l^2 \tag{4.3}$$

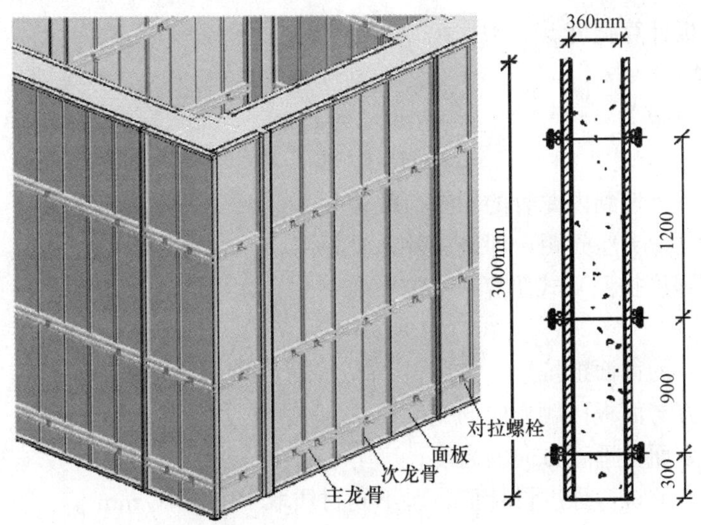

图 4.2　墙侧模板组装示意图

式中　q_1——新浇混凝土侧压力和倾倒混凝土时产生的荷载设计值；

l——面板支座间距，即内龙骨的间距。

面板抗弯强度按照下式验算

$$f=M/W\leqslant [f] \tag{4.4}$$

式中　W——模板的截面抵抗矩，按照宽度为内龙骨间距，高度为模板厚度的矩形截面计算；

$[f]$——面板的抗弯强度设计值，对于胶合板参照木材取 13～15N/mm^2；对于钢面板取 215N/mm^2。

2. 挠度计算

面板最大挠度计算为

$$v=\frac{0.677ql^4}{100EI}<[v] \tag{4.5}$$

式中　q——新浇混凝土侧压力产生荷载标准值；

l——面板支座间距，即内龙骨的间距；

E——面板弹性模量，对于胶合板参照木材的弹性模量取 9～10N/mm^2；

I——模板的截面惯性矩，按照宽度为内龙骨间距高度为模板厚度的矩形截面计算；

$[v]$——模板的容许挠度，胶合板取 $l/400$；钢模板取 $l/250$。

二、内龙骨的计算

内龙骨一般来讲多采用标准木方，直接承受模板面板传递的荷载，通常按照均布荷载多跨连续梁计算，其与外龙骨的交点即为支座，计算跨数与跨度为外龙骨的数量与距离；但考虑计算最不利情况，即使不等距的外龙骨（如图 4.2），内龙骨也可以按照最大外龙骨距离的三跨连续梁计算，其承受的均布荷载按照面板最大支座力除以面板计算宽度得到：

$$q_2=N/d \tag{4.6}$$

式中　N——面板所受新浇混凝土侧压力和倾倒混凝土时荷载设计值的最大支座力；

d——面板计算宽度。

1. 强度计算

最大弯矩的计算为

$$M=0.1q_2l^2 \tag{4.7}$$

式中　q_2——面板传递到内龙骨的均布荷载；

l——内龙骨支座间距，即最大外龙骨距离。

内龙骨抗弯强度按照下式验算

$$f=M/W\leqslant [f] \tag{4.8}$$

式中　W——木方的截面抵抗矩，按照 $W=bh^2/6$ 计算；

b——木方与面板接触方向的宽度；

h——木方面板垂直方向的高度；

$[f]$——木方的抗弯强度设计值，对不同材质取 13～15N/mm^2。

2. 抗剪计算

按照《木结构设计规范》（GB 50005—2003）的要求，对于有缺陷的木方需要考虑验算截面抗剪强度，最大剪力的计算公式如下：

$$V=0.6q_2l \tag{4.9}$$

木方截面抗剪强度必须满足：

$$T=3V/2bh<[T] \tag{4.10}$$

式中　$[T]$——木方截面抗剪强度设计值。

3. 挠度计算

内龙骨挠度均布荷载与强度计算不同，应该按照面板在新浇混凝土侧压力产生荷载标准值作用下的最大支座力除以面板计算宽度得到，即

$$q=N/d \tag{4.11}$$

式中　N——新浇混凝土侧压力产生荷载标准值作用下的最大支座力。

内龙骨最大挠度计算公式：

$$v=\frac{0.677ql^4}{100EI}<[v] \tag{4.12}$$

式中　E——木方的弹性模量，取 9～10N/mm^2；

I——模板的截面惯性矩，按照 $I=bh^3/12$ 计算；

$[v]$——模板的容许挠度，取 $l/400$。

三、外龙骨计算

外龙骨采用标准木方、双钢管或小槽钢都比较常见。从构造上讲，外龙骨的作用主要是加强各部分的连接及模板的整体刚度，不是完全的受力构件，可以不进行计算；但从荷载传递的过程以及对拉螺栓最大拉力计算考虑，还是可以进行相应的计算的。

外龙骨承受内龙骨传递的荷载，所以按照集中荷载下连续梁计算，由于内龙骨通常等距离布置，所以可以按照内龙骨的距离将多个次龙骨的支座力，以集中荷载的形式布置到外龙骨的连续梁计算中；外龙骨的连续梁支座应该以对拉螺栓的布置考虑，同时对于两侧有锁件的外龙骨，也要考虑为连续梁计算的支座，防止出现自由段。然后可以按照类似于

内龙骨的方法，验算抗弯强度、抗剪强度和挠度。

四、对拉螺栓的计算

对拉螺栓一般设在内外龙骨相交位置，直接承受内外龙骨传递的集中荷载，其最大拉力计算公式：

$$N = fA < [N] \tag{4.13}$$

式中　N——对拉螺栓所受的拉力；

A——对拉螺栓有效面积；

f——对拉螺栓的抗拉强度设计值；

$[N]$——对拉螺栓最大容许拉力。

第三节　PKPM 施工安全计算软件有关墙梁侧模板计算的实现

墙梁侧模板设计计算参数有三部分，由荷载标准值参数、墙模板构造参数和材料参数组成，如图 4.3 所示。

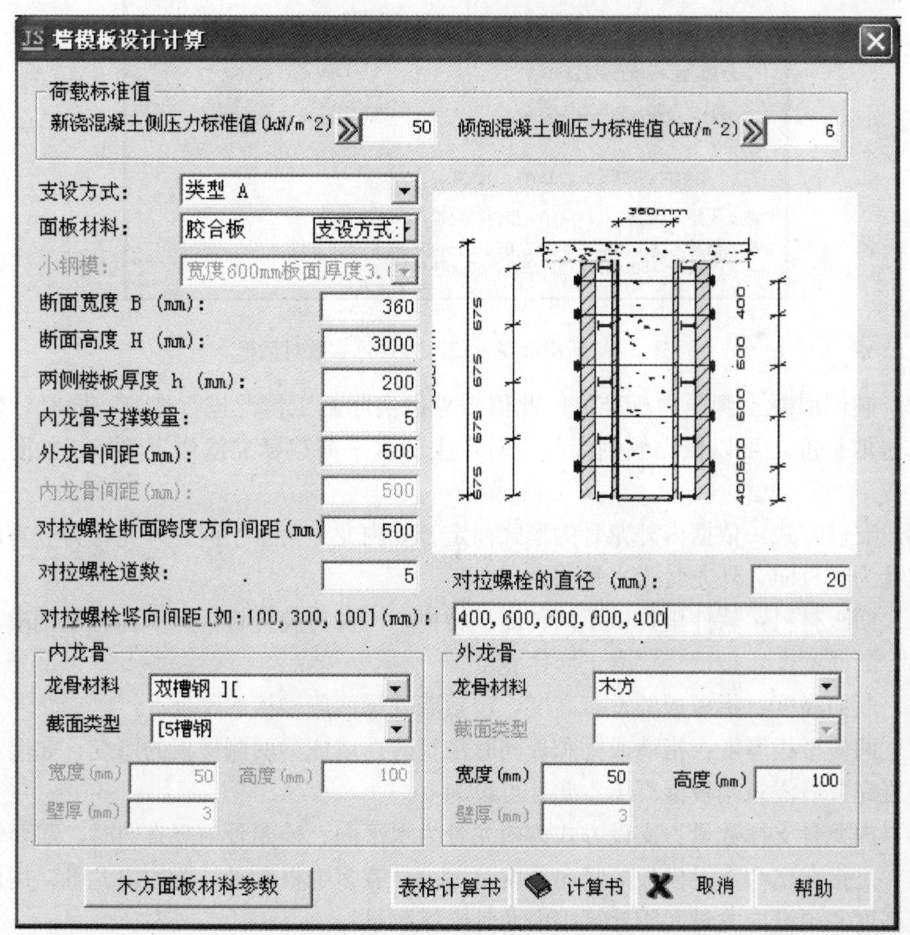

图 4.3　墙梁侧模板计算参数对话框

荷载标准值参数包括新浇混凝土侧压力标准值和倾倒混凝土侧压力标准值两个参数。墙模板构造参数包括支设方式、面板材料、断面宽度、断面高度、两侧楼板厚度、内龙骨支撑数量、内龙骨间距、对拉螺栓跨度方向间距、对拉螺栓道数和对拉螺栓竖向间距。材料参数包括内龙骨、外龙骨以及木方面板材料参数。

（1）新浇混凝土侧压力标准值：将混凝土各项参数输入完，就会得到程序自动计算的新浇混凝土侧压力标准值（如图 4.4 所示）；

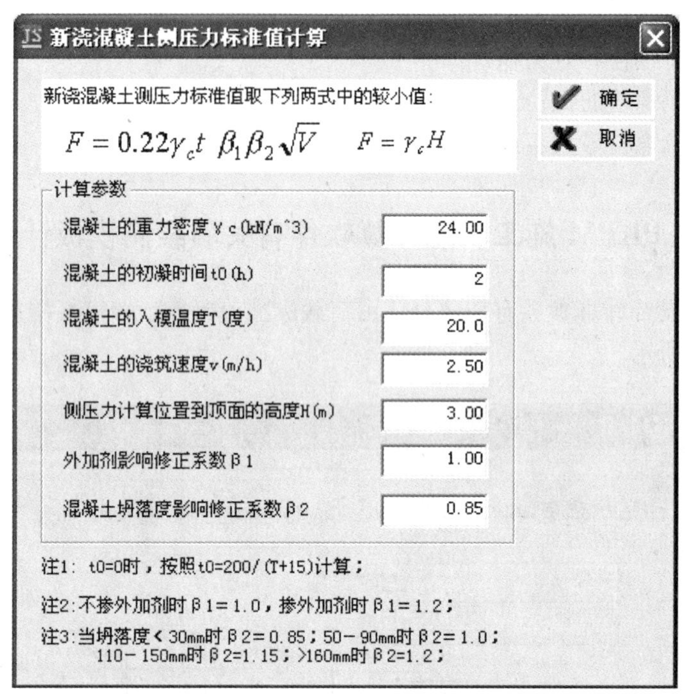

图 4.4　新浇混凝土侧压力计算参数对话框

（2）倾倒混凝土侧压力标准值：此值需考虑实际施工情况进行选取；同时，软件里提供了选取标准，可以根据倾倒混凝土时产生的水平荷载标准值列表选择（如图 4.5 所示）；

（3）支设方式：依据内外龙骨的形式而定，如内龙骨为水平向、外龙骨为竖直向；或者内龙骨为竖直向、外龙骨为水平向；

（4）面板材料：软件里提供了两种面板材料，一种为胶合板，另一种为小钢模；

（5）断面宽度：指预浇混凝土墙体宽度；

（6）断面高度：指模板的垂直高度，包括墙或梁两侧楼板的厚度；

（7）两侧楼板厚度：指墙或梁和板同时浇筑时，墙或梁两侧楼板的厚度；如墙或梁混凝土初凝完成后浇筑楼板混凝土，此处可设为 0；

（8）内龙骨支撑数量：支设方式为内龙骨为水平向、外龙骨为竖直向时，需要输入此项参数。是指在整个支设模板的竖向高度范围内，有多少根水平设置的内龙骨。用户可根据模板高度和预设内龙骨间距计算出内龙骨支撑数量；

（9）内龙骨间距：支设方式为内龙骨为竖直向、外龙骨为水平向时，需要输入此项参数。如面板为胶合板时，内龙骨间距一般不超过300mm；

（10）对拉螺栓跨度方向间距：指对拉螺栓水平方向的间距。在实际施工时，对拉螺栓应作为外龙骨的约束存在，外龙骨间距与对拉螺栓跨度方向间距一致；

（11）对拉螺栓道数：指在竖直方向内对拉螺栓设置道数；

（12）对拉螺栓竖向间距：指上下相邻两根对拉螺栓在竖直方向的距离。此参数和对拉螺栓道数应保持对应，输入时用“，”隔开，末尾的数后无需输入“，”；

（13）内龙骨：包括龙骨材料的选择和截面类型的选择或输入，先选龙骨材料，可点击木方▾，弹出如图4.6所示对话框，在此对话框里选择材料即可，然后用类似的操作方法得到截面类型。如材料是木方或方钢管时，截面特性需手动输入；

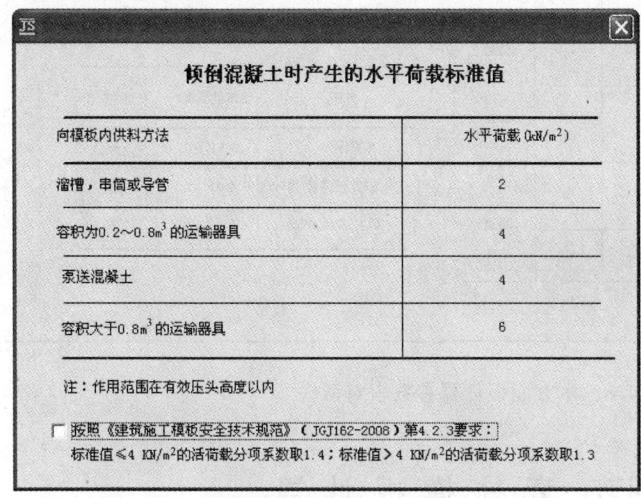

倾倒混凝土时产生的水平荷载标准值

向模板内供料方法	水平荷载（kN/m²）
溜槽，串筒或导管	2
容积为0.2～0.8m³的运输器具	4
泵送混凝土	4
容积大于0.8m³的运输器具	6

注：作用范围在有效压头高度以内

按照《建筑施工模板安全技术规范》（JGJ162-2008）第4.2.3要求：标准值≤4 KN/m²的活荷载分项系数取1.4；标准值＞4 KN/m²的活荷载分项系数取1.3

图4.5 新浇混凝土侧压力计算参数对话框

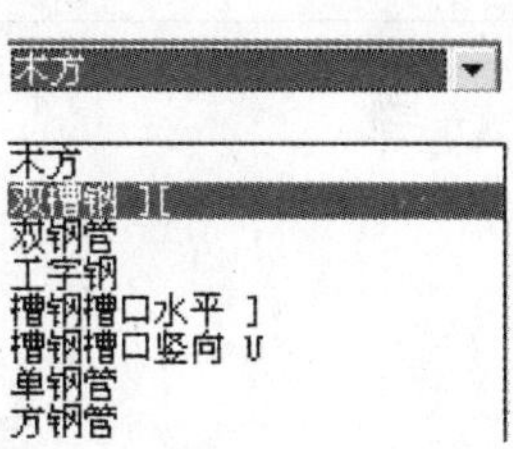

图4.6 龙骨材料对话框

（14）外龙骨：和内龙骨相同；

（15）木方面板材料参数：用户可根据所用材料的实际情况输入相关参数（如图4.7）。同时，软件提供了相关参数的参照范围，点击 参数表 ，即可弹出各种材质的力学性能参数表，见图4.8。

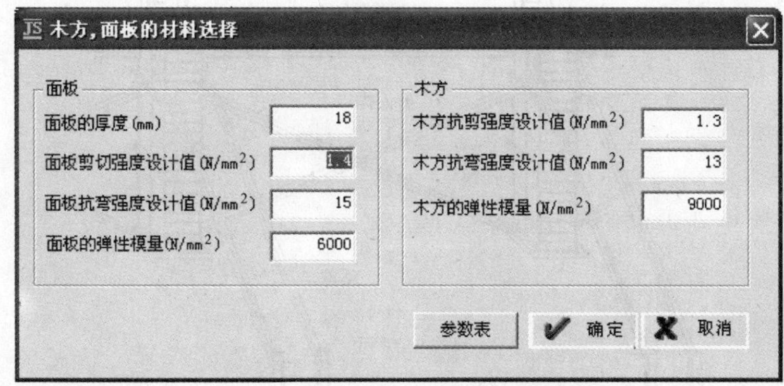

图4.7 木方面板计算参数对话框

所有计算参数全部输入正确后，可以自动进行墙梁模板的计算，得到相应的标准计算书（Word格式），供施工组织设计使用。

参数表

木材的强度设计值和弹性模量(N/mm^2)

强度等级	组别	适用树种	抗弯 fm	顺纹抗剪 fv	弹性模量 E
TC17	A	柏木 长叶松 湿地松 粗皮落叶松	17	1.7	10000
	B	东北落叶松 欧洲赤松 欧洲落叶松	17	1.6	
TC15	A	铁杉 油杉 太平洋海岸黄柏 花旗松一落叶松 西部铁杉南方松	15	1.6	10000
	B	鱼鳞云杉 西南云杉 南亚松	15	1.5	
TC13	A	柚松 新疆落叶松 云南松 马尾松 扭叶松 北美落叶松 海岸松	13	1.5	10000
	B	红皮云杉 丽江云杉 樟子松 红松 西加云杉 俄罗斯红松 欧洲云杉 北美山地云杉 北美短叶松	13	1.4	9000
TC11	A	西北云杉 新疆云杉 北美黄松 云杉一松一冷杉 铁一冷杉 东部铁杉 杉木	11	1.4	9000
	B	冷杉 速生杉木 速生马尾松 新西南辐射松	11	1.2	

钢面板及钢楞材料强度设计值及弹性模量(MPa)

Q235组别	抗拉，抗压和抗弯强度 f	抗剪强度 fv	端面承压 fce	弹性模量 E×1000
1	215	125	320	206
2	200	115	320	206
3	190	110	320	206

胶合板纵向弯曲强度与弹性模量(N/mm^2)

树种	弹性模量	弯曲强度
柳安	3.5×10^3	25
马尾松,云南松,落叶松	4.0×10^3	30
桦木,克隆,阿必	4.5×10^3	35

图 4.8 木方面板计算参数表对话框

第四节 直柱模板计算

混凝土柱由于对外观几何尺寸要求较高，所以支模精度要求亦高，并且，由于要承受较大荷载——混凝土侧压力，为了保持模板在此压力下不产生高于混凝土外观尺寸要求的变形，经常需采用对拉螺栓。当不能使用对拉螺栓时，往往使柱箍过于密集而不经济。

为了保证混凝土柱的空间位置，柱模板还须设置可靠的斜撑或斜拉。见图 4.9。

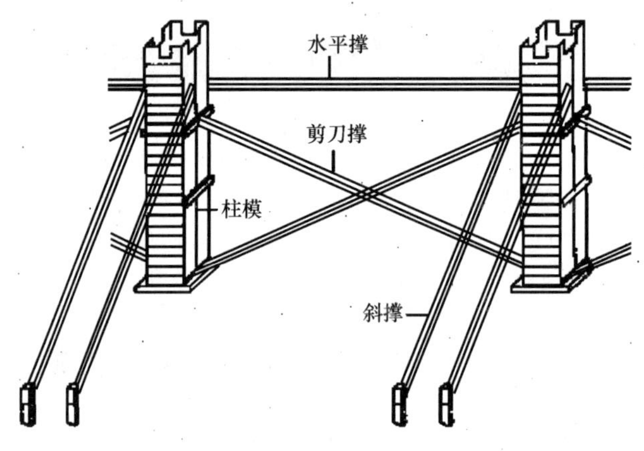

图 4.9 柱模板支撑图

现在工地普遍的柱模板使用胶合板面板，面板外设竖楞（常用标准木方），竖楞外水平方向用柱箍约束，根据柱断面的尺寸，柱箍通常使用木方、双钢管或双槽钢，柱箍使用钢筋或者是对拉螺栓约束，模板的转角部位用对拉螺栓或特定的卡具卡紧，如图 4.10、图 4.11 所示。所以柱模板设计计算时需着重考虑其面板、竖楞及柱箍强度和挠度。

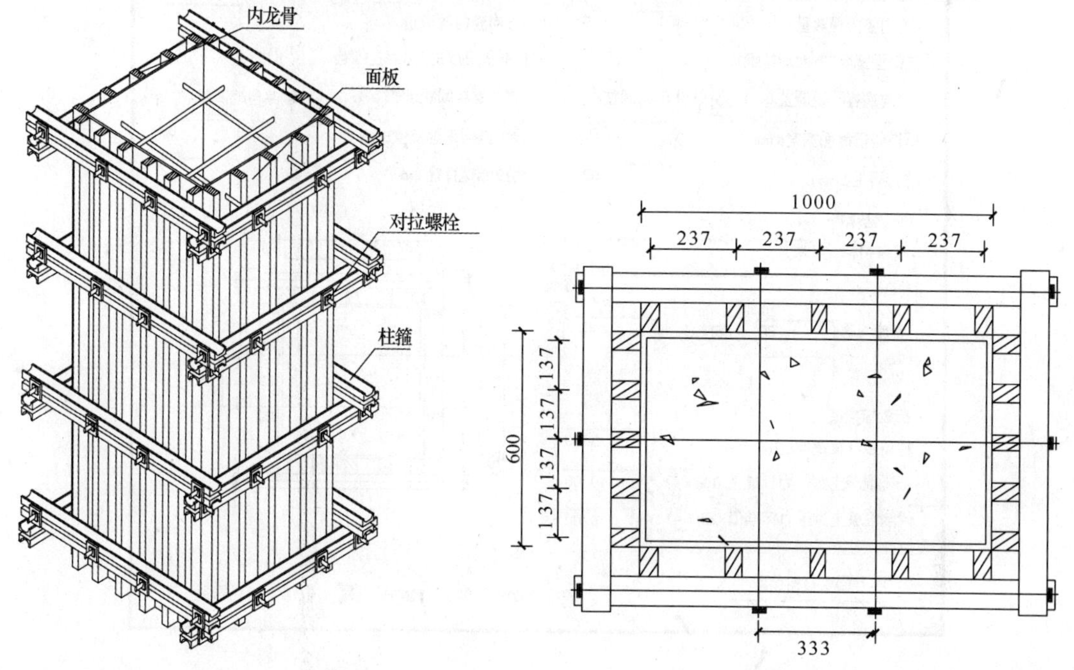

图 4.10　柱模板组合示意图　　　图 4.11　柱模板平面示意图

由于基本组成结构与墙梁侧向模板是一致的，主要荷载也是新浇混凝土侧压力和倾倒混凝土荷载。基本荷载通过面板产生的线荷载传递给竖楞，竖楞以集中荷载的形式传递给柱箍，柱箍的支座力作为对拉螺栓的拉力。所以，面板计算以竖楞为支座按三跨连续梁进行计算；竖楞以柱箍作为支座按三跨连续梁进行计算；柱箍按竖楞传递给柱箍的集中荷载按实际多跨梁进行计算，最后验算对拉螺栓。整个完整的计算过程与墙梁侧模板是一致的，就不再详细赘述了。

第五节　PKPM施工安全计算软件有关柱模板计算的实现

柱模板设计计算参数有两部分，由荷载标准值参数、柱模板构造参数和材料参数组成（见图 4.12）。

荷载标准值参数包括柱荷载计算高度、新浇混凝土侧压力标准值和倾倒混凝土侧压力标准值三个参数。小断面柱模板构造参数包括面板材料、柱截面宽度、柱截面高度 B 和 H 方向竖楞数量、柱截面宽度 B 和 H 方向对拉螺栓个数、B 和 H 方向螺栓间距调整、模板竖楞截面宽度、模板竖楞截面高度、柱箍间距。柱箍参数包括柱箍材料、截面类型。材料参数包括木方、面板材料参数。

柱模板基本参数与前面大致相同，只是可以选择自动和手动布置对拉螺栓间距调整，如图 4.13 所示。

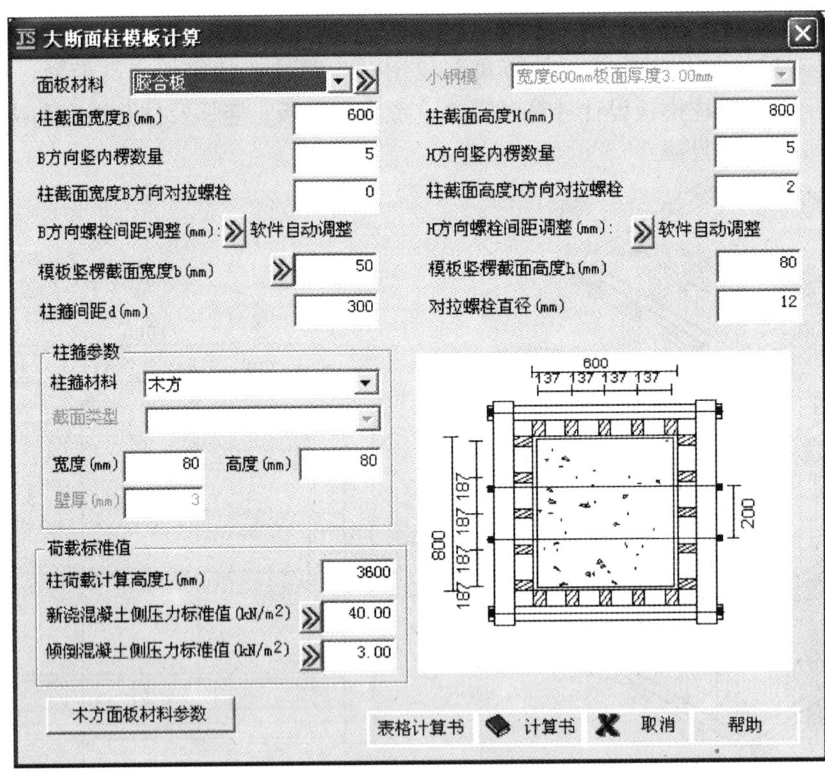

图 4.12　柱模板计算参数对话框

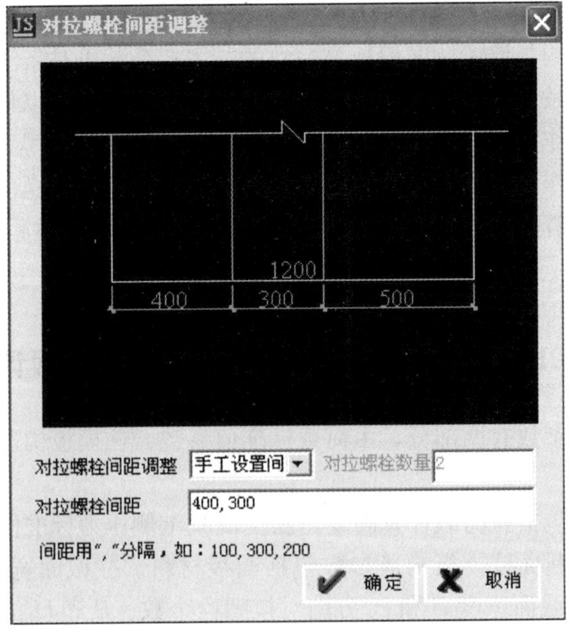

图 4.13　对拉螺栓间距调整对话框

所有计算参数全部输入正确后，可以自动进行柱模板的计算，得到相应的标准计算书(Word 格式)，供施工组织设计使用。

第六节 斜柱模板计算

随着体育场、异形结构的增多，大型混凝土斜柱使用越来越广泛，有必要讨论一下斜柱模板及支撑计算的问题。斜柱的模板计算相对比较麻烦，由于斜柱断面属外倾式，其模板支架在混凝土拌合料、钢筋、模板重量及施工荷载作用下，产生外倾力，故模板支架的设计应满足强度、稳定、刚度及抗位移的要求，保证模板支撑体系的稳定和变形控制。

斜柱的模板计算需要与支撑系统计算联合考虑，所以计算的结构体系主要荷载包括恒荷载、活荷载、风荷载等。其中恒荷载包括脚手架杆件自重、脚手板自重、钢筋混凝土自重、混凝土模板自重等；活荷载包括倾倒混凝土产生的荷载，以及施工作业人员的荷载；风荷载根据《建筑结构荷载规范》(GB 50009—2001) 和《建筑施工扣件式钢管脚手架安全技术规范》(JGJ 130—2001) 选取。

PKPM 施工安全计算软件提供了通用的二维结构计算软件计算复杂支撑等结构，结构形式由用户用交互画图建模的方式输入，用参数定义各种类型的钢管、型钢截面，输入布置外加的恒载、活载、风载等，如图 4.14 所示。

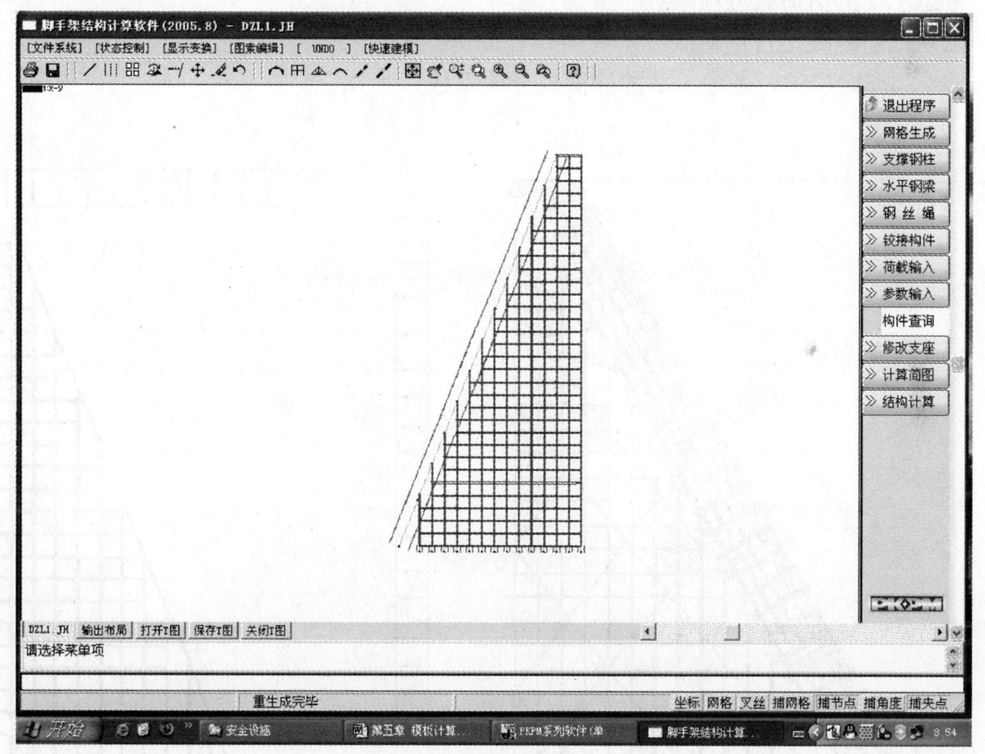

图 4.14 PKPM 复杂支撑体系二维结构计算软件

以某体育场斜柱支撑计算为例，1000mm×1000mm 斜方钢管柱，柱长 18m，倾角 68 度，14mm 厚度方钢管内浇筑混凝土，考虑模板与支撑架一体的受力体系。施工阶段连续浇注，没有其他支撑，完全靠扣件钢管架支撑，支撑架布置，采用十榀支撑架，斜柱主要由两榀承重，柱下四榀纵向间距 600mm，两侧各三榀纵向间距 1200mm；横向间距和步距都为 600mm。背面斜龙骨为 2 根 12 号槽钢，如图 4.15 所示。

根据钢管斜柱的截面和脚手架横向、纵向间距，钢管柱由两榀支撑，不考虑支座变形。钢管斜柱的荷载计算如下：

(1) 风荷载

基本风压取 $w_0=0.45\text{kN/m}^2$；[《建筑结构荷载规范》(GB 50009—2001)]

风荷载标准值应按照以下公式计算［《建筑施工扣件式钢管脚手架安全技术规范》(JGJ 130—2001)］

$$w_k=0.7\mu_z \cdot \mu_s \cdot w_0$$

其中 w_0——基本风压 (kN/m^2)，$w_0=0.45\text{kN/m}^2$；

μ_z——风荷载高度变化系数，按照 50m 高和城市郊区的地面粗糙度计算，取 1.67；

μ_s——风荷载体型系数，取 1.3；

经计算得到，风荷载标准值

$$w_k=0.7\times1.67\times1.3\times0.45=0.68\text{kN/m}^2$$

考虑 1.4 的活荷载分项系数。

(2) 钢筋混凝土自重荷载

$q_0=25.5\text{kN/m}^3$，考虑 1.2 的静荷载分项系数。

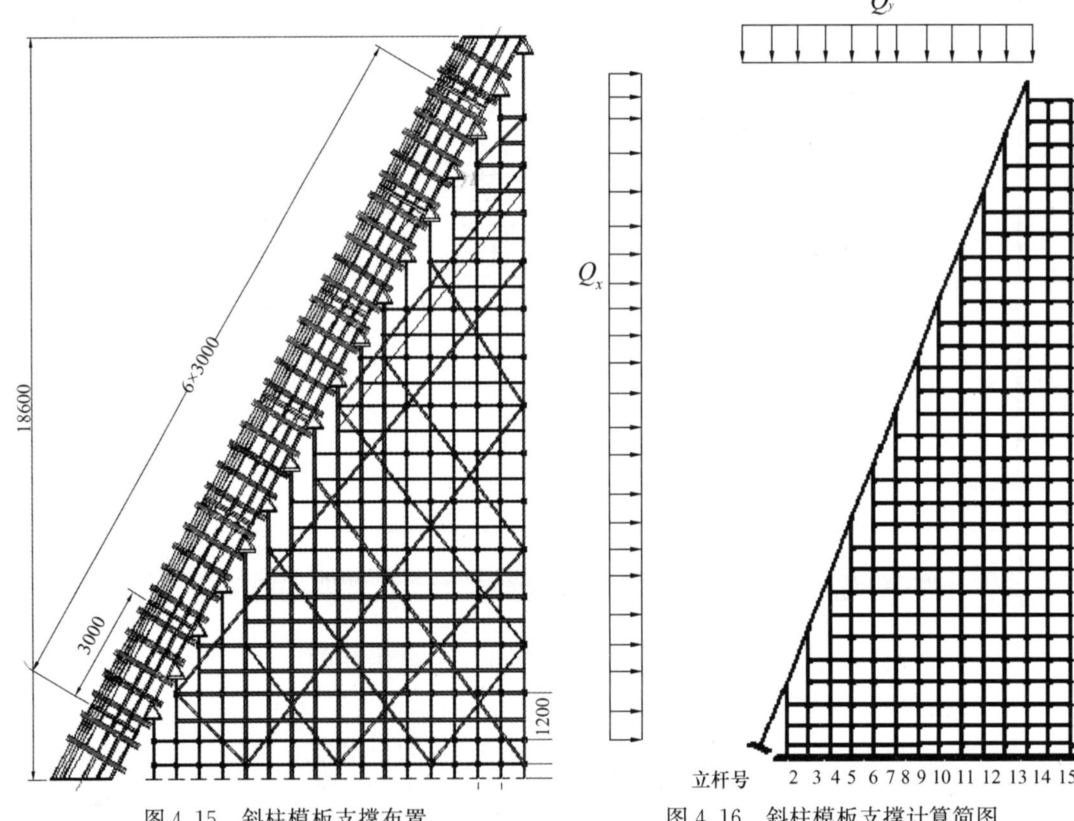

图 4.15 斜柱模板支撑布置

图 4.16 斜柱模板支撑计算简图

(3) 14mm厚度钢管的自重荷载

$q_1=4\times0.014\times1.0\times78=4.37$kN/m，考虑1.2的静荷载分项系数。

以下的计算是建立在一榀框架、不考虑支撑的支座变形、计算单元按照两榀支撑的距离0.5m考虑的条件下。

水平荷载 $Q_x=1.4\times0.68\times0.5=0.5$kN/m

垂直荷载，计算中14mm厚度钢管的自重可以在PKPM软件中考虑，并且软件中不考虑实际布置两榀，这样钢管自重计算了两倍，可以在混凝土自重荷载计算中减去这部分自重，于是有 $Q_y=1.2\times25.5\times0.5-1.2\times4.37\times0.5=12.7$kN/m

利用PKPM施工安全计算的复杂脚手架计算如图4.16所示。

这样可以方便得到斜柱支撑的变形挠度、立杆的轴向力、连接扣件的滑动力等计算结果，并与各规范要求进行比较，同时还可以得到包括全面计算结果的计算书。

第七节 柱模板支撑计算算例

柱模板的截面宽度1000mm，截面高度1000mm；竖楞截面宽度80mm，高度100mm，间距250mm；柱箍2［10槽钢，间距500mm；面板采用钢面模。计算过程由第五节PKPM施工安全计算软件完成。

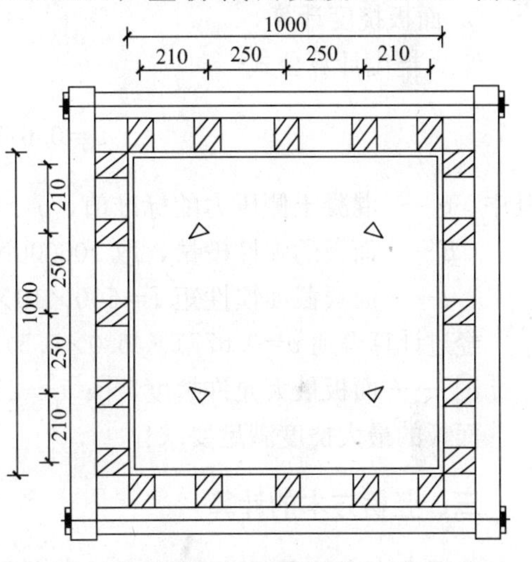

图4.17 柱模板平面示意图

一、柱模板荷载标准值计算

实际计算中采用新浇混凝土侧压力标准值 $F_1=46.0\text{kN/m}^2$

倒混凝土时产生的荷载标准值 $F_2=8.0\text{kN/m}^2$。

二、柱模板面板的计算

面板直接承受模板传递的荷载，应该按照均布荷载下的三跨连续梁计算，计算如下：

1. 面板抗弯强度计算

支座最大弯矩计算公式

$$M_1=-0.10qd^2$$

跨中最大弯矩计算公式

$$M_2=0.08qd^2$$

其中 q——强度设计荷载（kN/m）；

$$q=(1.2\times46.0+1.4\times8.0)\times0.5=33.2\text{kN/m}$$

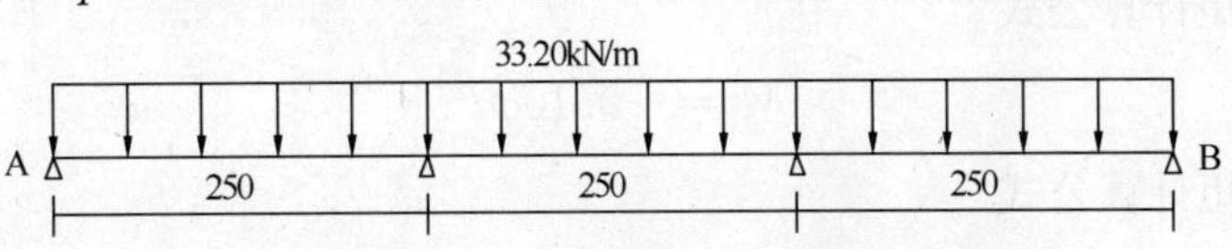

图4.18 柱模板面板计算图

d——竖楞的距离，$d=250$mm；

经过计算得到最大弯矩 $M=0.10\times33.2\times0.25\times0.25=0.208$kN·m

面板截面抵抗矩 $W=500\times10\times10/6=8333.3\text{mm}^3$

经过计算得到 $f=M/W=0.208\times10^6/8333.3=24.9\text{N/mm}^2$

面板的抗弯计算强度小于 205.0N/mm²，满足要求！

2. 抗剪计算

最大剪力的计算公式如下：

$$V=0.6qd$$

截面抗剪强度必须满足：

$$T=3V/2bh<[T]$$

其中最大剪力 $V=0.6\times0.25\times33.2=4.98$kN

截面抗剪强度计算值 $T=3\times4980/(2\times500\times10)=1.494\text{N/mm}^2$

截面抗剪强度设计值 $[T]=1.40\text{N/mm}^2$

面板的抗剪强度计算不满足要求！

3. 面板挠度计算

最大挠度计算公式

$$v=0.677\frac{qd^4}{100EI}\leqslant[v]$$

其中 q——混凝土侧压力的标准值，$q=46.0\times0.5=23.0$kN/m；

E——面板的弹性模量，取 206000N/mm^2；

I——面板截面惯性矩 $I=500\times10\times10\times10/12=41666.7\text{mm}^4$；

经过计算得到 $v=0.677\times(46.0\times0.5)\times250^4/(100\times206000\times41666.7)=0.071$mm；

$[v]$——面板最大允许挠度，$[v]=250.0/250=1.00$mm；

面板的最大挠度满足要求！

三、竖楞方木的计算

竖楞方木直接承受模板传递的荷载，应该按照均布荷载下的三跨连续梁计算如图 4.19 所示，计算如下

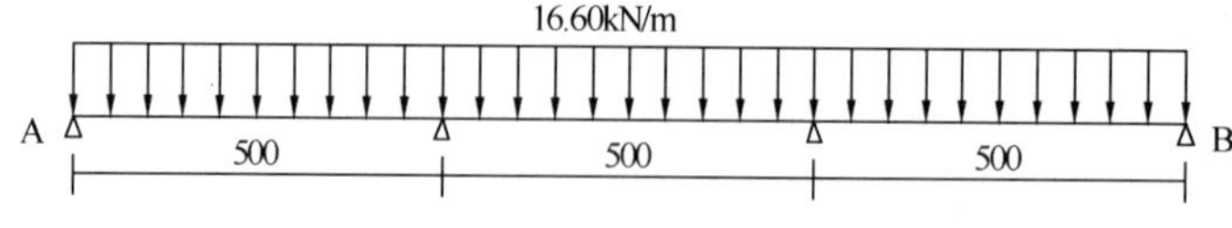

图 4.19 竖楞计算简图

1. 竖楞方木抗弯强度计算

支座最大弯矩计算公式

$$M_1=-0.10qd^2$$

跨中最大弯矩计算公式

$$M_2=0.08qd^2$$

其中　q——强度设计荷载（kN/m）；

$q=(1.2\times 46.0+1.4\times 8.0)\times 0.25=16.6\text{kN/m}$

d——柱箍的距离，$d=500\text{mm}$；

经过计算得到最大弯矩 $M=0.1\times 16.6\times 0.5\times 0.5=0.415\text{kN}\cdot\text{m}$

竖楞方木截面抵抗矩　$W=80.0\times 100.0\times 100.0/6=133333.3\text{mm}^3$

经过计算得到　$f=M/W=0.415\times 10^6/133333.3=3.112\text{N/mm}^2$

竖楞方木的抗弯计算强度小于 13.0N/mm²，满足要求！

2. 竖楞方木抗剪计算

最大剪力的计算公式如下：

$$V=0.6qd$$

截面抗剪强度必须满足：

$$T=3V/2bh<[T]$$

其中最大剪力　$V=0.6\times 0.500\times 16.600=4.980\text{kN}$

截面抗剪强度计算值　$T=3\times 4980/(2\times 80\times 100)=0.934\text{N/mm}^2$

截面抗剪强度设计值　$[T]=1.30\text{N/mm}^2$

竖楞方木抗剪强度计算满足要求！

3. 竖楞方木挠度计算

最大挠度计算公式

$$v=0.677\frac{qd^4}{100EI}\leqslant[v]$$

其中　q——混凝土侧压力的标准值，$q=46.0\times 0.25=11.5\text{kN/m}$；

E——竖楞方木的弹性模量，取 9500N/mm²；

I——竖楞方木截面惯性矩 $I=80\times 100\times 100\times 100/12=6666666.7\text{mm}^4$；

经过计算得到　$v=0.677\times(46.0\times 0.25)\times 500^4/(100\times 9500\times 6666666.7)=0.077\text{mm}$

$[v]$——竖楞方木最大允许挠度，$[v]=500.0/250=2.0\text{mm}$；

竖楞方木的最大挠度满足要求！

四、柱箍的计算

本算例中如图 4.20 所示，柱箍采用钢楞，截面惯性矩 I 和截面抵抗矩 W 分别为：

钢柱箍截面抵抗矩 $W=39.70\text{cm}^3$；

钢柱箍截面惯性矩 $I=198.30\text{cm}^4$；

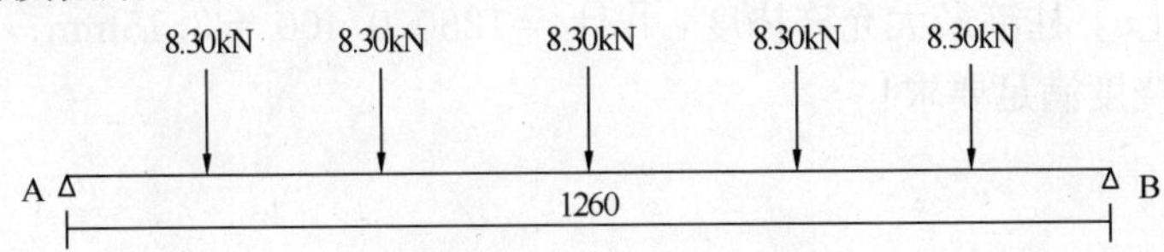

图 4.20　柱箍计算简图

其中　P——竖楞方木传递到柱箍的集中荷载（kN）；

$$P=(1.2\times46.0+1.4\times8.0)\times0.25\times0.5=8.3\text{kN}$$

经过连续梁的计算得到（如图 4.21～图 4.23 所示）

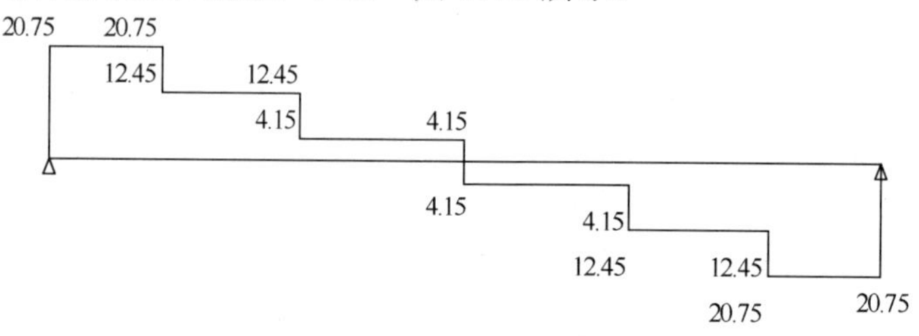

图 4.21　柱箍剪力图（kN）

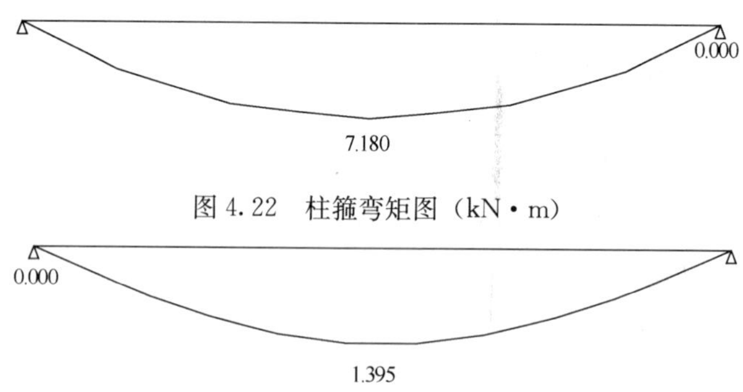

图 4.22　柱箍弯矩图（kN·m）

图 4.23　柱箍变形图（mm）

最大弯矩 $M=7.180\text{kN}\cdot\text{m}$；最大支座力 $N=20.750\text{kN}$；最大变形 $v=1.395\text{mm}$。

1. 柱箍抗弯强度计算

柱箍截面抗弯强度计算公式

$$\frac{M_x}{\gamma_x W}\leqslant f$$

其中　M_x——柱箍杆件的最大弯矩设计值，$M_x=7.18\text{kN}\cdot\text{m}$；

γ_x——截面塑性发展系数，为 1.05；

W——弯矩作用平面内柱箍截面抵抗矩，$W=79.4\text{cm}^3$。

柱箍的抗弯强度设计值（N/mm^2）：$[f]=205.0\text{N/mm}^2$；

柱箍的抗弯强度计算值 $f=90.42\text{N/mm}^2$；

柱箍的抗弯强度验算满足要求！

2. 柱箍挠度计算

经过计算得到 $v=1.395\text{mm}$

$[v]$ 柱箍最大允许挠度，$[v]=1260.0/400=3.15\text{mm}$；

柱箍的最大挠度满足要求！

第五章　卸　料　平　台

卸料平台在建筑施工现场广泛应用，为高处施工作业提供了便利条件，同时卸料平台的坠落也是最容易出现的工程事故之一，近年来全国各工地多有发生。卸料平台出现工程事故主要是由于搭设不规范、结构未经设计计算、平台与脚手架相连接不规范、用溜槽代替卸料平台等问题引起的，给施工现场安全生产埋下了事故隐患。

卸料平台通常包括落地式卸料平台和悬挑式卸料平台，结构构造可参考《建筑施工高处作业安全技术规范》（JGJ 80—91）的相关内容，但必须结合工程实际，依据相应规范进行设计和施工，按照实际使用荷载设计计算。

卸料平台顶部必须按临边作业要求设置防护栏杆和挡脚板，上杆高度为1.2m，下杆高度为0.6m，挡脚板高度不低于180mm，栏杆自上而下加挂密目安全网。卸料平台上在显著位置标明容许荷载值，平台上的施工人员和物料的总重量，严禁超过设计的容许荷载。

第一节　悬挑式卸料平台

悬挑式卸料平台最普遍做法是选择槽钢或工字钢作为主梁和次梁（通常我们称上层槽钢或工字钢为次梁，下层槽钢或工字钢为主梁），上铺厚度不小于50mm的木板，并以螺栓与槽钢或工字钢相固定。卸料平台需要预埋两道预埋件，与建筑物结构分别连接牢固。钢丝绳上部拉结点连接件位于建筑物结构上，而不能设置在脚手架等施工设备上，构造上应两边各设前后两道钢丝绳。

一、第一种形式悬挑式卸料平台设计计算

在《建筑施工高处作业安全技术规范》（JGJ 80—91）中，给出了如图5.1所示的标准悬挑式卸料平台构造图，悬挑式钢平台可以槽钢作次梁与主梁，上铺厚度不小于50mm的木板，并以螺栓与槽钢相固定，两主梁布置方向平行建筑物外立面。

结构设计计算考虑荷载的传递过程，按照主次梁受力体系，为安全起见，按里侧第二道钢丝绳不起作用，里侧槽钢亦不起作用计算。计算基本内容如下：

1. 次梁计算

恒荷载包括次梁的自重，铺板自重0.4kN/m^2；材料最大堆放荷载按照施工活荷载考虑，参照取1.5kN/m^2。次梁承受均布荷载考虑，按照带悬臂的简支梁计算，两个铰支点分别为与建筑物的连接点和外侧钢丝绳拉结点，外侧钢丝绳拉结点以外的长度为悬臂段，计算如下：

$$M=\frac{1}{8}ql^2\ (1-\lambda^2)^2 \qquad (5.1)$$

式中　λ——悬臂比值，$\lambda=m/l$；

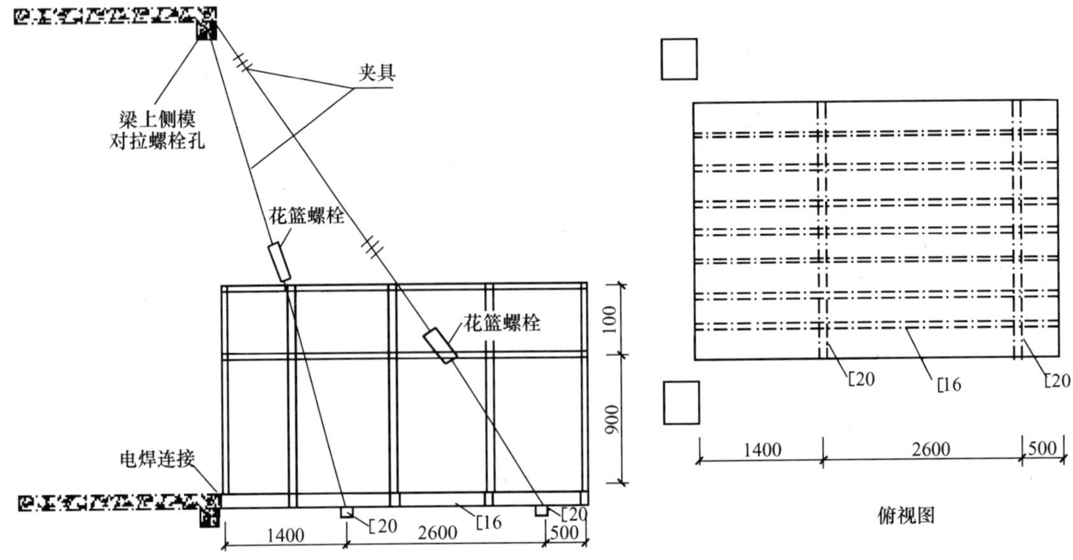

图 5.1 悬挑卸料平台平面图

m——悬臂长度（m）；

l——次梁两个铰支点间的长度（m）。

按照下面公式计算次梁抗弯强度：

$$\sigma=\frac{M}{\gamma_x W_x}\leqslant[f] \tag{5.2}$$

式中 γ_x——截面塑性发展系数，取 1.05；

$[f]$——钢材抗弯强度设计值，$[f]=215\text{N/mm}^2$。

如果使用过程中有集中荷载，则应该考虑集中荷载与均布荷载作用下的简支梁计算更安全和准确，在一般情况下可以不考虑集中荷载；如果主次梁不是采用焊接连接方式，还应该按照《钢结构设计规范》(GB 50017—2003) 要求计算次梁整体稳定性。

2. 主梁计算

外侧主梁以钢丝绳吊点作为支承点，按照简支梁计算。将次梁传递的恒荷载和施工活荷载（集中荷载 P），加上主梁自重的恒荷载（均匀荷载 q），按图 5.2 计算简图计算外侧主梁弯矩值。最后按照公式（5.2）计算外侧主梁弯曲强度。

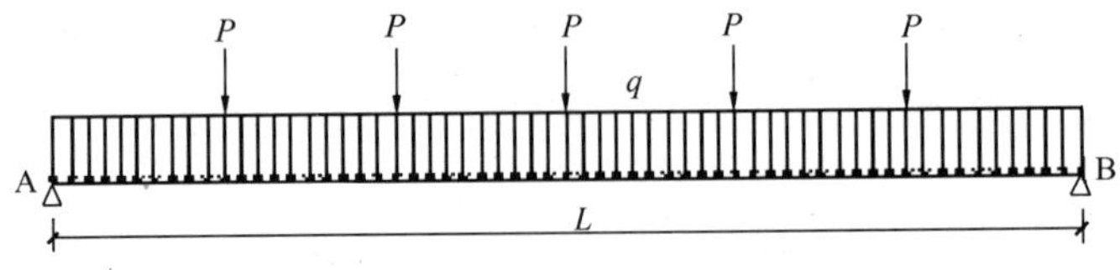

图 5.2 悬挑卸料平台主梁计算简图

二、第二种形式悬挑式卸料平台设计计算

实际上这是施工单位使用更加广泛的悬挑卸料平台设计形式，与上面的不同在于主次钢梁的布置方向正好相反，主钢梁深入到建筑物上（图 5.4）。

1. 次梁计算

恒荷载包括次梁的自重，铺板自重 0.4kN/m²；材料最大堆放荷载按照施工活荷载考虑，参照取 1.5kN/m²。次梁承受均布荷载考虑，按照带悬臂的简支梁计算，两个铰支点分别为与主钢梁拉结点，计算中考虑次梁可能有外伸长度作为悬臂段计算。计算简图如图 5.3 所示。

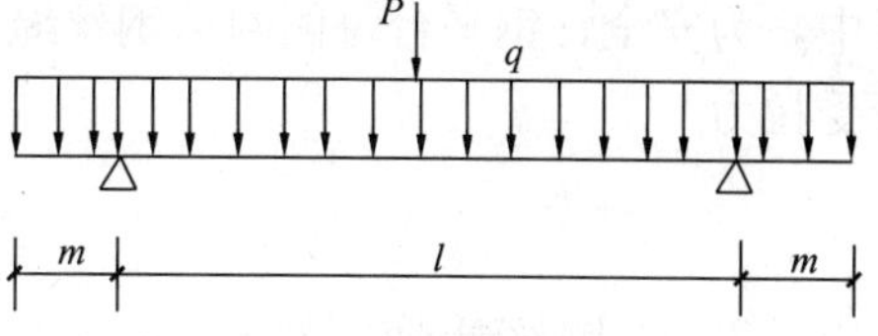

图 5.3　悬挑卸料平台次梁计算简图

最大弯矩 M 的计算公式为

$$M=\frac{ql^2}{8}(1-4m^2/l^2)+\frac{Pl}{4} \tag{5.3}$$

同样，需要按照公式（5.2）计算次钢梁弯曲强度。

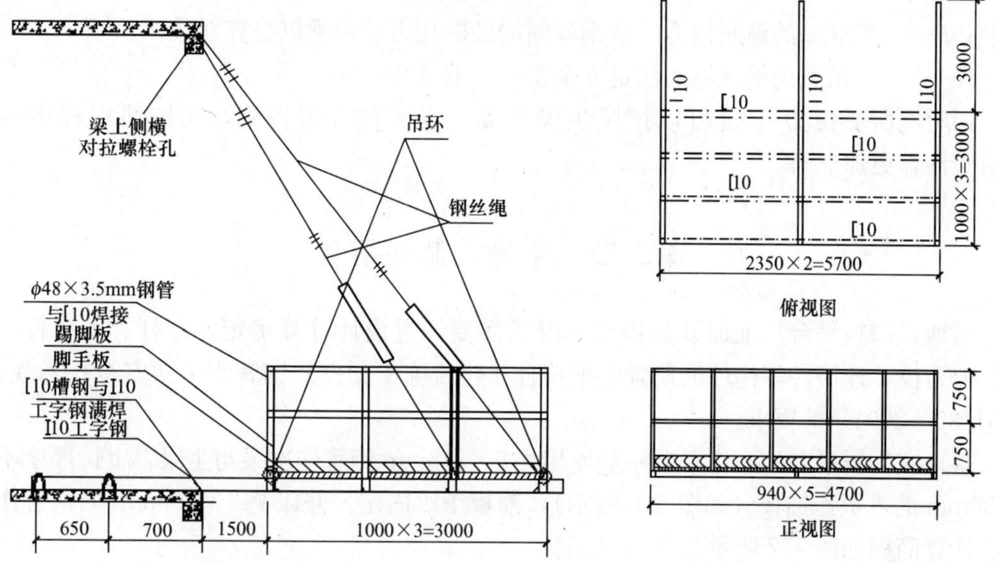

图 5.4　悬挑卸料平台平面图

2. 主梁计算

主梁以钢丝绳吊点作支承点，按照简支梁计算，两个铰支点分别为与建筑物的连接点和外侧钢丝绳拉结点。将次梁传递的恒荷载和施工活荷载（集中荷载 P），加上主梁自重的恒荷载（均匀荷载 q），按图 5.5 计算简图计算外侧主梁弯矩值。最后按照公式（5.2）计算外侧主梁弯曲强度。

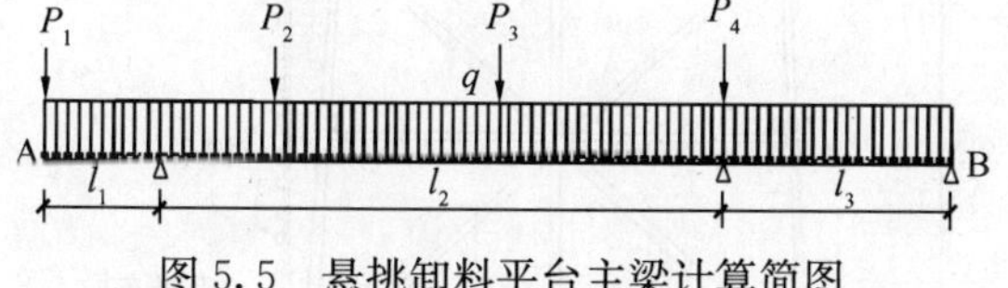

图 5.5　悬挑卸料平台主梁计算简图

在集中荷载作用下，主梁计算需要上面的每道次梁传递的荷载是不均匀的，如图 5.5 所示意 P_1、P_2、P_3、P_4，这样计算比较准确。

三、钢丝绳计算

钢丝绳的取用参照现行的《结构安装工程施工操作规程》（YSJ 404—89）。前面的计

算中，为安全计钢平台每侧两道钢丝绳均以一道受力作验算。钢丝绳按式（5.4）计算其所受拉力

$$T = Ql/2\sin\alpha \tag{5.4}$$

式中 T——钢丝绳所受拉力；

Q——主梁上的均布荷载标准值（包括所有荷载）；

l——主梁计算长度；

α——钢线绳与平台面的夹角。

以钢丝绳拉力按下式验算钢丝绳的安全系数：

$$K = F/T \leqslant [K] \tag{5.5}$$

式中 F——钢丝绳的破断拉力，取钢丝绳的破断拉力总和乘以换算系数；

$[K]$——作吊索用钢丝绳的法定安全系数，取 8.0～10.0。

钢丝绳所受拉力 T 也可以按照主梁计算支点力的分力得到，比按照规程中的式（5.4）计算更加准确。

第二节 落地式卸料平台

落地式卸料平台从地面开始搭设，形式需要经过设计计算确定，立杆、水平杆、斜撑、剪刀撑、连墙件等构件的设置必须符合《建筑施工扣件式钢管脚手架安全技术规范》（JGJ130—2001）的要求。

落地式卸料平台的操作平台一般使用 ϕ48×3.5mm 钢管作次梁与主梁，上铺厚度不小于 30mm 的木板作铺板（如图 5.6 所示），铺板予以固定，并以 ϕ48×3.5mm 的钢管作立柱。计算简图如图 5.7 所示。

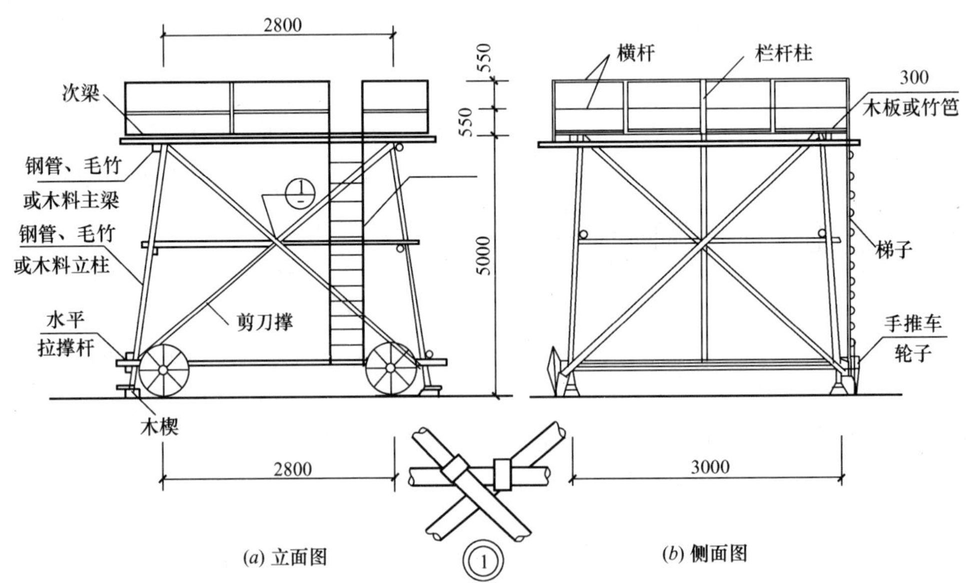

图 5.6 落地式卸料平台立面图

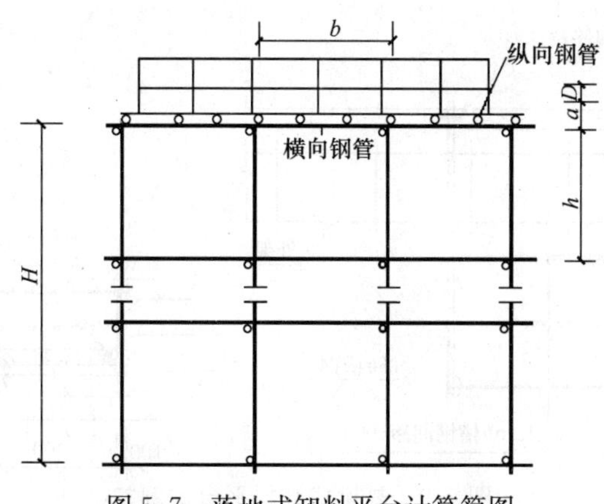

图 5.7　落地式卸料平台计算简图

一、次梁（纵向钢管）计算

恒荷载（永久荷载）包括脚手板与栏杆自重荷载，堆放材料的自重荷载，施工活荷载（可变荷载）通常按 1.5kN/m^2 考虑。计算按照三跨连续梁均布荷载作用下的最大弯矩，并验算钢管的强度与挠度。

二、主梁（横向钢管）计算

主梁计算以立柱为支承点，将次梁传递的恒荷载和施工活荷载通过集中荷载的形式，加上主梁自重的恒荷载，按规范要求采用三跨梁计算最大弯矩，并验算支座部位的扣件抗滑承载力。

三、立柱计算

以上计算中的荷载设计值，恒荷载应按标准值乘以永久荷载分项系数 1.2 取用，活荷载应按标准值乘以可变荷载分项系数 1.4 取用。

第三节　卸料平台施工图例

悬挑式卸料平台施工实例如图 5.8～图 5.12 所示。

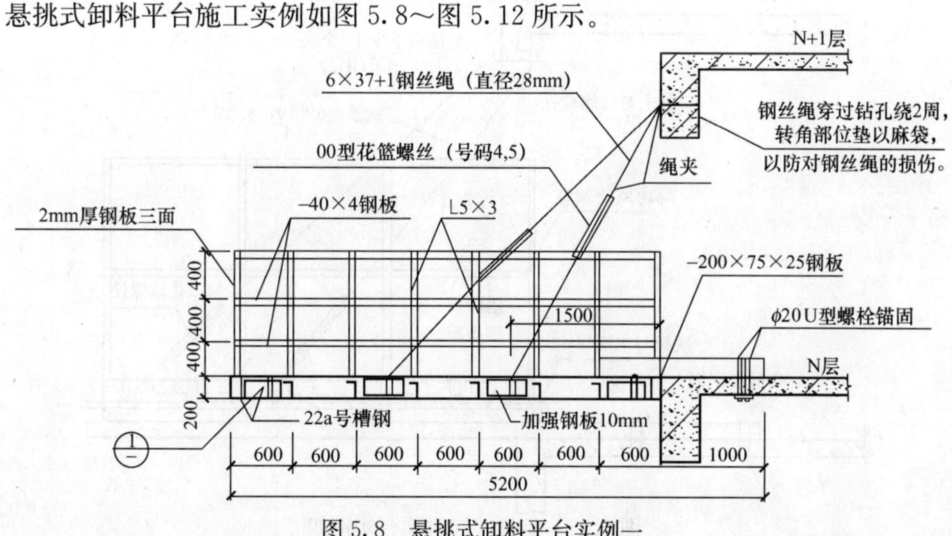

图 5.8　悬挑式卸料平台实例一

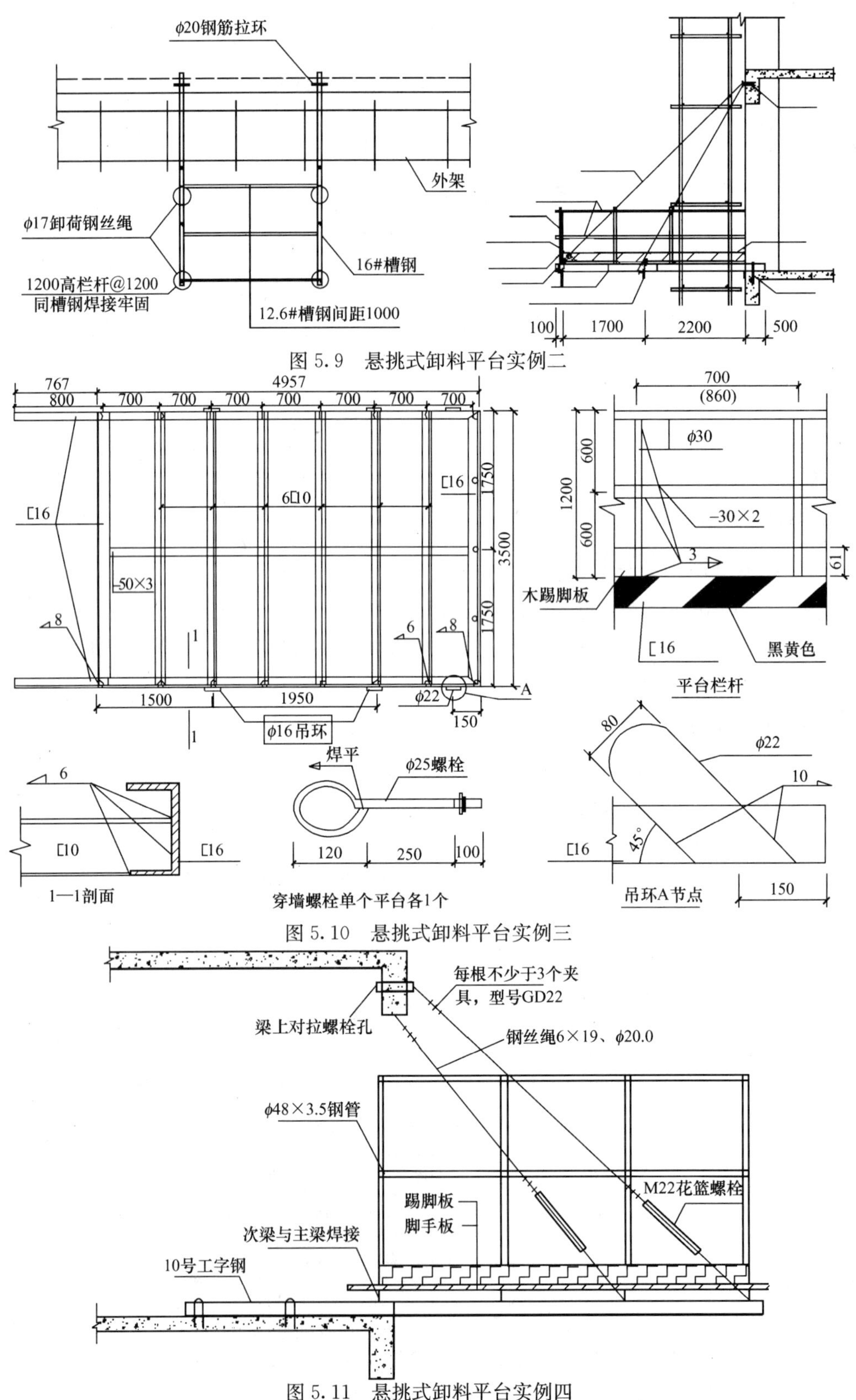

图 5.9 悬挑式卸料平台实例二

图 5.10 悬挑式卸料平台实例三

图 5.11 悬挑式卸料平台实例四

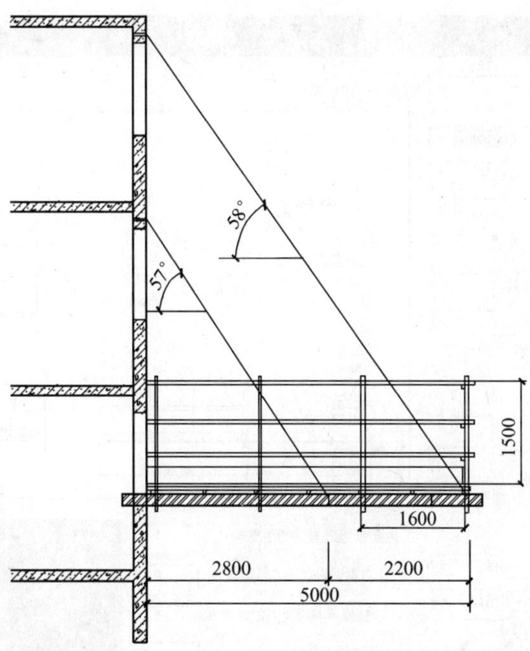

图 5.12　悬挑式卸料平台实例五

第四节　卸料平台计算的软件实现

悬挑式卸料平台计算参数对话框见图 5.13，落地式卸料平台计算参数对话框见图 5.14。

(1) 脚手板自重 (kN/m²)：参考《建筑施工扣件式钢管脚手架安全技术规范》(JGJ130—2001)，规范给出了冲压钢脚手板、竹串片脚手板、木脚手板、竹笆板和九层胶合板的标准值，分别为 0.3、0.35、0.35、0.3 和 0.3；

(2) 栏杆自重 (kN/m)：参考《建筑施工扣件式钢管脚手架安全技术规范》(JGJ130—2001)，规范给出了栏杆冲压钢脚手板、栏杆竹串片脚手挡板、栏杆木脚手挡板、竹笆板和五层胶合板的标准值，分别为 0.11、0.14、0.14、0.15 和 0.15；

(3) 容许承载力均布荷载 (kN/m²)：卸料平台上面允许堆放的均布荷载；

(4) 最大堆放集中荷载 (kN)：考虑最不利情况时的集中荷载参数；

(5) 水平钢梁的悬挑长度 (m)：水平钢梁露在建筑物主体结构以外的部分；

(6) 水平钢梁的锚固长度 (m)：水平钢梁与建筑物主体结构的连接点，距离水平钢梁与楼板连接锚固点（如果两锚固点，选择距离比较近的）的长度；

(7) 计算宽度 (m)：两根水平悬挑主钢梁之间的长度；

(8) 水平钢梁的截面特征：参数表提供了多种型号主、次热轧工字钢及槽钢梁可供选择；

(9) 梁槽钢间距 (m)：主钢梁上铺设的次梁槽钢距离；

(10) 次梁槽钢悬挑臂：次梁槽钢平行于建筑物外墙挑出主梁两侧的长度；

(11) 钢丝绳的规格型号和公称抗拉强度的选择：可以依据实际所用进行选择；

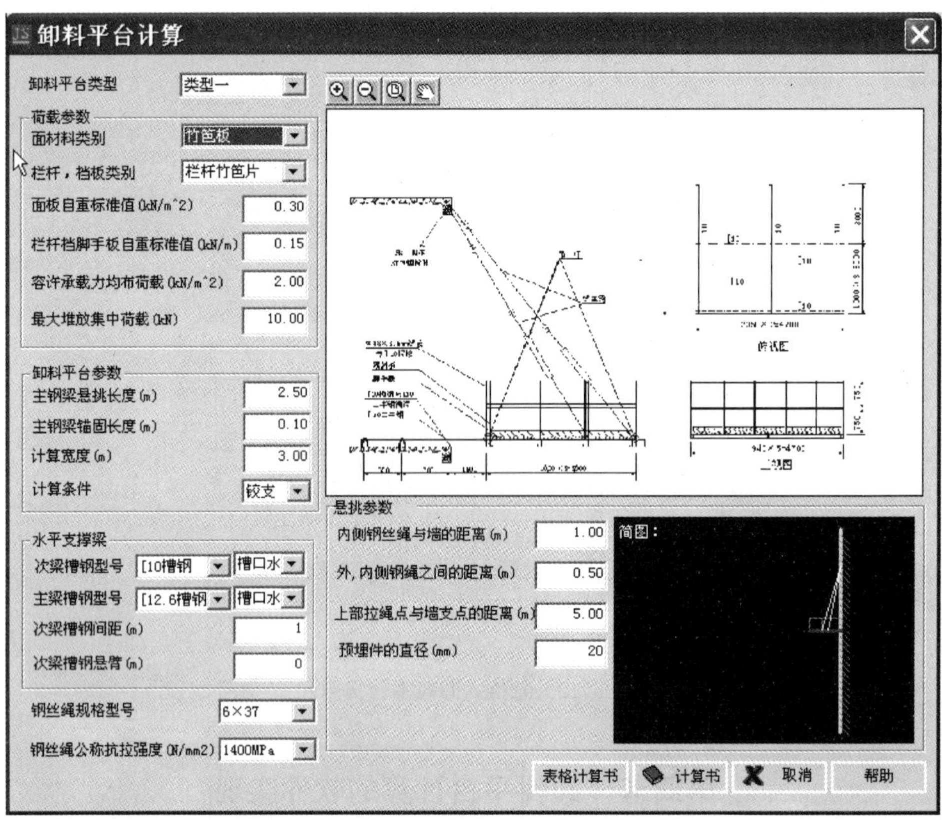

图 5.13 悬挑式卸料平台计算参数对话框

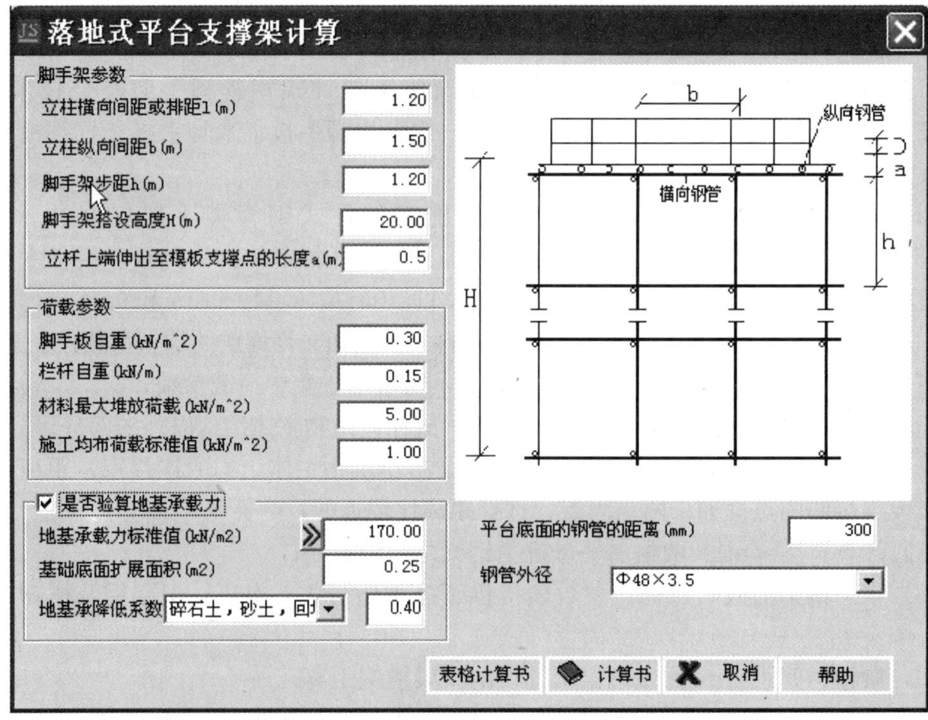

图 5.14 落地式卸料平台计算参数对话框

（12）内侧钢丝绳与墙体的距离（m）：第一排钢丝绳距建筑物外墙的水平距离；

（13）外侧钢丝绳与内侧钢丝绳之间距离（m）：钢丝绳之间的水平距离；

（14）上部拉绳点与墙支点之间距离（m）：上部拉绳的吊点到悬挑梁的垂直距离；

（15）计算条件：当水平梁与建筑物主体结构采用螺栓或钢筋与楼板相连接时，采用铰接计算，这时水平钢梁的锚固长度参数必须大于0，并且需要选择预埋件的直径；当水平钢梁与建筑物主体结构的预埋件采取焊接连接时，采用固接计算，这时水平钢梁的锚固长度参数必须等于0。

第五节　卸料平台算例分析

悬挑卸料平台如图5.4所示，平台水平钢梁（主梁）的悬挑长度4.0m，插入结构锚固长度1.0m，悬挑水平钢梁间距（平台宽度）3.00m。次梁采用［10号槽钢，主梁采用［12.6号槽钢。次梁间距1.0m，与主梁焊接连接。容许承载力均布荷载2.0kN/m^2，考虑最大堆放材料荷载2.0kN。脚手板自重荷载取0.3kN/m^2，栏杆自重荷载取0.15kN/m。选择6×37钢丝绳，外侧钢丝绳距离主体结构3.5m，两道钢丝绳距离1.0m，外侧钢丝绳吊点距离平台5.0m。经过第四节PKPM施工安全计算软件得到以下计算过程：

一、次梁的计算

次梁选择［10号槽钢，其截面特性为面积A=12.74cm^2，惯性距I_x=198.30cm^4，转动惯量W_x=39.70cm^3，回转半径i_x=3.95cm，截面尺寸b=48.0mm，h=100.0mm，t=8.5mm

1. 荷载计算

（1）面板自重标准值：标准值为0.3kN/m^2

$$Q_1=0.3\times1.0=0.3\text{kN/m}$$

（2）最大容许均布荷载为2.0kN/m^2

$$Q_2=2.0\times1.0=2.0\text{kN/m}$$

（3）型钢自重荷载Q_3=0.1kN/m

经计算得到，均布荷载计算值$q=1.2\times(Q_1+Q_3)+1.4\times Q_2=1.2\times(0.3+0.1)+1.4\times2.0=3.28$kN/m，集中荷载计算值$P=1.4\times2.0=2.8$kN

2. 内力计算

内侧钢丝绳不计算，计算简图如图5.3所示，最大弯矩计算参照式（5.3），经计算得到$M=3.28\times3.0^2/8+2.8\times3.0/4=5.79$kN·m

3. 抗弯强度计算

抗弯强度计算参照式(5.2)，经过计算得到强度$\sigma=5.79\times10^6/(1.05\times39700)=138.83$N/mm^2

次梁的抗弯强度计算$\sigma<[f]$，满足要求！

4. 整体稳定性计算(主次梁焊接成整体此部分可以不计算)

$$\sigma=\frac{M}{\phi_b W_x}\leqslant[f]$$

其中　ϕ_b——均匀弯曲的受弯构件整体稳定系数，按照下式计算：

$$\phi_b = \frac{570tb}{l\,h} \cdot \frac{235}{f_y}$$

经过计算得到 $\phi_b=570\times8.5\times48.0\times235/(3000.0\times100.0\times235.0)=0.78$

由于 ϕ_b 大于 0.6，按照《钢结构设计规范》(GB 50017—2003)附录 B 用 ϕ'_b查表得到其值为 0.699；

经过计算得到强度 $\sigma=5.79\times10^6/(0.699\times39700.00)=208.40\text{N/mm}^2$；

次梁的稳定性计算 $\sigma<[f]$，满足要求！

二、主梁的计算

主梁[12.6 号槽钢，其截面特性为面积 $A=15.69\text{cm}^2$，惯性距 $I_x=391.50\text{cm}^4$，转动惯量 $W_x=62.14\text{cm}^3$，回转半径 $i_x=4.95\text{cm}$，截面尺寸 $b=53.0\text{mm}$，$h=126.0\text{mm}$，$t=9.0\text{mm}$

1. 荷载计算

(1) 栏杆自重标准值：标准值为 0.15kN/m

$$Q_1=0.15\text{kN/m}$$

(2) 型钢自重荷载 $Q_2=0.12\text{kN/m}$

经计算得到，静荷载计算值 $q=1.2\times(Q_1+Q_2)=1.2\times(0.15+0.12)=0.33\text{kN/m}$

经计算得到，各次梁集中荷载取次梁支座力，分别为

$P_1=[(1.2\times0.3+1.4\times2.0)\times0.5\times3.0/2+1.2\times0.1\times3.0/2]=2.55\text{kN}$

$P_2=[(1.2\times0.3+1.4\times2.0)\times1.0\times3.0/2+1.2\times0.1\times3.0/2]=4.92\text{kN}$

$P_3=[(1.2\times0.3+1.4\times2.0)\times1.0\times3.0/2+1.2\times0.1\times3.0/2]+2.80/2=6.32\text{kN}$

$P_4=[(1.2\times0.3+1.4\times2.0)\times1.0\times3.0/2+1.2\times0.1\times3.0/2]=4.92\text{kN}$

$P_5=[(1.2\times0.3+1.4\times2.0)\times0.5\times3.0/2+1.2\times0.1\times3.0/2]=2.55\text{kN}$

2. 内力计算

卸料平台的主梁按照集中荷载 P 和均布荷载 q 作用下的连续梁计算，计算简图如图 5.15 所示。

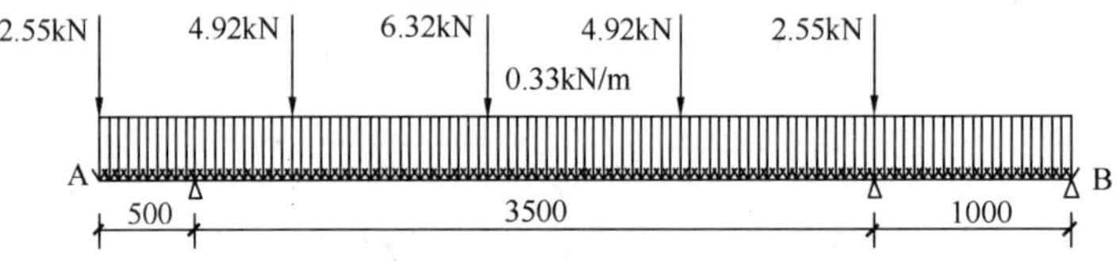

图 5.15　悬挑卸料平台主梁计算简图

经过连续梁的计算得到内力和变形图如图 5.16～图 5.18 所示。

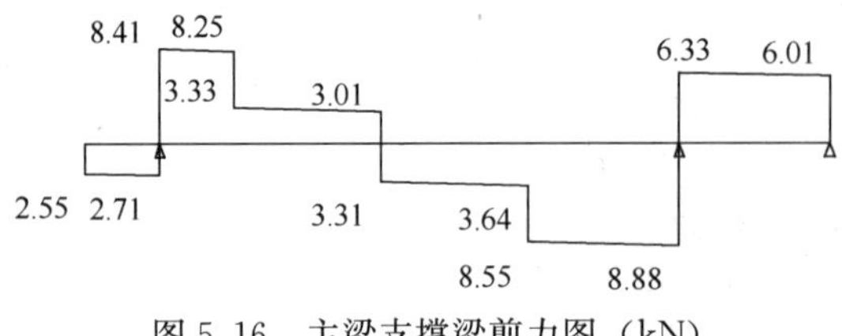

图 5.16　主梁支撑梁剪力图（kN）

外侧钢丝绳拉结位置支撑力为 11.12kN

最大弯矩 $M_{max}=6.17\text{kN}\cdot\text{m}$

3. 抗弯强度计算

$$\sigma=\frac{M}{\gamma_x W_x}+\frac{N}{A}\leqslant[f]$$

其中 γ_x——截面塑性发展系数，取 1.05；

$[f]$——钢材抗压强度设计值，$[f]=215.00\text{N/mm}^2$；

经过计算得到强度 $\sigma=6.17\times10^6\times1.05/62140.0+7.78\times1000/1569.0=109.22\text{N/mm}^2$

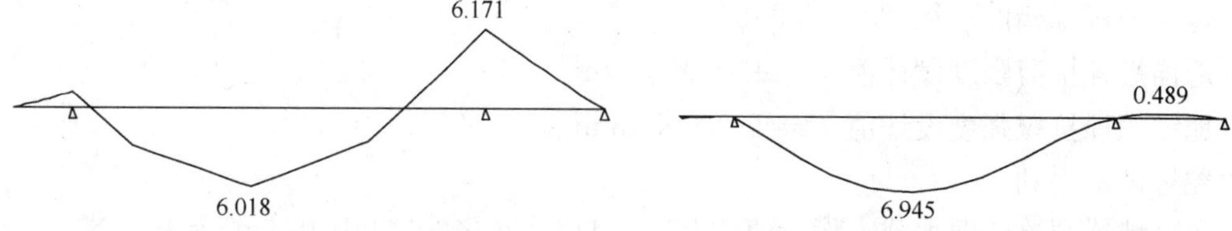

图 5.17 主梁支撑梁弯矩图(kN·m)　　图 5.18 主梁支撑梁变形图(mm)

主梁的抗弯强度计算值小于$[f]$，满足要求！

4. 整体稳定性计算(主次梁焊接成整体此部分可以不计算)

$$\sigma=\frac{M}{\phi_b W_x}\leqslant[f]$$

其中 ϕ_b——均匀弯曲的受弯构件整体稳定系数，按照下式计算：

$$\phi_b=\frac{570tb}{lh}\cdot\frac{235}{f_y}$$

经过计算得到 $\phi_b=570\times9.0\times53.0\times235/(4000.0\times126.0\times235.0)=0.54$

经过计算得到强度 $\sigma=6.17\times10^6/(0.539\times62140.00)=184.09\text{N/mm}^2$；

主梁的稳定性计算 $\sigma<[f]$，满足要求！

三、钢丝拉绳的计算

钢绳的轴力按照主梁的支点力分解得到 $N=11.12/\sin\alpha=13.57\text{kN}$

钢丝绳强度计算参照式(5.5)，得到选择拉钢丝绳的破断拉力要大于 10.000×13.57/0.820=165.519kN。

选择 6×37 钢丝绳，钢丝绳公称抗拉强度 1400MPa，直径 19.5mm。

四、钢丝拉绳吊环的强度计算

钢板处吊环强度计算公式为

$$\sigma=\frac{N}{A}\leqslant[f]$$

其中$[f]$为拉环钢筋抗拉强度，按照《混凝土结构设计规范》(GB 50010—2002)，$[f]=50\text{N/mm}^2$；

所需要的吊环最小直径 $D=[13573\times4/(3.1416\times50\times2)]^{1/2}=14\text{mm}$

五、锚固段与楼板连接的计算

水平钢梁与楼板连接地锚螺栓计算参考《钢结构设计规范》(GB 50017—2003)如下：

$$\sqrt{\left(\frac{N_v}{N_v^b}\right)^2+\left(\frac{N_t}{N_t^b}\right)^2}\leqslant1\quad N_v^b=n_v\frac{\pi d^2}{4}f_v^b\qquad N_t^b=\frac{\pi d_e^2}{4}f_t^b$$

地锚螺栓数量 $n=2$ 个

每个地锚螺栓承受的拉力 $N_t=3004.194$kN

每个地锚螺栓承受的剪力 $N_v=3891.665$kN

每个地锚螺栓的直径 $d=20$mm

每个地锚螺栓的直径 $d_e=16.93$mm

地锚螺栓抗剪强度设计值 $f_v^b=170.0\text{N/mm}^2$

地锚螺栓抗拉强度设计值 $f_t^b=170.0\text{N/mm}^2$

经过计算得到：

每个地锚螺栓受剪承载力设计值 $N_v^b=3.1416\times20\times20\times170.0/4=53.407$kN

每个地锚螺栓受拉承载力设计值 $N_t^b=3.1416\times16.93\times16.93\times170.0/4=38.270$kN

经过计算得到公式左边等于 0.107

每个地锚螺栓承载力计算满足要求！

第六章　塔式起重机基础与附着

塔吊基础的设计，需要根据《塔式起重机设计规范》(GB/T 13752)及高层塔吊说明书提供的塔吊基础所承受的自重、倾覆力矩、扭矩及水平力的值进行本工程塔吊基础承载能力计算，确定塔吊基础几何尺寸、钢筋配置、混凝土强度等级等。

塔机基础是塔机的根本，实践证明有不少重大安全事故都是由于塔吊基础存在问题而引起的，它是影响塔吊整体稳定性的一个重要因素。有的事故是由于工地为了抢工期，在混凝土强度不够的情况下而草率安装，有的事故是由于地耐力不够，有的是由于在基础附近开挖而导致甚至滑坡产生位移，或是由于积水而产生不均匀的沉降等等，诸如此类，都会造成严重的安全事故。必须引起我们的高度重视，来不得半点含糊，塔吊的稳定性就是塔吊抗倾覆的能力，塔吊最大的事故就是倾翻倒塌。做塔吊基础的时候，一定要确保地耐力符合设计要求，钢筋混凝土的强度至少达到设计值的 80%。有地下室工程的塔吊基础要采取特别的处理措施，有的要在基础下打桩，并将桩端的钢筋与基础地脚螺栓牢固的焊接在一起。混凝土基础底面要平整夯实，基础底部不能做成锅底状。基础的地脚螺栓尺寸误差必须严格按照基础图的要求施工，地脚螺栓要保持足够的露出地面的长度，每个地脚螺栓要双螺帽预紧。在安装前要对基础表面进行处理，保证基础的水平度不能超过 1/1000。同时塔吊基础不得积水，积水会造成塔吊基础的不均匀沉降。在塔吊基础附近不得随意挖坑或开沟。

目前，大多数起重机说明书没有提供塔机基础承受载荷情况下受力和配筋的组合，当现场地基基础承载力不能达到使用说明书的要求时，需要在塔式起重机施工方案中详细计算基础受力和配筋，不能只凭经验加大基础，避免可能存在的安全隐患，节约工程造价。

第一节　天　然　基　础

这里的天然基础设计主要是指方形基础(图 6.1)，基本做法是埋入塔吊底部标准节后，浇铸正方形钢筋混凝土块。其主要特点与地基接触面积大，抗倾覆的稳定性比较好，并且在《塔式起重机设计规范》(GB/T 13752)中有明确的抗倾覆稳定性计算公式和地基承载力计算公式，安全系数比较高；缺点是当地基承载力比较差的情况下，往往需要通过增加基础底面积的方法处理，钢筋混凝土的使用量非常大。

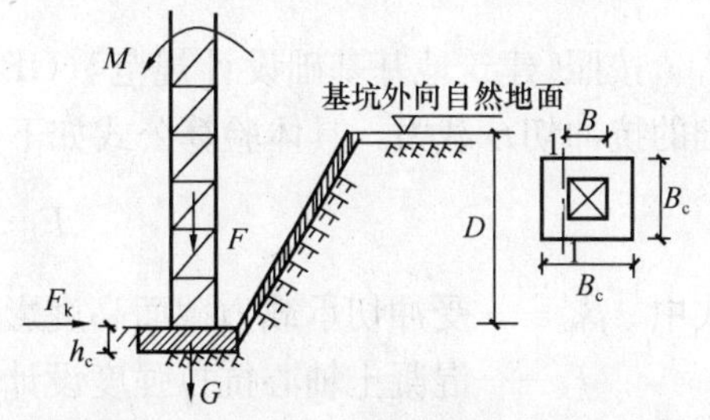

图 6.1　塔式起重机基础受力示意图

一、抗倾覆稳定性的计算

《塔式起重机设计规范》(GB/T 13752)明确规定了塔式起重机抗倾覆稳定性的计算公式(6.1)

如下：

$$e=\frac{M+F_{h}\cdot h}{F+G}\leqslant\frac{B_{c}}{3} \tag{6.1}$$

式中　e——偏心距，即地面反力的合力至基础中心的距离；

M——倾覆力矩，包括风荷载产生的力矩和最大起重力矩；

F——塔吊作用于基础的竖向力，它包括塔吊自重、压重和最大起重荷载；

G——基础自重与基础上面的土的自重；

F_h——作用于基础上的水平荷载；

B_c——基础底面的宽度。

抗倾覆稳定性的计算和下面地基承载力的计算中，M、F、F_h 应按塔机处于最大独立高度时基础所承受的荷载考虑，分工作状态和非工作状态两种工况，取最不利的计算结果。但一般的说，非工作状态的计算结果均能够满足工作状态的设计要求，因此计算中可以只按照工作状态的数据考虑。

二、地基承载力的计算

按照《建筑地基基础设计规范》(GB 50007—2002)第 5.2 条承载力计算，分考虑附着和不考虑附着两种工况，首先根据式(6.1)计算偏心距 e，如果 $e\leqslant B_c/6$，则按照小偏心情况即式(6.2)计算最大、最小基础承载力：

$$P_{max}=\frac{F+G}{B_c^2}+\frac{M}{W}\quad P_{min}=\frac{F+G}{B_c^2}-\frac{M}{W} \tag{6.2}$$

否则按照大偏心情况式(6.3)计算最大、最小基础承载力：

$$P_{kmax}=\frac{2(F+G)}{3B_{c}a} \tag{6.3}$$

另外，还需要验算无偏心的工况，即考虑附着时的基础设计值：

$$P=\frac{F+G}{B_c^2} \tag{6.4}$$

式中　W——基础底面的抵抗矩，$W=B_c^3/6$；

a——合力作用点至基础底面最大压力边缘距离，按下式计算：

$$a=B_c/2-\frac{M}{F+G} \tag{6.5}$$

其他参数如前描述。

三、抗冲切承载力的计算

按照《建筑地基基础设计规范》(GB 50007—2002)的要求，对于矩形基础需要验算基础的抗冲切承载力，具体验算公式如下：

$$F_l\leqslant 0.7\beta_{hp}f_t a_m h_0 \tag{6.6}$$

式中　β_{hp}——受冲切承载力截面高度影响系数，可以取 0.9；

f_t——混凝土轴心抗拉强度设计值；

a_m——冲切破坏锥体最不利一侧计算长度；

h_0——承台的有效高度，根据基础高度减去塔吊钢架的基础埋入深度确定；

F_l——实际冲切承载力，由最大压力设计值与基础底面积确定。

四、基础承台的配筋计算

对于基础承台的配筋计算，可以参照《建筑地基基础设计规范》(GB 50007—2002)第8.2.7条，采用轴心荷载或单向偏心荷载下，基础承台的抗弯计算，计算公式如下：

$$M_{\text{I}} = \frac{1}{12}a_1^2\left[(2l+a')\left(P_{\max}+P-\frac{2G}{A}\right)+(P_{\max}-p)l\right] \tag{6.7}$$

式中 a_1——截面I-I至基底边缘的距离(图6.2)；

P——截面I-I处的基底反力(图6.2)；

$$P = P_{\max}\times\frac{3a-a_1}{3a} \tag{6.8}$$

a'——截面I-I在基底的投影长度(图6.2)。

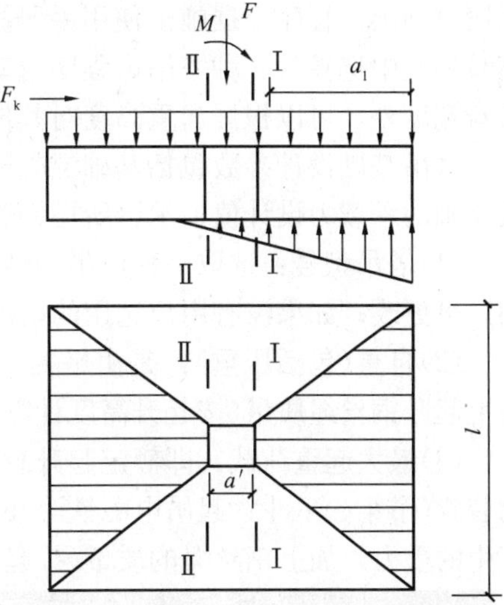

图6.2 基础承台的配筋计算图

最后，按照《混凝土结构设计规范》(GB 50010—2002)计算配筋面积(如图6.2所示)。

第二节 PKPM施工安全计算软件有关塔吊天然基础计算的实现

塔吊天然基础设计参数包括两部分，塔吊的基本参数和塔吊基础设计参数(图6.3)。

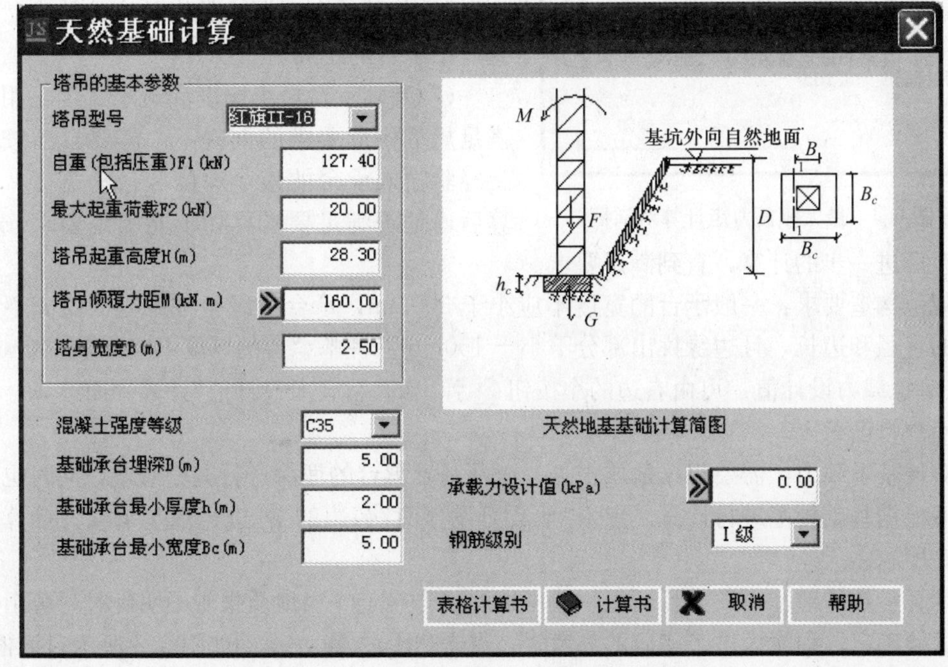

图6.3 塔吊天然基础计算参数对话框

塔吊基本参数主要由塔吊的型号确定，通过选择塔吊型号得到。具体参数包括塔吊型号、自重、最大起重荷载、塔吊起重高度、塔吊倾覆力矩、塔身宽度，上述数据由塔吊的说明书列出。程序根据施工使用手册提供了常用塔吊的参数，用户只要从程序提供的塔吊型号列表中选择某一种塔吊，程序自动给出该塔吊的各种需用参数。在实际的应用中，除塔身宽度外，可以根据起重高度对其他参数进行调整。

塔吊基础设计参数包括基础混凝土强度等级、基础承台埋深、基础的宽度和厚度，以及基础的承载力设计值、承台所用钢筋的类型。

(1)塔吊型号：选取一种塔吊的型号，系统会自动录入塔吊的其他参数以供用户参考，用户可更改；如果没有用户选用的塔吊，则用户可以直接录入此塔吊的各种参数。

(2)自重(包括压重)：是由平衡重、压重和整机重组成，由各部件质量产生的重力，加上起升钢丝绳质量(按起升高度计算，其重力的50%作为自重力)。

(3)最大起重荷载：即额定起升载荷，在规定幅度时的最大起升载荷，包括物品、取物装置(吊梁、爪斗、起吊电磁铁等)的重量。最大起重荷载由起升质量，即塔机总起重量产生的重力，加上钢丝绳的质量(按起升高度计算，其重力的50%作为起升载荷)。

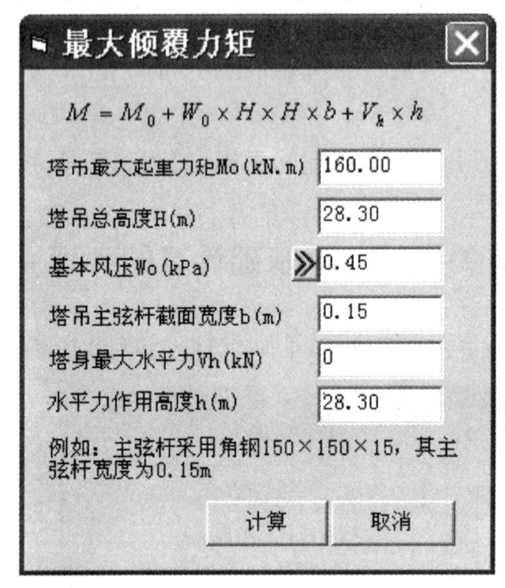

图 6.4　最大倾覆力矩计算对话框

(4)塔吊倾覆力矩 M(kN·m)、塔吊起重高度 H(m)、塔身宽度 B(m)：由塔吊生产说明书提供的“最大起重力矩”、“塔吊总高度”、施工所在地的“风压值”、“主弦杆的截面宽度”进行相应计算得出，见图 6.4。

(5)基础混凝土强度等级：选择混凝土强度等级根据《施工机械使用安全规程》，不应小于C35。

(6)基础承台埋深：是指基坑外从自然地面到塔吊承台的距离。

(7)基础承台最小厚度和最小宽度：用户在满足规范构造要求的前提下，需要自己按照施工经验输入承台的最小厚度和最小宽度，经计算后，是否满足要求。如不能满足要求，要进行修改后进一步的计算，直到满足要求。

规范构造要求：一般承台的宽度不应小于500mm，承台边缘至桩中心的距离不宜小于桩的直径和边长，且边缘挑出部分不小于150mm。桩基承台的厚度不应小于300mm。

(8)承载力设计值：可由右边的小按钮≫弹出的“承载力设计值”计算界面计算，也可以由用户自己录入。

对地基承载力，需要根据地质报告，以及基础承台的埋深进行调整修改，同时也可以由程序根据基础规范进行计算。点击“承载力设计值”旁边的≫进行地基承载力计算，如图 6.5 所示。

计算参数的地基承载力特征值一般由地质报告确定。当地质报告不明确时，可由动力触探试验确定。程序提供了相应的参考表，点击边上的≫，得到如图 6.6 所示对话框。

表中提供不同类型的土，包括黏性土、砂土等，相应的重型动力触探锤击数

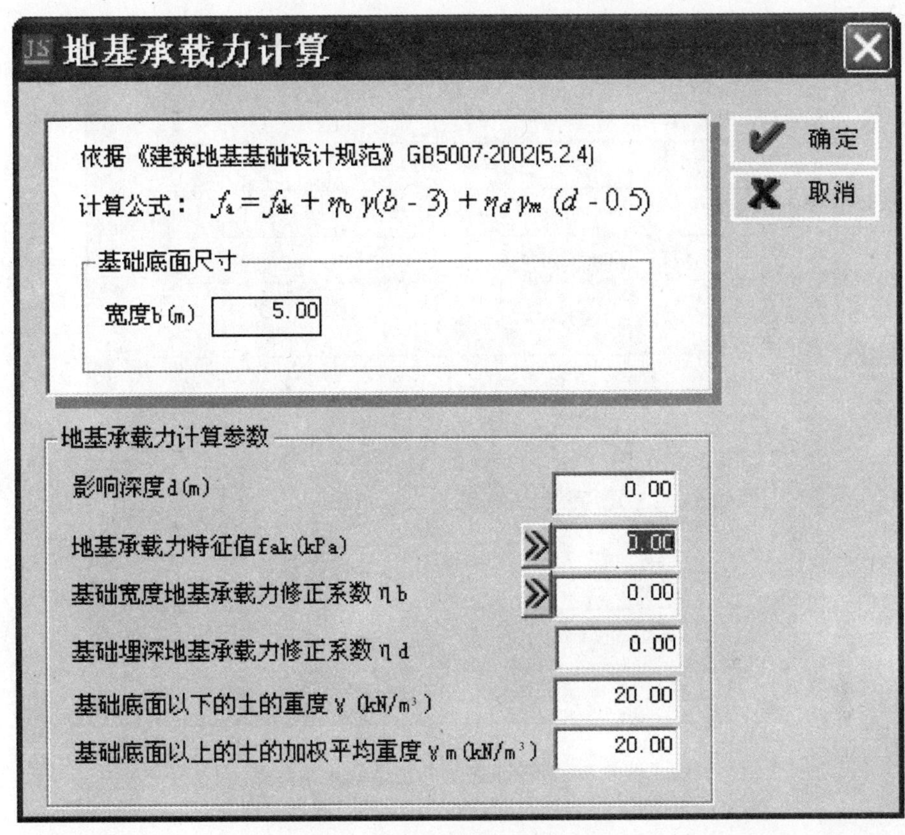

图 6.5　地基承载力计算对话框

$N(N_{63.5})$ 和轻型动力触探锤击数 $N(N_{10})$ 与地基承载力标准值的关系。

基础宽度承载力修正系数 η_b 和深度承载力修正系数 η_d 根据规范选用，程序提供了规范的选用表供选择(图 6.7)。

选择相应的土类型，就可以将相应的基础宽度承载力修正系数 η_b 和深度承载力修正系数 η_d 自动采用到塔吊基础的计算中。

参数选用正确后，点击基础承载力计算的确定按钮，程序自动将计算得到的基础承载力设计值返回到塔吊基础计算的相应位置中。

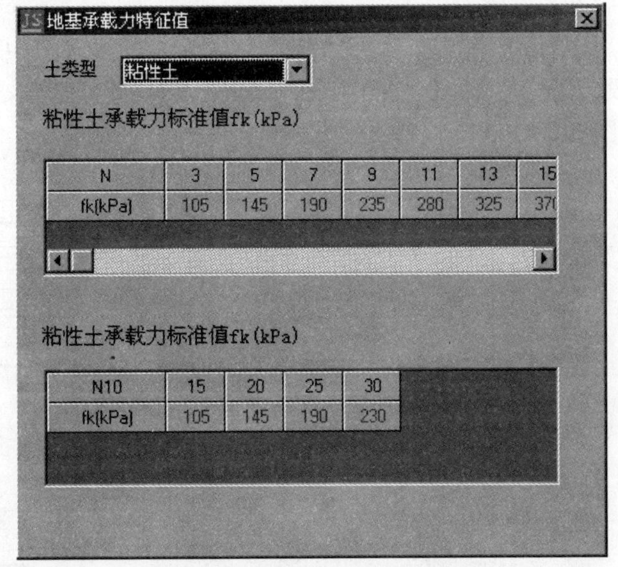

图 6.6　地基承载力特征值

所有计算参数全部输入正确后，单击“计算书”按钮，程序自动进行塔吊天然基础的计算，得到相应的标准计算书(WORD 格式)，供施工组织设计使用。如单击“取消”按钮，则退出。单击“帮助”按钮，获得塔吊天然基础的帮助。

计算用表

承载力修正系数

土的类别		ηb	ηd
淤泥和淤泥质土		0.00	1.00
人工填土，e或IL大于等于0.85的粘性土		0.00	1.00
红粘土	含水比 αw>0.8	0.00	1.20
	含水比 αw≤0.8	0.15	1.40
大面积压实填土	压实系数0.95粘粒含量ρc≥10%的粉土	0.00	1.50
	最大干密度大于2.1t/m3的级配砂石	0.00	2.00
粉土	粘粒含量ρc≥10%的粉土	0.30	1.50
	粘粒含量ρc<10%的粉土	0.50	2.00
e或Il大于等于0.85的粘性土		0.30	1.60
粉土，细砂(不包括很湿与饱和时的稍密状态)		2.00	3.00
中砂，粗砂，砾砂和碎石土		3.00	4.40

注：强风化和全风化的岩石，可参照所风化成的相应土类取值，其他状态下的岩石不修正

图 6.7 地基承载力特征值修正系数

第三节 桩 基 础

在我国南方地区、沿海地区和在一些特殊环境中(如遇到软弱土层环境)，塔吊基础一般选用桩基础，例如灌注桩基础或预应力管桩基础，而桩基础的形式大都采用四桩基础(图 6.8)、三桩基础或者单桩基础中的一种形式。

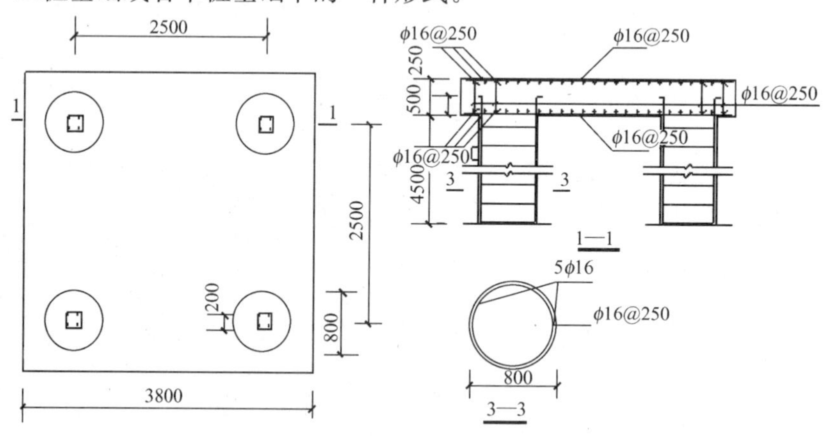

图 6.8 塔吊四桩基础施工图

城市高层建筑施工场地一般比较狭窄，如果将塔吊放置在基坑周边，必然影响工程施工，这就需要将塔吊放置在基坑内，可以大大提高塔吊工作区域的利用率。这时，将对塔

吊基础采用桩基础形式，这样可将塔吊基础的荷载传到基坑的土体中，对周围环境的影响就大大减弱。

塔吊基础的桩基础施工可与基坑围护施工阶段同步，在土方开挖前塔吊安装结束，可以大大缩短工期。其一般做法如图 6.9 所示，坑内桩基一般采用 800～1000mm 桩径的钻孔灌注桩内插并上接钢格构柱，所有灌注桩中心与塔吊轴心间距一致，格构柱高出室外地面即可。钢格构柱不会破坏结构的整体性，但尽量不要穿越地下室的框架梁，仅在地下室板上预留孔洞，塔吊拆除后将格构柱在地下室地板面上部分割断拔出，经济性能很好。

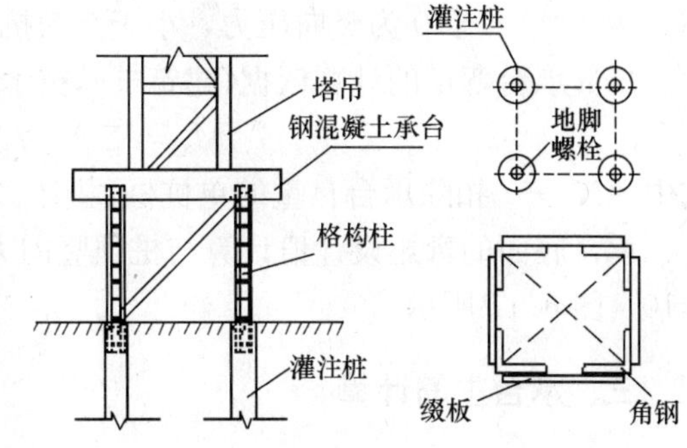

图 6.9 塔吊四桩基础示意图—格构柱连接

由于塔吊桩基础的设计没有专门规定的计算方式，其设计计算可依照《建筑桩基技术规范》(JGJ 94—2008)。塔吊桩基础的设计需要验算抗倾覆稳定性、承台受力、承台配筋、承台抗剪切、桩配筋等内容，另外还需要进行单桩极限承载力和桩长计算，在使用钢格构柱时计算其稳定性。

一、抗倾覆稳定性的计算

按照式(6.1)计算即可。

二、承台受力计算

桩顶竖向力的计算依据《建筑桩基技术规范》(JGJ 94—2008)第 5.1.1 条，包括竖向压力和抗拔力的计算，计算简图如图 6.10～图 6.11 所示。

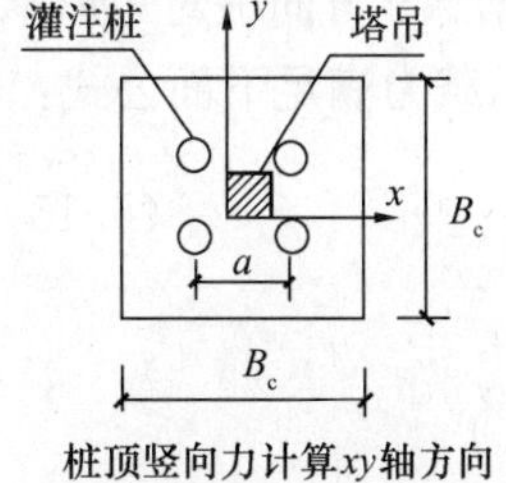

桩顶竖向力计算xy轴方向

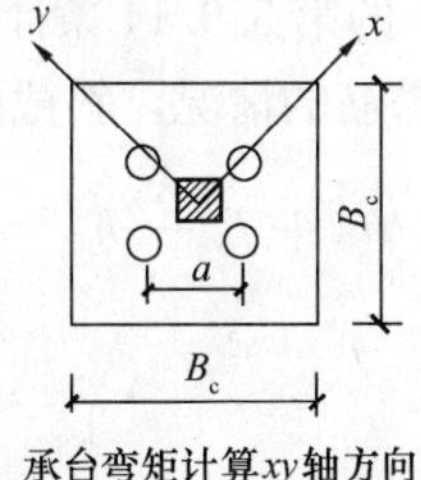

承台弯矩计算xy轴方向

图 6.10 塔吊四桩基础承台受力计算图

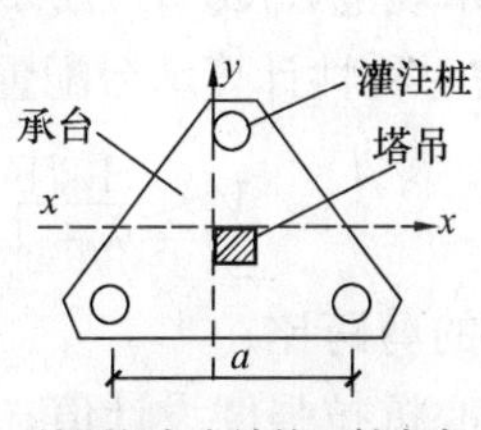

桩顶竖向力计算xy轴方向

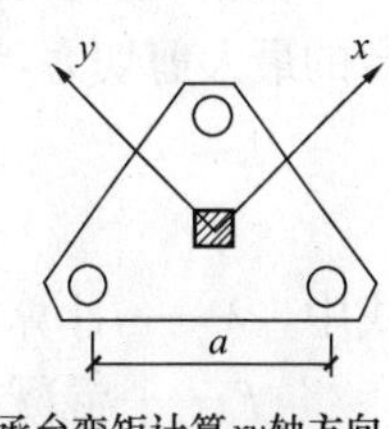

承台弯矩计算xy轴方向

图 6.11 塔吊三桩基础承台受力计算图

竖向压力和抗拔力的计算公式为

$$N_{ik}=\frac{F_k+G_k}{n}\pm\frac{M_{xk}y_i}{\Sigma y_j^2}\pm\frac{M_{yk}x_i}{\Sigma x_j^2} \tag{6.9}$$

式中 n——单桩个数，四桩取 4，三桩取 3；

F_k——作用于桩基承台顶面的竖向力设计值；

G_k——桩基承台的自重；

M_{xk}，M_{yk}——承台底面的弯矩设计值；

x_i，y_i——单桩相对承台中心轴的 XY 方向距离；

N_{ik}——荷载效应标准组合偏心竖向力作用下，第 i 基桩或复合基桩的竖向力，大于 0 为竖向压力，小于 0 为抗拔力。

矩形承台弯矩的计算依据《建筑桩基技术规范》(JGJ 94—2008)第 5.9.2 条

$$M_x = \Sigma N_i y_i \quad M_y = \Sigma N_i x_i \tag{6.10}$$

式中　N_i——扣除承台自重的单桩桩顶竖向力设计值，$N_i = N_i - G/n$。

承台底面的弯矩设计值计算与桩顶竖向力计算 XY 轴方向的方向选择是不同的，如图 6.10、图 6.11 所示。

三、承台主筋计算

依据《混凝土结构设计规范》(GB 50010—2002)第 7.2 条受弯构件承载力计算。

$$\alpha_s = \frac{M}{\alpha_1 f_c b h_0^2} \tag{6.11}$$

$$\xi = 1 - \sqrt{1 - 2\alpha_s} \tag{6.12}$$

$$\gamma_s = 1 - \xi/2 \tag{6.13}$$

$$A_s = \frac{M}{\gamma_s h_0 f_y} \tag{6.14}$$

式中　α_1——当混凝土强度不超过 C50 时，α_1 取为 1.0；当混凝土强度等级为 C80 时，α_1 取为 0.94，其间按线性内插法确定；

f_c——混凝土抗压强度设计值；

h_0——承台的计算高度；

f_y——钢筋受拉强度设计值。

四、承台抗剪切计算

依据《建筑桩基技术规范》(JGJ 94—2008)的第 5.9.14 条计算。根据 XY 方向桩对矩形承台的最大剪切力，考虑对称性计算承台配置箍筋的情况，斜截面受剪承载力满足下面公式：

$$V \leqslant \frac{1.75}{\lambda + 1} f_t b h_0 + f_y \frac{A_{sv}}{s} h_0 \tag{6.15}$$

式中　λ——计算截面的剪跨比；

f_t——混凝土轴心抗拉强度设计值；

b——承台计算截面处的计算宽度；

h_0——承台计算截面处的计算高度；

f_y——钢筋受拉强度设计值；

s——箍筋的间距。

五、桩承载力和配筋计算

桩身承载力计算依据《建筑桩基技术规范》(JGJ 94—2008)的第 5.8.2 条，根据式(6.9)的计算方案可以得到桩的轴向压力设计值，桩顶轴向压力设计值应满足下面的公式：

$$N \leqslant \psi_c f_c A_{ps} \tag{6.16}$$

式中　ψ_c——基桩成桩工艺系数；

f_c——混凝土轴心抗压强度设计值；

A_{ps}——桩的截面面积。

在桩顶轴向压力设计值满足式（6.16）的情况下，依据《混凝土结构设计规范》（GB 50010—2002）第7.3条正截面受压承载力计算受压钢筋；如果根据（6.9）式计算出了存在桩顶拔力，还同样需要验算受拉钢筋截面面积，并且需要满足规范要求的最小配筋率等构造要求。

六、桩抗压承载力计算

依据《建筑桩基技术规范》（JGJ 94—2008）的第5.2.5条和5.3.5条。根据桩的轴向压力最大设计值，验算桩竖向极限承载力：

$$R = R_a/K + \eta_c f_{ak} A_c \tag{6.17}$$

$$R_a = Q_{sk} + Q_{pk} = u\Sigma q_{sik} l_i + q_{pk} A_p \tag{6.18}$$

式中　R——基桩竖向承载力特征值；

R_a——单桩竖向承载力特征值；

K——安全系数；

f_{ak}——承台下土的地基承载力特征值加权平均值；

η_c——承台效应系数；

q_{sik}——桩侧第 i 层土的极限侧阻力标准值；

q_{pk}——极限端阻力标准值；

u——桩身的周长；

A_p——桩端面积；

A_c——计算桩基所对应的承台净面积；

l_i——第 i 层土层的厚度。

七、桩抗拔承载力计算

桩抗拔承载力验算依据《建筑桩基技术规范》（JGJ 94—2008）的第5.4.5条，如果没有抗拔力，此部分不进行计算。桩抗拔承载力应满足下列要求：

$$N_k \leqslant T_{gk}/2 + G_{gp} \tag{6.19}$$

$$N_k \leqslant T_{uk}/2 + G_p \tag{6.20}$$

$$T_{uk} = \Sigma \lambda_i q_{sik} u_i l_i \tag{6.21}$$

$$T_{gk} = \frac{1}{n} u_l \Sigma \lambda_i q_{sik} l_i \tag{6.22}$$

式中　T_{uk}——基桩抗拔极限承载力标准值；

λ_i——抗拔系数；

其他参数如前描述。

八、钢格构柱计算

依据《钢结构设计规范》（GB 50017—2003）对格构柱根据柱截面进行截面特性计

算，并根据规范计算得到换算长细比，根据换算长细比计算柱的整体和局部稳定性。

九、PKPM 施工安全计算软件有关塔吊桩基础计算的实现

PKPM 施工安全计算软件中将塔吊桩基础分为四桩基础、三桩基础、单桩基础和十字交叉梁桩基础分别计算。塔吊桩基础设计参数包括，塔吊的基本参数、塔吊桩承台参数、桩基础设计参数（图 6.12）。同时可考虑是否设置格构柱。

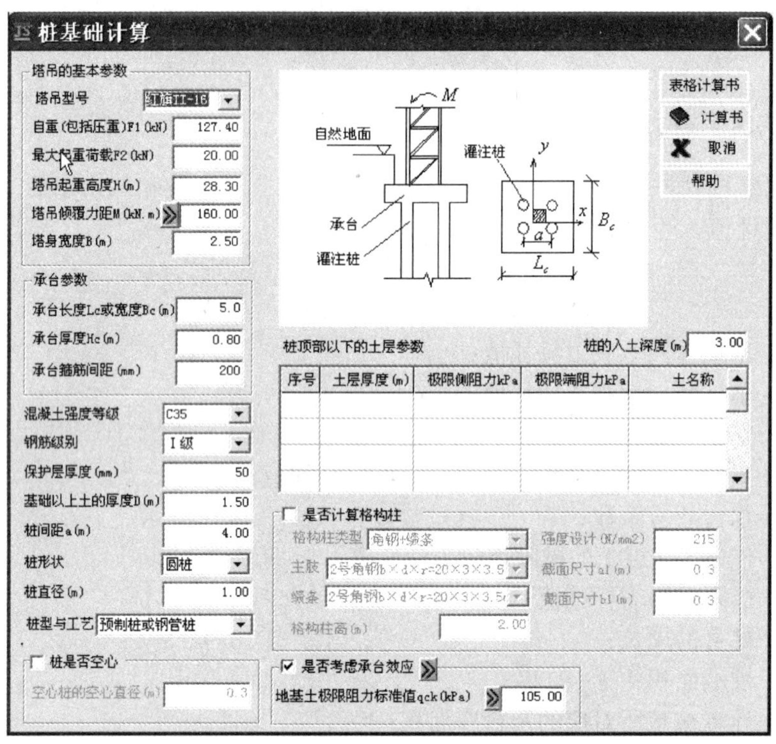

图 6.12　塔吊四桩基础计算参数对话框

塔吊基本参数与天然基础第 1.4 节描述相同，另外增加了桩承台参数包括承台的宽度和厚度、箍筋的间距，增加了桩基础设计参数包括承台混凝土强度等级、钢筋级别、承台钢筋保护层厚度、基础埋深、桩间距、桩形状及尺寸、桩型和工艺，以及桩的承载力等。

（1）承台参数：承台的宽度和厚度、箍筋的间距。

（2）混凝土强度等级：选择混凝土强度等级根据《施工机械使用安全规程》不应小于 C35。

（3）钢筋级别：可选择采用 HPB235（Ⅰ级）、HRB335（Ⅱ级）钢筋。

（4）保护层厚度（mm）：一般对桩承台采用 50mm。

（5）基础埋深：是指基坑外从自然地面到塔吊承台的距离填埋土的厚度，如承台上没有填土，此输入 0。

（6）桩间距 a（m）：如界面所示，为桩之间轴线的水平距离。

（7）桩尺寸：桩形状中圆形为灌注桩或预制桩，需要输入桩直径；方形为预制桩，需要输入桩边长。对预制圆形桩，可考虑是否为空心圆桩（桩是否空心），输入相应的桩空心直径。

（8）桩形和工艺：根据点击对话框显示下图供用户选择。

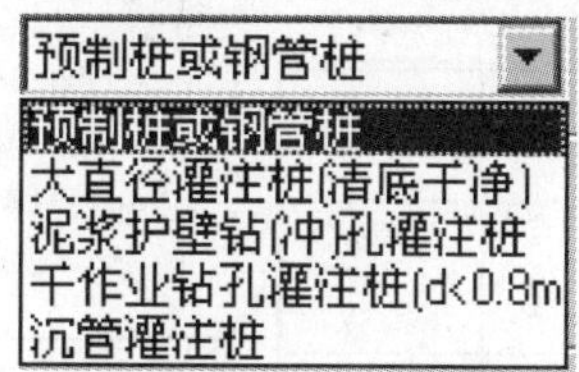

（9）桩入土深度：根据桩承载力确定，对于预制桩的入土深度应包括桩的桩尖部分。

（10）桩的土层参数：用于计算桩的承载力。

土层参数中，包括土层的厚度、极限侧阻力标准值和极限端阻力标准值：

桩极限端阻力标准值：在输入相应的数据位置，程序会提供规范的取值，可以根据不同的土层和桩类型选择。点击表格左边的按钮，弹出选择对话框，根据不同的桩类型、不同的土层以及桩长度进行选用（图 6.13）。

桩的极限端阻力标准值qpk (kPa)

土名称	桩型 土的状态	预制桩入土深度(m)				沉管灌注桩入土深度(m)			
		h≤9	9<h≤16	16<h≤30	h>30	5	10	15	>15
粘性土	0.75<Il≤1	810～840	6300～1300	1100～1700	1300～1900	400～600	600～750	750～1000	1000～1400
	0.50<Il≤0.75	840～1700	1500～2100	1900～2500	2300～3200	670～1100	1200～1500	1500～1800	1800～2000
	0.25<Il≤0.50	1500～2300	2300～3000	2700～3600	3600～4400	1300～2200	2300～2700	2700～3000	3000～3500
	0<Il≤0.25	2500～3800	3800～5100	5100～5900	5900～6800	2500～3800	3500～3900	4000～4500	4200～5000
粉土	0.75<e≤0.9	840～1700	1300～2100	1900～2700	2500～3400	1200～1600	1600～1800	1800～2100	2100～2600
	e≤0.75	1500～2300	2100～3000	2700～3600	3600～4400	1800～2200	2200～2500	2500～3000	3000～3500
粉砂	稍密	800～1600	1500～2100	1900～2500	2100～3000	800～1300	1300～1800	1800～2000	2000～2400
	中密,密实	1400～2200	2100～3000	3000～3800	3800～4600	1300～1700	1800～2400	2400～2800	2800～3600
细砂	中密,密实	2500～3800	3600～4800	4400～5700	5300～6500	1800～2200	3000～3400	3500～3900	4000～4900
中砂		3600～5100	5100～6300	6300～7200	7000～8000	1800～3200	4400～5000	5200～5500	5500～7000
粗砂		5700～7400	7400～8400	8400～9500	9500～10300	4500～5000	6700～7200	7700～8200	8400～9000
砾砂	中密,密实	6300～10500				5000～8400			
角砾,圆砾		7400～11600				5900～9200			
碎砾,卵石		8400～12700				6700～10000			

土名称	桩型 土的状态	干作业钻孔桩入土深度(m)		
		5	10	15
粘性土	0.75<Il≤1	200～400	400～700	700～950
	0.50<Il≤0.75	420～6300	740～950	950～1200
	0.25<Il≤0.50	850～1100	1500～1700	1700～1900
	0<Il≤0.25	1600～1800	2200～2400	2600～2800
粉土	0.75<e≤0.9	600～1000	1000～1400	1400～1600
	e≤0.75	1200～1700	1400～1900	1600～2100
粉砂	稍密	500～900	1000～1400	1500～1700
	中密,密实	850～1000	1500～1700	1700～1900
细砂	中密,密实	1200～1400	1900～2100	2200～2400
中砂		1800～2000	2800～3000	3300～3500
粗砂		2900～3200	4200～4600	4900～5200
砾砂 角砾,圆砾 碎砾,卵石	中密,密实	3200～5300		

注：(1) 砂土和碎石类土中桩的极限阻力取值，要综合考虑土的密实度，桩端进入持力层的深度比hb/d,土愈密实，hb/d愈大，取值愈高。

(2) 表中沉管灌注桩系指带预制桩尖沉管灌注桩。

图 6.13 桩极限端阻力标准值参考表

桩极限侧阻力标准值：参见《建筑桩基技术规范》（JGJ 94—2008）；在输入相应的数据位置，程序会提供规范的取值，可以根据不同的土层和桩类型选择。点击表格左边的按钮，弹出选择对话框，根据不同的桩类型、不同的土层进行选用（图 6.14）。

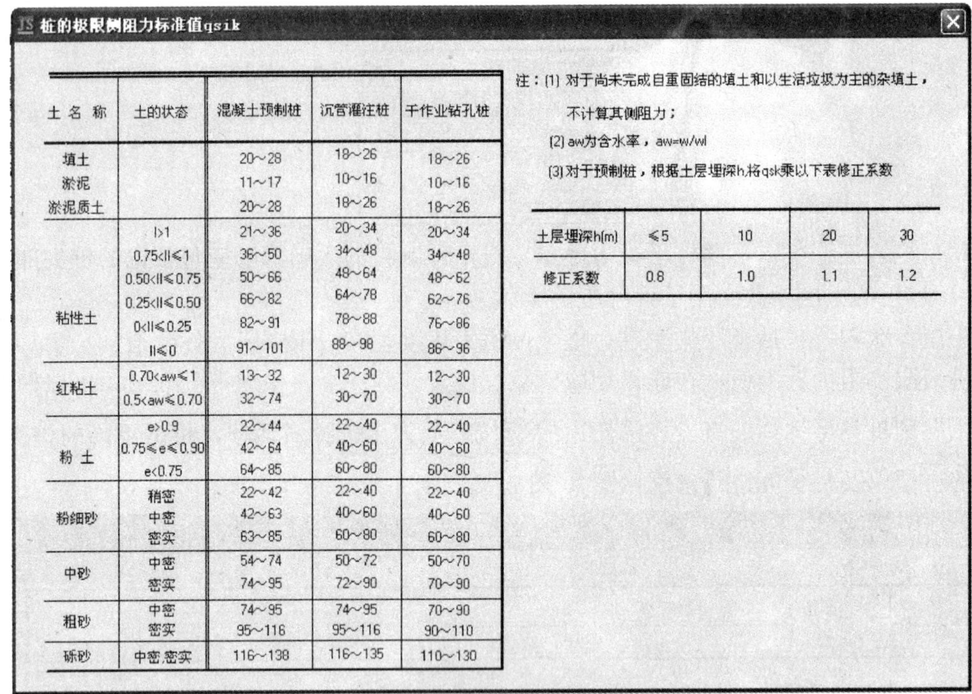

桩的极限侧阻力标准值qsik

土名称	土的状态	混凝土预制桩	沉管灌注桩	干作业钻孔桩
填土		20~28	18~26	18~26
淤泥		11~17	10~16	10~16
淤泥质土		20~28	18~26	18~26
粘性土	Il>1	21~36	20~34	20~34
	0.75<Il≤1	36~50	34~48	34~48
	0.50<Il≤0.75	50~66	48~64	48~62
	0.25<Il≤0.50	66~82	64~78	62~76
	0<Il≤0.25	82~91	78~88	76~86
	Il≤0	91~101	88~98	86~96
红粘土	0.70<aw≤1	13~32	12~30	12~30
	0.5<aw≤0.70	32~74	30~70	30~70
粉土	e>0.9	22~44	22~40	22~40
	0.75≤e≤0.90	42~64	40~60	40~60
	e<0.75	64~85	60~80	60~80
粉细砂	稍密	22~42	22~40	22~40
	中密	42~63	40~60	40~60
	密实	63~85	60~80	60~80
中砂	中密	54~74	50~72	50~70
	密实	74~95	72~90	70~90
粗砂	中密	74~95	74~95	70~90
	密实	95~116	95~116	90~110
砾砂	中密,密实	116~138	116~135	110~130

注：(1) 对于尚未完成自重固结的填土和以生活垃圾为主的杂填土，不计算其侧阻力；
(2) aw为含水率，aw=w/wl
(3) 对于预制桩，根据土层埋深h,将qsk乘以下表修正系数

土层埋深h(m)	≤5	10	20	30
修正系数	0.8	1.0	1.1	1.2

图 6.14　桩极限侧阻力标准值参考表

土层厚度必须大于桩的入土深度，否则计算得到的桩承载力不准确。

（11）是否计算格构柱：用于考虑承台下设置格构柱的塔吊基础设计，选择后对话框中显示格构柱的计算简图，同时输入相应的计算参数（图 6.15）。

（12）格构柱类型：程序提供四种不同的格构柱类型，角钢＋缀条、角钢＋缀板和槽钢＋缀条、槽钢＋缀板。

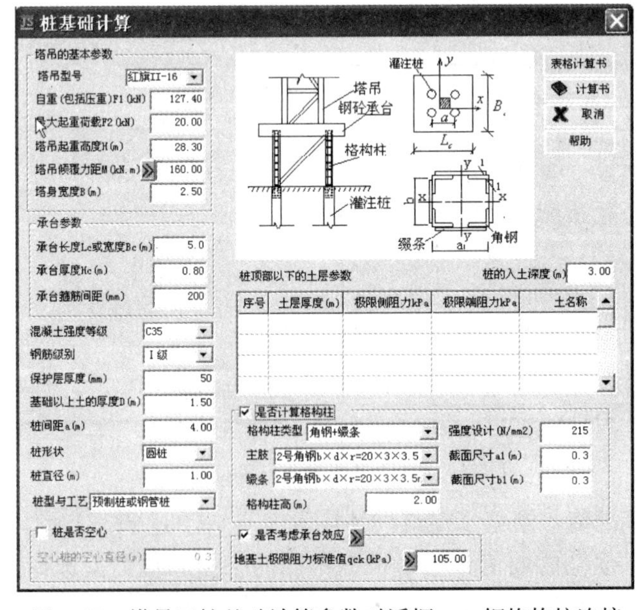

图 6.15　塔吊四桩基础计算参数对话框——钢格构柱连接

（13）格构柱主肢和缀条、板截面：根据选择的格构柱类型分别定义。

（14）格构柱高：格构柱的临空高度。

（15）格构柱尺寸：格构柱的宽度尺寸。

（16）强度设计值：格构柱主肢和缀条、板的强度设计值。

（17）是否可考虑承台效应。

规范对于桩数超过 3 根的非端承桩复合桩基，宜考虑桩群、土、承台的相互作用效应。

当承台底面以下存在可液化土、湿陷性黄土、高灵敏度软土、欠固结土、新填土、或可能出现震陷、降水、沉桩过程产生高空隙水和土体隆起时，不考虑承台效应。

第四节　十字梁板式基础

十字梁板基础基本做法将底板做成正方形，上部做成十字梁形，梁的底层钢筋和箍筋伸入到基础下面的正方形板中，梁板混凝土同时浇筑以形成整体。十字梁之间的空间通常使用回填土夯实处理，以增加基础本身的重力。相对于塔吊天然基础，十字梁基础钢筋混凝土的使用量相对比较少，但是由于与地基接触面积小，基础对地基的压力比较大，容易因地基承载力不足使基础产生不均匀沉降，造成塔机倾斜甚至倾翻的重大事故。如果在设计中将两种基础的优点结合起来，做成梁板式基础，既可以保证使用安全，又可以节省钢筋混凝土用量。

十字梁板基础设计计算方法没有明确规范规定，只能依据传力方式和相关规范参考计算，主要依据《建筑地基基础设计规范》（GB 50007—2002）（图 6.16*a*）。

十字梁板基础设计计算应包括塔吊基础承载力计算、抗倾覆稳定性验算、地基基础承载力验算、受冲切承载力验算以及承台配筋计算。

一、抗倾覆稳定性验算

参照式（6.1）计算即可。

二、塔吊基础承载力计算

参照式（6.2）～式（6.5）式计算即可。

三、地基基础承载力验算

按照《建筑地基基础设计规范》（GB 50007—2002）第 5.2.4 条进行计算即可。

四、受冲切承载力验算

按照式（6.6）计算即可。

五、承台配筋计算

梁板配筋计算的第一步计算基础底面的最大弯矩，由图 6.16（*b*）可以知道，地基反力作用形成的最大弯矩在塔机底座的边缘Ⅰ-Ⅰ，Ⅱ-Ⅱ截面处，两个截面承受的弯矩值按照《建筑地基基础设计规范》(GB 50007—2002) 第 8.2.7 条进行计算。

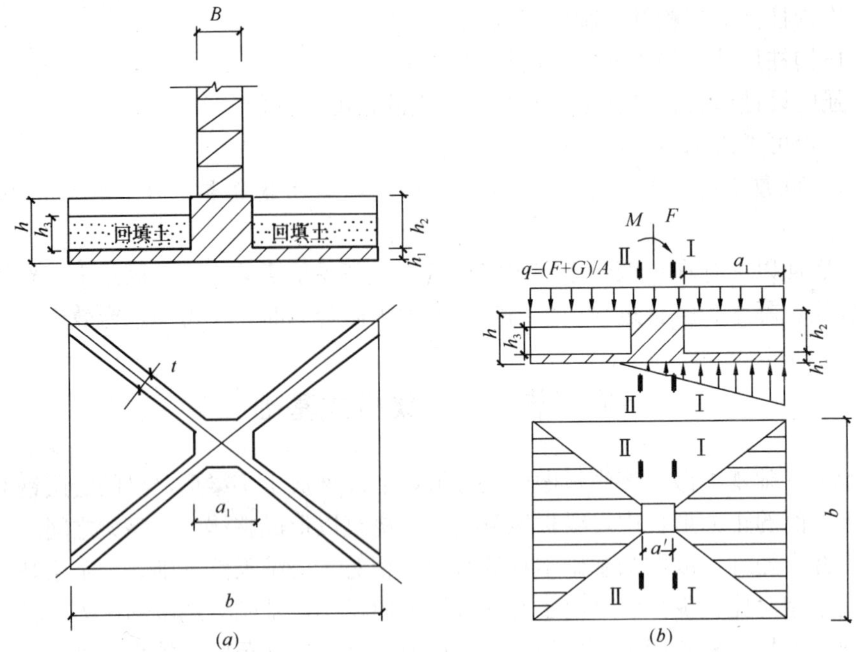

图 6.16 塔吊十字梁基础计算示意图

(a) 塔吊十字梁基础计算简图;(b) 塔吊十字梁基础配筋计算简图

底板钢筋和梁下层钢筋按照Ⅰ-Ⅰ截面的弯矩值设计计算,根据采用的基础形式,梁(或者板)上层钢筋按照Ⅱ-Ⅱ截面的弯矩值设计计算,这在《混凝土结构设计规范》(GB 50010—2002) 中有详细的介绍。计算中梁板配筋率不能小于 0.15%的构造要求。

1. 截面Ⅰ-Ⅰ抗弯计算,计算公式如下:

$$M_{\mathrm{I}} = \frac{1}{12}a_1^2\left[(2b+a)\left(P_{\max}+P-\frac{2G}{A}\right)+(P_{\max}-p)b\right] \tag{6.23}$$

式中 a_1 ——截面Ⅰ-Ⅰ至基底边缘的距离;

P ——截面Ⅰ-Ⅰ处的基底反力

$$P = P_{\max}\times\frac{3a-a_1}{3a} \tag{6.24}$$

a' ——截面Ⅰ-Ⅰ在基底的投影长度。

2. 截面Ⅰ-Ⅰ板筋和梁下层配筋面积计算

依据《混凝土结构设计规范》(GB 50010—2002) 第 7.2 条受弯构件承载力计算,按照 M_{I} 计算梁下层配筋面积。

3. 截面Ⅱ-Ⅱ抗弯计算,计算公式如下:

$$M_{\mathrm{II}} = \frac{a_1^2(2l+a')G}{6l^2} \tag{6.25}$$

4. 梁上层配筋面积计算

依据《混凝土结构设计规范》(GB 50010—2002) 第 7.2 条受弯构件承载力计算,按照 M_{II} 计算梁上层配筋面积。

计算梁上、下层配筋面积与最小配筋率 0.15%对应的配筋面积比较,选择较大值作为最终配筋值。

图 6.17 为 PKPM 施工安全计算软件有关塔吊十字交叉梁板式基础计算的实现。

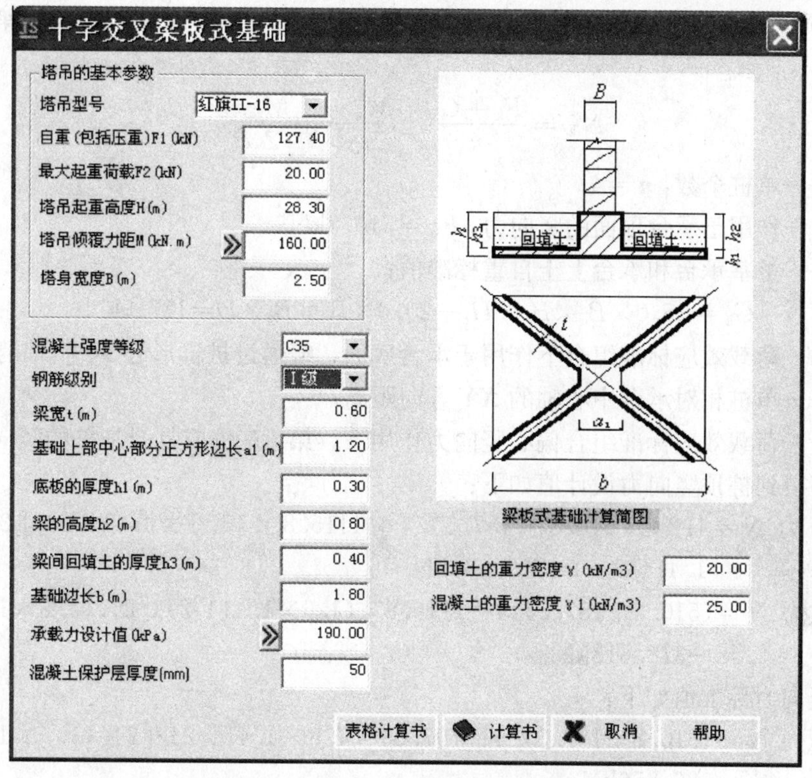

图 6.17　塔吊十字交叉梁板式基础计算参数对话框

第五节　桩基础算例题

某工程采用桩基础的塔式起重机，自重（包括压重）450.8kN，最大起重荷载 60.0kN，最大倾覆力矩 797.0kN·m，起重高度 40.0m，塔身宽度 1.6m，混凝土强度 C35，承台长度或宽度 2.50m，桩直径 400mm，桩间距 1.6m，承台厚度 1.2m，基础埋深 0.0m，如图 6.18 所示。计算过程由第三节 PKPM 施工安全计算软件的塔吊桩基础计算实现。

土层厚度及侧阻力标准值表如下：

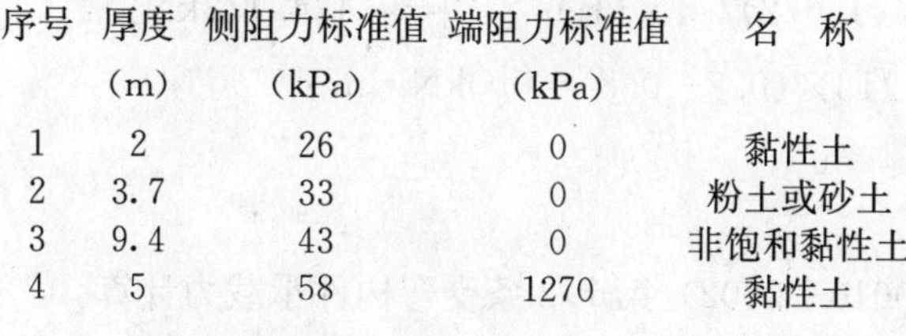

序号	厚度 (m)	侧阻力标准值 (kPa)	端阻力标准值 (kPa)	名　称
1	2	26	0	黏性土
2	3.7	33	0	粉土或砂土
3	9.4	43	0	非饱和黏性土
4	5	58	1270	黏性土

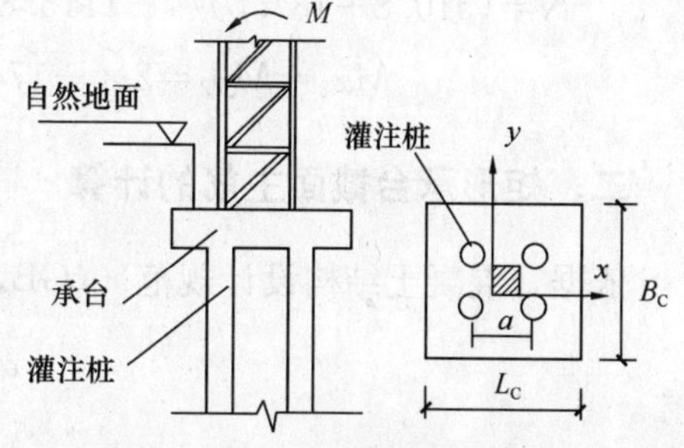

图 6.18　某工程桩基础算例图

一、矩形承台弯矩的计算

作用于桩基承台顶面的竖向力 $F=450.8+60$

$=510.8\text{kN}$

塔吊的倾覆力矩 $M_x=1.4\times797=1115.8\text{kN}\cdot\text{m}$，$M_y=0.0\text{kN}\cdot\text{m}$

1. 桩顶竖向力的计算依据《建筑桩基技术规范》（JGJ 94—2008）的第 5.1.1 条计算：

$$N_{ik}=\frac{F_k+G_k}{n}\pm\frac{M_{xk}y_i}{\sum y_j^2}\pm\frac{M_{yk}x_i}{\sum x_j^2}$$

式中　n——单桩个数，$n=4$；

F_k——作用于承台顶面的竖向力，$F_k=510.8\text{kN}$；

G_k——桩基承台和承台上土自重标准值；

$G_k=25.0\times B_c\times B_c\times H_c+20.0\times B_c\times B_c\times D=187.5\text{kN}$；

M_{xk}，M_{yk}——荷载效应标准组合下作用于承台底面，绕通过桩群形心 x、y 轴的力矩；

x_i，y_i——单桩相对承台中心轴的 XY 方向距离；

N_{ik}——荷载效应标准组合偏心竖向力作用下，第 i 基桩或复合基桩的竖向力。

经计算得到桩顶竖向力设计值如下：

最大压力 $N=1.2\times(510.8+187.5)/4+1115.8\times(1.6\times1.414/2)/[2\times(1.6\times1.414/2)^2]=702.683\text{kN}$

最大拔力 $N=(510.8+187.5)/4-1115.8\times(1.6\times1.414/2)/[2\times(1.6\times1.414/2)^2]=-318.618\text{kN}$

桩顶竖向力标准值如下：

最大压力 $N=(510.8+187.5)/4+797.0\times(1.6\times1.414/2)/[2\times(1.6\times1.414/2)^2]=526.856\text{kN}$

最大拔力 $N=(510.8+187.5)/4-797.0\times(1.6\times1.414/2)/[2\times(1.6\times1.414/2)^2]=-177.706\text{kN}$

2. 矩形承台弯矩的计算依据《建筑桩基技术规范》（JGJ 94—2008）的第 5.9.2 条：

$$M_x=\sum N_i y_i \qquad M_y=\sum N_i x_i$$

式中　N_i——在荷载效应基本组合下的第 i 基桩净反力，$N_i=N_i-G/n$。

经过计算得到压力产生的承台弯矩：

$$N=1.2\times(510.8+187.5)/4+1115.8\times(1.6/2)/[4\times(1.6/2)^2]=558.178\text{kN}$$

$$Mx_1=My_1=2\times(558.178-187.5/4)\times(0.8-0.8)=0.0\text{kN}\cdot\text{m}$$

拔力产生的承台弯矩：

$$N=(510.8+187.5)/4-1115.8\times(1.6/2)/[4\times(1.6/2)^2]=-174.113\text{kN}$$

$$Mx_2=My_2=2\times-174.113\times(0.8-0.8)=0.0\text{kN}\cdot\text{m}$$

二、矩形承台截面主筋的计算

依据《混凝土结构设计规范》（GB 50010—2002）第 7.2 条受弯构件承载力计算。

$$\alpha_s=\frac{M}{\alpha_1 f_c b h_0^2}$$

$$\xi=1-\sqrt{1-2\alpha_s}$$

$$\gamma_s = 1 - \xi/2$$

$$A_s = \frac{M}{\gamma_s h_0 f_y}$$

式中　α_1 ——系数，α_1 取为 1.0；

f_c ——混凝土抗压强度设计值；

h_0 ——承台的计算高度；

f_y ——钢筋受拉强度设计值，$f_y = 300\text{N/mm}^2$。

承台底面配筋：

$$\alpha_s = 0.0 \times 10^6/(1.0 \times 0.91 \times 2500.0 \times 1150.0^2) = 0.0$$

$$\xi = 1 - (1 - 2 \times 0.0)^{0.5} = 0.0$$

$$\gamma_s = 1 - 0.0/2 = 1.0$$

$$As_x = As_y = 0.0 \times 10^6/(1.0 \times 1150.0 \times 300.0) = 0.0\text{mm}^2$$

承台顶面配筋：

$$\alpha_s = 0.0 \times 10^6/(1.0 \times 0.91 \times 2500.0 \times 1150.0^2) = 0.0$$

$$\xi = 1 - (1 - 2 \times 0.0)^{0.5} = 0.0$$

$$\gamma_s = 1 - 0.0/2 = 1.0$$

$$As_x = As_y = 0.0 \times 10^6/(1.0 \times 1150.0 \times 300.0) = 0.0\text{mm}^2。$$

满足顶面和底面配筋要求的同时还应该满足构造要求！

三、矩形承台截面抗剪切计算

依据《建筑桩基技术规范》(JGJ 94—2008) 的第 5.9.14 条。我们考虑承台配置箍筋的情况，斜截面受剪承载力满足下面公式，其中 $V = 1405.366\text{kN}$：

$$V \leqslant \frac{1.75}{\lambda + 1} f_t b h_0 + f_y \frac{A_{sv}}{s} h_0$$

式中　λ ——计算截面的剪跨比，$\lambda = 1.5$；

f_t ——混凝土轴心抗拉强度设计值，$f_t = 0.91\text{N/mm}^2$；

b ——承台计算截面处的计算宽度，$b = 2500\text{mm}$；

h_0 ——承台计算截面处的计算高度，$h_0 = 950\text{mm}$；

f_y ——钢筋受拉强度设计值，$f_y = 300\text{N/mm}^2$；

s ——箍筋的间距，$s = 200\text{mm}$。

经过计算承台已满足抗剪要求，只需按构造配箍筋！

四、桩身承载力验算

桩身承载力计算依据《建筑桩基技术规范》(JGJ 94—2008) 的第 5.8.2 条。根据第二步的计算方案可以得到桩的轴向压力设计值，取其中最大值 $N = 702.683\text{kN}$ 验算，桩顶轴向压力设计值应满足下面的公式：

$$N \leqslant \psi_c f_c A_{ps}$$

式中　ψ_c ——基桩成桩工艺系数，取 0.85；

f_c ——混凝土轴心抗压强度设计值，$f_c = 16.7\text{N/mm}^2$；

A_{ps}——桩身截面面积，$A_{ps}=0.1257m^2$。

经过计算得到桩顶轴向压力设计值满足要求，受压钢筋只需构造配筋！

桩身受拉计算，依据《建筑桩基技术规范》(JGJ 94—2008) 第 5.8.7 条：

$$N \leqslant f_y A_s$$

受拉承载力计算，最大拉力 $N=318.618kN$

经过计算得到受拉钢筋截面面积 $A_s=1062.06mm^2$。

综上所述，全部纵向钢筋采用构造配筋且配筋面积不能小于 $1062.060mm^2$。

五、桩抗压承载力计算

桩承载力计算依据《建筑桩基技术规范》(JGJ 94—2008) 的第 5.2.5 和 5.3.5 条；根据第二步的计算方案可以得到桩的轴向压力设计值，取其中最大值 $N=702.683kN$ 验算，桩竖向极限承载力验算应满足下面的公式：

$$R = R_a/K + \eta_c f_{ak} A_c$$

$$R_a = Q_{sk} + Q_{pk} = u\Sigma q_{sik} l_i + q_{pk} A_p$$

式中　R——基桩竖向承载力特征值；

R_a——单桩竖向承载力特征值；

K——安全系数，取 2.0；

f_{ak}——承台下土的地基承载力特征值加权平均值；

η_c——承台效应系数；

q_{sik}——桩侧第 i 层土的极限侧阻力标准值，按下表取值；

q_{pk}——极限端阻力标准值，按下表取值；

u——桩身的周长，$u=1.2566m$；

A_p——桩端面积，取 $A_p=0.126m^2$；

A_c——计算桩基所对应的承台净面积，$A_c=1.437m^2$；

l_i——第 i 层土层的厚度，取值如下。

土层厚度及侧阻力标准值：

序号	土厚度（m）	土侧阻力标准值（kPa）	土端阻力标准值（kPa）	土名称
1	2.0	26.0	0.0	黏性土
2	3.7	33.0	0.0	粉土或砂土
3	9.4	43.0	0.0	非饱和黏性土
4	5.0	58.0	1270	黏性土

由于桩的入土深度为 18m，所以桩端是在第 4 层土层。

最大压力验算：

$$R_a=1.257\times(2\times26+3.7\times33+9.4\times43+2.9\times58)+1270.0\times0.126=1097.672kN$$

$$R=1097.672/2.0+0.155\times105.0\times1.437=572.221kN$$

上式计算的 R 值大于等于最大压力 526.856kN，所以满足要求！

六、桩抗拔承载力计算

桩抗拔承载力计算依据《建筑桩基技术规范》(JGJ 94—2008) 的第 5.4.5 条。桩抗拔承载力应满足下列要求：

$$N_k \leqslant T_{gk}/2 + G_{gp}$$
$$N_k \leqslant T_{uk}/2 + G_p$$

其中：

$$T_{uk} = \Sigma\lambda_i q_{sik} u_i l_i$$
$$T_{gk} = \frac{1}{n} u_l \Sigma\lambda_i q_{sik} l_i$$

式中　T_{uk}——基桩抗拔极限承载力标准值；

λ_i——抗拔系数。

经过计算得到

T_{gk}＝8×(0.7×2×26＋0.75×3.7×33＋0.7×9.4×43＋0.700×2.9×58)/4

＝1057.31kN

G_{gp}＝8×18×22/4＝792.0kN

T_{uk}＝1.257×(0.7×2×26＋0.75×3.7×33＋0.7×9.4×43＋0.7×2.9×58)

＝664.327kN

G_p＝1.257×18×25＝565.487kN

由于 1057.310/2.0＋792.000＞177.706，满足要求！

由于 664.327/2.0＋565.487＞177.706，满足要求！

第六节　附　着　计　算

当塔机超过它的独立高度的时候要架设附墙装置，以增加塔机的稳定性。附着式塔式起重机的安全设计一个重要环节是保证附着杆的强度设计。由于建筑物的外形变化或施工场地等客观条件的限制，塔机安装位置至建筑物距离超过使用说明规定，需要增长附着杆或附着杆与建筑物连接的两支座间距改变时，需要进行专门的附着杆强度计算，主要包括附着杆计算、附着支座计算和锚固环计算，如何提供一种简单可靠的设计计算方法经济安全地解决附着杆装置设计，是实际施工技术人员经常面临的问题。

从构造来讲，塔机附着框架保持水平、固定牢靠与附着杆在同一水平面上，与建筑物之间连接牢固，附着后附着点以下塔身的垂直度不大于 2/1000，附着点以上垂直度不大于 3/1000。与建筑物的连接点应选在混凝土柱上或混凝土圈梁上。用预埋件或过墙螺栓与建筑物结构有效连接。有些施工企业用膨胀螺栓代替预埋件，还有用缆风绳代替附着支撑，这些都是十分危险的。

目前实际工程中比较常见的塔式起重机附着布置方式有两种，一种是三附着杆支设形式，如国内生产的 F0/23B、H3/36B 和 MC180 等型号塔机，这种附着杆的内力计算属于静定结构的计算，计算内容比较简单；另一种是四附着杆支设形式，如 QT80 和 QTZ120 等型号塔机，这种附着杆的内力计算属于一次超静定问题，计算内容比较麻烦，采用结构力学的力法计算各杆件内力。

一、支座力计算

塔机按照说明书与建筑物附着时，最上面一道附着装置的负荷最大，因此以此道附着

杆 的负荷作为设计或校核附着杆截面的依据。附着式塔机的塔身可以视为一个带悬臂的刚性支撑连续梁，其支座反力计算简图如图 6.19。

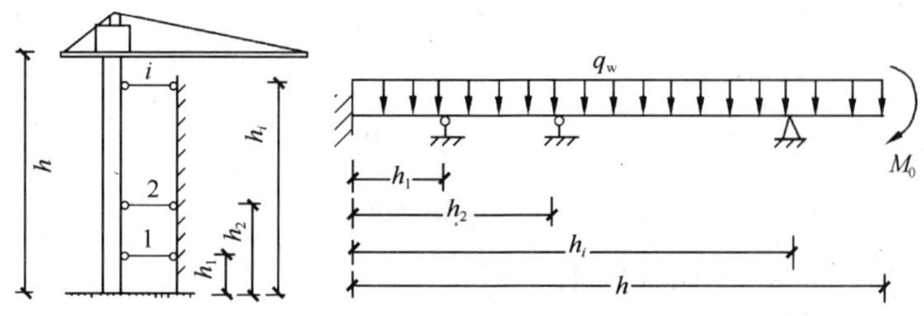

图 6.19　塔机支座反力计算简图

塔机支座反力计算的荷载标准值包括基本风荷载和塔机最大倾覆力矩，风荷载 q_w 由当地的基本风压和塔身宽度决定，最大倾覆力矩 M_0 可以在塔机使用说明书中得到，根据上面连续梁计算简图可以确定塔机支座反力，选择最大支座力 P 进行下面的计算。

另外，由于计算模型的局限性，设计人员最好还需要验算在不考虑其他附着情况下，只考虑单附着拉结的计算结果。

二、四附着杆内力计算分析

塔吊四附着杆的计算属于一次超静定问题，我们采用结构力学的力法计算各杆件内力（如图 6.20 所示）。图中 M 为塔机最大扭矩，可以在塔机使用说明书中得到；P 为最大支座力，它与水平方向夹角为变量 θ。

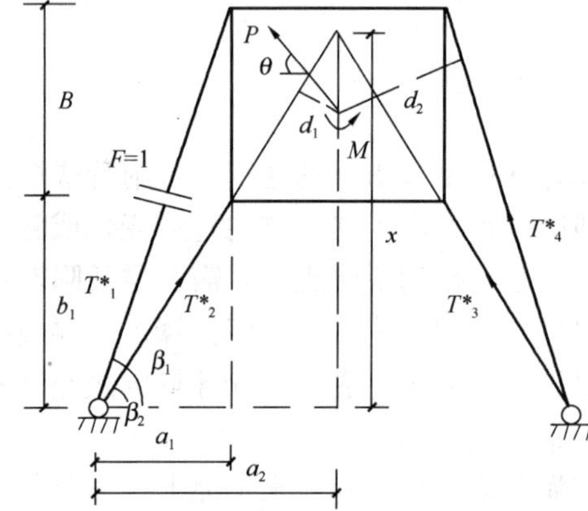

图 6.20　四附着杆内力计算简图

力法的基本方程为：

$$\delta_{11} X_1 + \Delta_{1P} = 0 \qquad (6.26)$$

其中 Δ_{1P} 为静定结构的位移，$\Delta_{1P} = \Sigma \dfrac{T_i^0 T_i}{EA}$；$\delta_{11}$ 为结构位移系数，$\delta_{11} = \Sigma \dfrac{T_i^0 T_i^0 l_i}{EA}$；$T_i^0$ 为 $F=1$ 时各杆件的轴向力；T_i 为在外力 M 和 P 作用下时各杆件的轴向力；l_i 为各杆件的长度。考虑各杆件的材料截面相同，在计算中将弹性模量与截面面积的积 EA 约去，可以得到 $X_1 = -\Delta_{1P}/\delta_{11}$，各杆件的轴向力为

$$T_1^* = X_1 \quad T_2^* = T_2^0 X_1 + T_2 \quad T_3^* = T_3^0 X_1 + T_3 \quad T_4^* = T_4^0 X_1 + T_4 \qquad (6.27)$$

1. 将图示中的“1”号附着杆断开，可以得到在外力 M 和 P 作用下其他杆件的内力。

$$\beta_1 = \arctan \frac{B+b_1}{a_1} \qquad \beta_2 = \arctan \frac{b_1}{a_1} \qquad \beta_3 = \arctan \frac{b_1 + B/2}{a_2}$$

$$d_2 = \frac{a_2}{\cos \beta_3} \sin(\beta_1 - \beta_2) \qquad x = \frac{a_2 b_1}{a_1} \qquad d_1 = (x - b_1 - B/2) \cos \beta_2$$

$$\begin{cases} P\cos\theta + T_2 \cos\beta_2 = T_3 \cos\beta_2 + T_4 \cos\beta_1 \\ P\sin\theta + T_2 \sin\beta_2 + T_3 \sin\beta_2 + T_4 \sin\beta_1 = 0 \\ M = T_2 d_1 - T_3 d_1 - T_4 d_2 \end{cases} \qquad (6.28)$$

解得各杆件的内力：

$$\begin{cases} T_4 = \dfrac{M\cos\beta_2 + Pd_1\cos\theta}{d_1\cos\beta_1 - d_2\cos\beta_2} \\ T_2 = \dfrac{T_4\cos\beta_1 - P\cos\theta}{2\cos\beta_2} - \dfrac{T_4\sin\beta_1 + P\sin\theta}{2\sin\beta_2} \\ T_3 = -\dfrac{T_4\cos\beta_1 - P\cos\theta}{2\cos\beta_2} - \dfrac{T_4\sin\beta_1 + P\sin\theta}{2\sin\beta_2} \end{cases} \tag{6.29}$$

2. 在 $F=-1$ 作用下其他杆件的内力。

$$\begin{cases} T_2^0\cos\beta_2 = T_3^0\cos\beta_2 + T_4^0\cos\beta_1 + F\cos\beta_1 \\ -F\sin\beta_1 + T_2^0\sin\beta_2 + T_3^0\sin\beta_2 + T_4^0\sin\beta_1 = 0 \\ T_2 s_1 = F s_2 \end{cases} \tag{6.30}$$

其中 $s_1 = 2a_2\sin\beta_2$，$s_2 = 2a_2\sin\beta_1$。

解得各杆件的内力：

$$\begin{cases} T_2^0 = \dfrac{Fs_2}{s_1} \\ T_3^0 = \dfrac{T_2^0\sin(\beta_1+\beta_2)}{\sin(\beta_1-\beta_2)} - \dfrac{2F\sin\beta_1\cos\beta_1}{\sin(\beta_1-\beta_2)} \\ T_4^0 = -F + \dfrac{2T_2^0\cos\beta_2\sin\beta_1}{\sin(\beta_2-\beta_1)} + \dfrac{F\sin(\beta_1+\beta_2)}{\sin(\beta_1-\beta_2)} \end{cases} \tag{6.31}$$

3. 计算总内力。

$$\delta_{11} = (T_2^0)^2 l_2 + (T_3^0)^2 l_3 + (T_4^0)^2 l_4 + F^2 l_1$$

$$\Delta_{1P} = T_2^0 T_2 l_2 + T_3^0 T_3 l_3 + T_4^0 T_4 l_4$$

$$X_1 = -\Delta_{1P}/\delta_{11}$$

解得各杆件的内力：

$T_1^* = X_1 \quad T_2^* = T_2^0 X_1 + T_2 \quad T_3^* = T_3^0 X_1 + T_3 \quad T_4^* = T_4^0 X_1 + T_4$

以上的计算过程将 θ 从 0°～360°循环，得到每杆件的最大拉力和压力 $T_{i\max}^*(i=1,2,3,4)$。

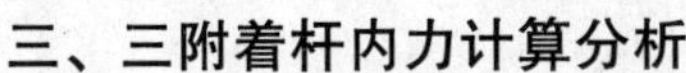

三、三附着杆内力计算分析

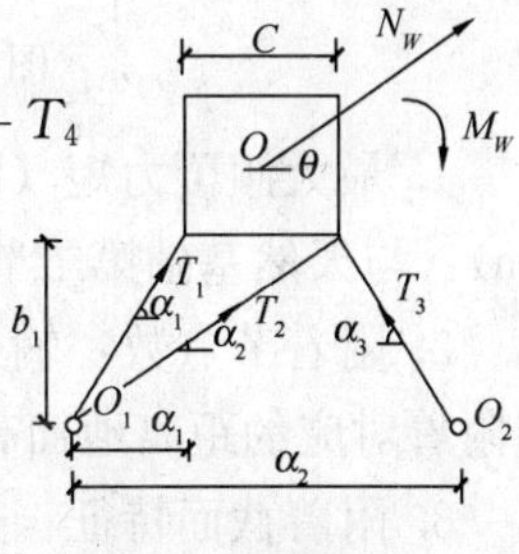

计算简图如图 6.21 所示，计算单元的平衡方程为

图 6.21　三附着杆内力计算简图

$$\Sigma F_x = 0$$

$$T_1\cos\alpha_1 + T_2\cos\alpha_2 - T_3\cos\alpha_3 = -N_w\cos\theta \tag{6.32}$$

$$\Sigma F_y = 0$$

$$T_1\sin\alpha_1 + T_2\sin\alpha_2 + T_3\sin\alpha_3 = -N_w\sin\theta \tag{6.33}$$

$$\Sigma M_0 = 0$$

$$T_1[(b_1+c/2)\cos\alpha_1 - (a_1+c/2)\sin\alpha_1] + T_2[(b_1+c/2)\cos\alpha_2 - (a_1+c/2)\sin\alpha_2] + T_3[-(b_1+c/2)\cos\alpha_3 + (a_2-a_1-c/2)\sin\alpha_3] = M_w \tag{6.34}$$

其中

$\alpha_1 = \arctan[b_1/a_1] \qquad \alpha_2 = \arctan[b_1/(a_1+c)] \qquad \alpha_3 = \arctan[b_1/(a_2-a_1-c)]$

塔机满载工作，风向垂直于起重臂，考虑塔身在最上层截面的回转惯性力产生的扭矩

和风荷载扭矩。将上面的式（6.32）、式（6.33）、式（6.34）联合组成方程组，其中 θ 从 0°～360°循环，分别取正负两种情况，求得各附着最大的轴压力和轴拉力。

第七节　PKPM 施工安全计算软件有关塔吊附着计算的实现

PKPM 施工安全计算软件目前提供了三种三杆附着搭接形式，如图 6.22 所示，另外提供了三种四杆附着搭接形式，如图 6.23 所示，计算参数设置见图 6.24。

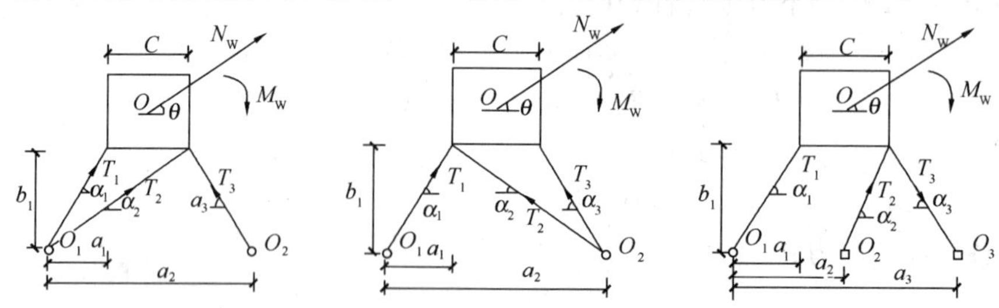

图 6.22　PKPM 施工安全计算软件塔吊三杆附着形式

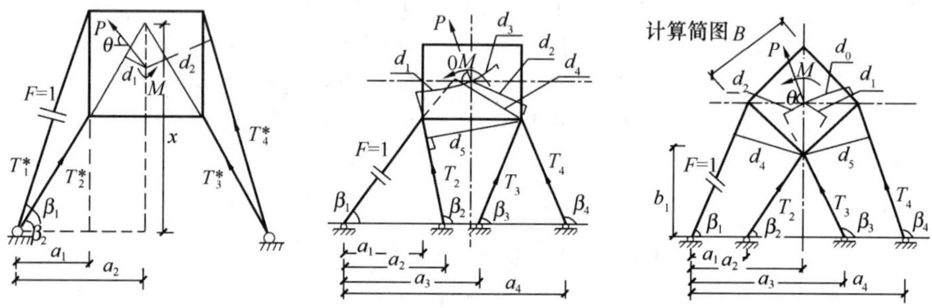

图 6.23　PKPM 施工安全计算软件塔吊四杆附着形式

1. 最大倾覆力矩（kN・m）、最大扭矩（kN・m）、塔吊高度 H（m）、塔身宽度 B（m）：与天然基础第二节描述相同；

2. 附着节点数：输入在塔吊高度方向上的附着层数，根据附着层数，在表中输入每层附着对应的距离地面高度；

3. 附着截面特征：选择附着截面按照说明书设计还是工字钢、槽钢、角钢以及格构柱，并应选择所用型钢的型号。程序需要进行附着杆件的强度计算；

4. 尺寸参数：输入相应的尺寸参数；

（1）附着高度必须是递增的，而且最后一层的高度必须小于塔吊的总高度 h，并且每一层的高度必须录入；

（2）a_2 必须大于 a_1，如果塔吊类型是第三类，则 a_3 必须大于 a_2；

（3）当其为第一类或第二类附着时，没有 a_3，a_3 的输入框不可录入；

5. 是否考虑预埋件：是否对塔吊附着件与建筑物连接的预埋件进行计算，选择时，弹出对话框如图 6.25：用户依据实际锚筋的型号、钢筋的布置层数、锚筋直径、锚板厚度和是否有可靠的保证锚板不发生弯曲变形的措施；

6. 风荷载设计值：输入工程所在地的风荷载设计值。

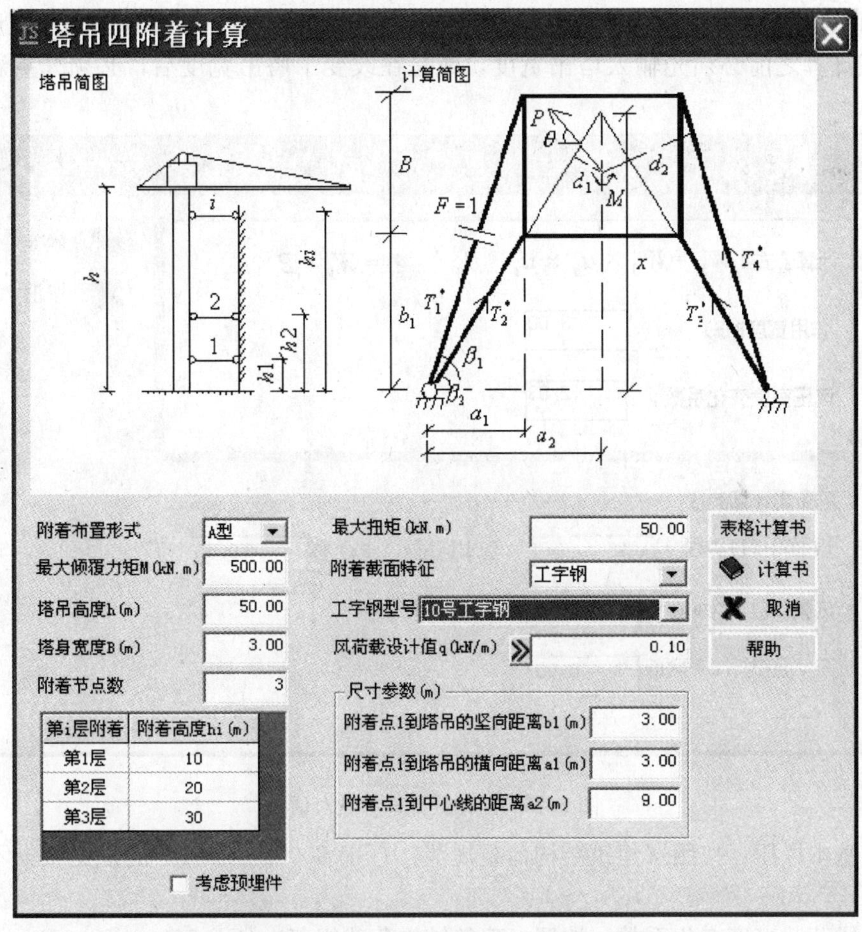

图 6.24　塔吊四附着杆计算参数对话框

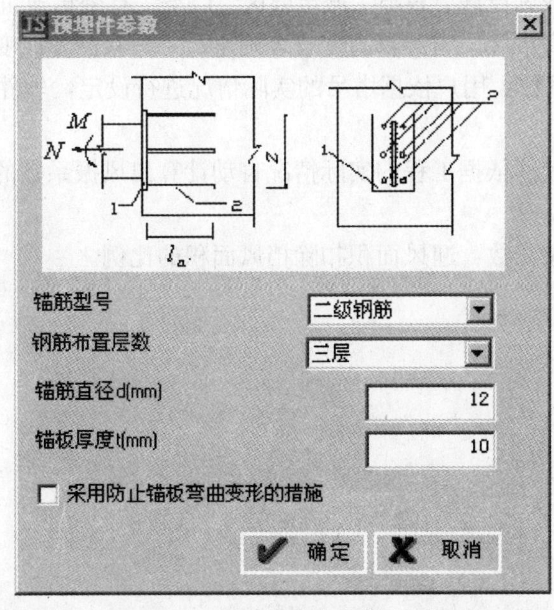

图 6.25　预埋件计算参数对话框

风荷载值可以通过计算得到，也可以直接录入，风荷载的计算依赖于塔吊宽度。所以在风荷载计算之前必须先输入塔吊宽度，或是在改变了塔吊宽度后，必须先重新计算风荷载。

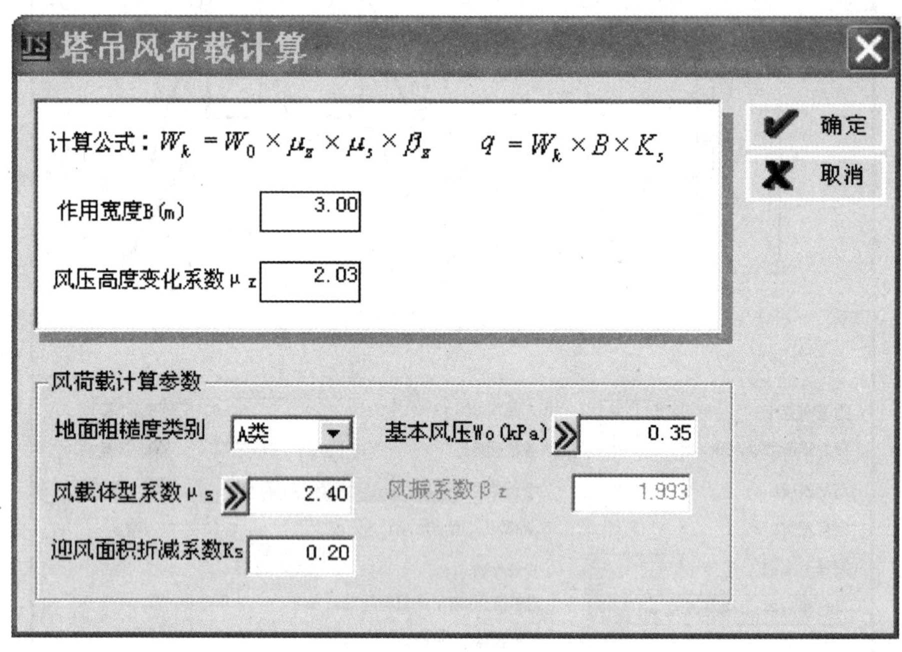

图 6.26　风荷载计算参数对话框

(1) 基本风压：按照《建筑结构荷载规范》(GB 50009—2001) 的规定根据不同地区采用。

(2) 风荷载高度变化系数：按照《建筑结构荷载规范》(GB 50009—2001)，由建筑物的地区（A 类—近海或湖岸区、B 类—城市郊区、C 类—有密集建筑群市区和 D 类—有密集建筑群城且房屋较高市区）与计算高度查表确定；用户只需要改变地面粗糙度就可以。

(3) 风荷载体型系数：用户依据塔吊的实际情况进行设定，软件提供相应的参考和计算依据。

(4) 风振系数：软件依据工程的实际情况自动计算出风振系数的大小，用户不必进行修改。

(5) 迎风面积折减系数：迎风面积扣除挡风面积的比例。

第七章　施工现场临时用电

建筑工程从地面附着物拆除、路面平整、测量放线、场地围墙搭设、基坑开挖、地基处理、基础、主体施工、装饰装修、设备安装、试车到整体工程竣工、交付业主验收这一整个施工过程中的用电称为施工现场临时用电。

建筑工程施工中，最常发生的5种安全事故是高处坠落、物体打击、机械伤害、触电、坍塌事故，据有关统计，这五种事故已占到事故总数的80%～90%。因此，施工现场临时用电安全管理变得尤为重要。施工现场临时用电的安全管理是保证建筑工程正常施工的基础，是建筑工程开工前和施工中必须做好的一项保障工作。

临时用电安全管理所采取措施包括两个方面的内容：一是安全用电在技术上所采取的措施；二是为了保证安全用电和供电的可靠性在组织上所采取的各种管理措施。

第一节　施工现场安全用电管理

一、临时用电组织设计

临时供用电属于专业性较强的项目，编制施工现场临时用电安全组织设计是现场安全管理的重要组成部分，是施工现场临时用电的指导性文件，是保障安全用电的首要工作，也是开工前必须做的一项前期工作。临时用电设计是否合理直接关系到用电人员的安全，同时也影响着施工现场的用电质量和工程进度。

《施工现场临时用电安全技术规范》(JGJ 46—2005) 中规定：临时用电设备在5台及5台以上或设备总容量在50kW及50kW以上者，应编制临时用电施工组织设计。临时用电施工组织设计必须制定安全措施，由电气技术人员编制，技术负责人审核，经主管部门审批后方可实施。临时用电工程图纸必须单独绘制，并作为临时用电施工的依据。在编制施工组织设计时制定安全措施，体现了安全第一，预防为主的方针。对于施工现场临时用电设备在5台以下或设备总容量在50kW以下者，应制定安全用电和电气防火措施，并且与临时用电组织设计一样，严格履行相同的编制、审核和审批程序。

临时用电设计必须遵循的三项基本技术原则：(1) 采用三级配电系统；(2) 采用TN-S接零保护系统；(3) 采用二级漏电保护系统。建筑施工现场临时用电工程专用的电源中性点直接接地的220/380V三项四线制低压电力系统，必须符合本规定。

临时用电施工组织设计应该包括以下内容：施工条件、设计的内容和步骤、安全技术措施（本内容在第二节中详细阐述）、施工现场预防发生电气火灾的措施、临时用电施工组织设计审批手续等内容。

(一) 施工条件

1. 施工图及甲方提供电源情况

施工前建设单位提供全套施工图纸。施工单位要按建筑物的栋数、建筑面积、层数、结构类型来确定施工现场用电设备的数量。如果用电设备较少，可与甲方协商后共用其单位的一台变电设备。在做临电设计之前需要了解甲方的供电系统保护形式是TT系统还是TN系统，输电线路是架空还是电缆埋地，已经向现场供电方向，位置等情况。如果甲方的变电装置不能满足施工用电，就应该弄清高压侧电压等级，计算出报装容量得到供电局的批准后，再做临电设计。

2. 施工设备用电情况表

施工现场用电要根据现场的大小、用电机械数量来确定。统计用电量时要将用电设备的安装容量、台数、性质一一写明。只有确定了安装容量后才能进行负荷计算，没有确切的用电统计就不能准确的进行负荷计算。

（二）设计的内容和步骤

1. 现场勘探

施工单位接到图纸后首先要进入施工现场进行现场勘探。了解现场地形、地貌及周边环境；甲方提供的电源（变压器、配电室）位置；弄清满足建筑施工所需要的机具设备的数量、容量及现场布置情况；查看甲方提供的有关地下管线位置图及场地建设规划总平面图；查看现场周围有无高低压或通讯等外电线路；有无强电磁波源、污源；调查施工区域的气候及年平均雷暴日情况、接地电阻季节性系数及土壤腐蚀性；现场供电电源的形式、变压器中性点的运行方式及电力部门的规定。拟定出各种机械设备位置，总箱、分箱及开关箱位置。对于临电线路的大概走向有个初步设计。现场勘探工作是否做得仔细，对临电设计有很重要的影响，它可以减少甚至避免临电施工的重复工作，节约人力、减少投资。

2. 负荷计算

(1) 设备容量计算

建筑工地电力负荷计算是建筑工地上进行现场临时供用电设计、施工以及编制临时用电组织设计（方案）的重要依据，只有在负荷计算的基础上，才有可能进行施工用电变压器容量的选择和校验、配电线路规格的选择、配电装置（电器开关）规格的确定及施工现场临时供用电的平面布置等工作。负荷计算的依据是用电设备的容量、类别、分组、运行规律等，电力负荷计算的方法有“需要系数法”、“二项式系数法”、“利用系数法”、“ABC法”等。因“需要系数法”比较简单，所以在建筑工地上低压母线的负荷计算中比较常用。

①用电设备容量（Pe）的确定

对于一般长期连续工作制和短时工作制的用电设备组，设备容量（用Pe表示）就是其铭牌额定容量（kW），对于反复短时工作制的用电设备组，设备容量就是将设备在某一暂载率下的铭牌额定容量统一换算到一个标准暂载率下的功率。

②照明设备的设备容量

白炽灯、碘钨灯设备容量等于灯泡的额定功率（kW）；荧光灯的设备容量等于灯泡额定功率的1.2倍；高压汞灯，金属卤化物灯的设备容量等于灯泡额定功率的1.1倍。

③不对称单相负荷的设备容量

多台单相设备应均匀地分别接在三相上，在计算时若单相设备的总容量小于三相设备总容量的15%时，则设备容量按最大相不对称负荷的3倍计算。

（2）需要系数法计算负荷

需要系数法一般适用于计算用电设备组中设备容量相差不大的情况。当用电设备组中存在大容量设备时需要系数法计算得到的计算负荷偏低，对这种情况用二项式法计算能较好的符合实际。需要系数就是用电设备组在最大负荷时需要的有功功率与设备容量的比值。实际上需要系数与用电设备的工作性质、设备效率和线路损耗等因素有关，它是一个综合系数，难准确计算，应用中常采用表 7.1 确定需要系数 Kx。

用电设备组的 Kx、$\cos\varphi$、$\tan\varphi$　　　　**表 7.1**

用电设备组名称		Kx	$\cos\varphi$	$\tan\varphi$
混凝土搅拌机及砂浆搅拌机	10 台以下	0.7	0.68	1.08
	10 台以上	0.6	0.65	1.17
破碎机、筛洗石机、泥浆泵、空气压缩机、输送机	10 台以下	0.7	0.7	1.02
	10 台以上	0.65	0.65	1.17
提升机、起重机、掘土机	10 台以下	0.3	0.7	1.02
	10 台以上	0.2	0.65	1.17
电焊机	10 台以下	0.45	0.45	1.98
	10 台以上	0.35	0.4	2.29

（3）负荷计算

①各用电设备组的计算负荷

有功功率计算：
$$P_{js}=K_x\cdot\Sigma P_e \tag{7.1}$$

无功功率计算：
$$Q_{js}=P_{js}\cdot\tan\varphi \tag{7.2}$$

视在功率计算：
$$S_{js}=\sqrt{P_{js}^2+Q_{js}^2} \tag{7.3}$$

式中　P_{js}——用电设备组的有功计算负荷（kW）；

Q_{js}——用电设备组的无功计算负荷（kVar）；

S_{js}——用电设备组的视在计算负荷（kVA）；

K_x——用电设备组的需要系数，一般小于 1。

②总的计算负荷

$$P_{jz}=K_x\cdot\Sigma P_{js} \tag{7.4}$$

$$Q_{jz}=P_{jz}\cdot\tan\varphi \tag{7.5}$$

$$S_{jz}=\sqrt{P_{jz}^2+Q_{jz}^2} \tag{7.6}$$

式中　P_{jz}、Q_{jz}、S_{jz}——各设备组的有功、无功、视在计算负荷的总和（kW、kVar、kVA）；

K_x——各用电设备组的最大负荷不会同时出现的同期系数。

3. 选择变压器

（1）变压器台数的选择

当施工现场用电量 S_{js} ＜750kVA 时优先考虑单台变压器；当施工现场较大，用电多，只有少量一、二级负荷时，尽力从邻近取得低压备用电源或设自备电机来满足一、二级负荷供电，这个时候也可以选择一台变压器；当施工周期长，施工现场规模较大，或者是季节负荷变动较大时可以考虑选择两台变压器。单台变压器接线简单，运行维修经济，运行的可靠性高。如果选择两台变压器，接线时两台变压器的电源侧应分别接在两个不同的电源上，以保证一、二级负荷的用电要求，使供电的可靠性进一步提高。

（2）变压器容量的选择

只装有一台变压器时，其变压器额定容量 S_e 应满足全部用电设备总计算负荷 S_{is} 的需要：

$$S_e \geqslant S_{is} \tag{7.7}$$

装有两台变压器时，其安装容量 S_e 应同时满足以下条件：

① 任一台变压器单独运行时，宜满足总计算负荷的 70%的需要：

$$S_e \approx 0.7S_{js} \tag{7.8}$$

② 任一台变压器单独运行时，应该满足全部一、二级负荷 $S_{is(\text{Ⅰ}+\text{Ⅱ})}$ 的需要：

$$S_e \geqslant S_{is(\text{Ⅰ}+\text{Ⅱ})} \tag{7.9}$$

③ 单台变压器的容量以 750kVA 及以下为宜，不宜大于 1000kVA，以使变压器更能接近负荷中心，减少电能损耗。

④ 选择变压器时，应适当考虑留有 15%～25%的余量；但同时可考虑变压器的正常过负荷能力。

另外，变电所变压器的台数和容量的最后确定，应结合变电所主接线图的选择，做几个方案的技术经济比较选择。

（3）变压器位置的选择

电源变压器的位置关系着供电的安全、可靠、经济等，一般按照以下原则进行选择：

① 可能靠近高压线路，不得让高压线路穿过施工现场。

② 可能靠近负荷中心，兼顾到负荷中心的发展。

③ 变压器低压为 380V 时，其供电半径一般不大于 700m。

④ 选在变压器安装方便、运输也方便、地基坚固的地方。室内变压器地面应高出室外 0.15m 以上。

4. 选择导线

导线选择必须满足三个条件：导线应能承受最低的机械强度要求；导线电流必须小于导线安全载流量；导线上的电压降应不超过规定的容许电压降。选择时，一般先按安全载流量进行计算，初选之后再对其他两个条件进行核算。

（1）导线应能承受最低机械强度的要求。规范 JGJ 46—2005 规定架空线必须采用绝缘导线，绝缘铜线截面不小于 $10mm^2$；绝缘铝线截面不小于 $16mm^2$；在跨越铁路、公路、河流、电力线路档距内，绝缘铜线截面不小于 $16mm^2$，绝缘铝线截面不小于 $25mm^2$。

（2）按导线安全载流量选择导线截面

导线必须能够承受负载电流长期通过所引起的温升，不能因过热而损坏导线的绝缘。导线中的计算负荷电流不大于其长期连续负荷允许载流量，导线所容许长时间通过的最大电流称为该截面的安全载流量。同一导线截面，在不同的敷设条件下，安全载流量是不一样的，例如同一截面的导线作架空敷设比穿管敷设的安全载流量大。计算方法是先求出负载实际电流，再按电流查安全载流量表即可得导线截面。负载的计算电流为：

$$I_{js}=K_x\frac{\Sigma P}{\sqrt{3}U_{线}\cos\varphi}A \tag{7.10}$$

式中 K_x——需要系数，因为许多负载不一定同时使用，也不一定同时满载，还需要考虑电机的效率不等于1，所以需要打一个折扣，称为需要系数；

$U_{线}$——线电压；

ΣP——各负载铭牌上标志的功率的总和；

$\cos\varphi$——负载的平均功率因数。

（3）按容许电压降选择导线截面

当供电线路很长时，线路上的电压降就比较大，导线上的电压降应不超过规定的容许电压降，如果供电线路容许电压降为额定电压的 $\Delta U\%$，需要系数为 K_x，则按容许电压降选择的导线截面应为如下公式：

$$S=K_x\frac{\Sigma(PL)}{C\cdot\Delta U}\text{mm}^2 \tag{7.11}$$

式中 $\Sigma(PL)$——负荷力矩的总和（kW·m）；

C——计算系数；

ΔU（%）——容许压力降。一般电网规定的容许电压降为±5%，临时供电线路可降到8%。

5. 低压电气元件、类型、规格的选择

低压电气元件包括闸刀开关、熔断器、自动空气开关、磁力启动器、接触器及各种继电保护装置等。

（1）闸刀开关

闸刀开关适用于不宜频繁操作的场合，可用于线路保护和电气设备保护。它分为胶盖开关和铁壳开关。前者有一定的分断能力，可带负荷操作，熔丝做短路保护，选用时注意容量和电压级别；后者具有短路保护能力，有灭弧功能，适用于不宜频繁操作的场合，容量选择一般约为电动机额定电流的3倍。

（2）熔断器

熔断器的类型应根据实际需要和各种熔断器的适用范围选用，如负载不大的照明线路和小功率（7.5kW以下）电动机的保护可选用磁插式熔断器，一般场合可选用无填料熔断器，要求较高，短路电流很大的电流应选用有填料的熔断器。

（3）自动空气开关

自动空气开关选择原则：

① 按额定电压的选择，施工现场在选用时，空气开关的额定电压要大于或等于线路的额定电压；

② 额定电流的选择，自动开关的额定电流要大于或等于线路的计算电流或实际电流；

③ 按瞬时或短时过电流脱扣器的整定电流选择。

（4）漏电保护器的选择

在选择漏电保护器的动作特性时，应根据电气设备的不同使用环境，选用适当的漏电动作电流和不同的漏电保护器，可按以下原则选择：

① 在要求较高的场所，建议使用自保式漏电保护器。因为自保式漏电保护器一旦机内元件损坏，保护器不起作用时，机器会自动切断电源或用第二套双保险电路立即投入使用，消除了假保护运行；

② 在供电面积较大的场合选择带一次自动重合闸功能的漏电保护器，当电路瞬间跳闸，使工地停电，带一次合闸装置的漏电保护器可自动送电。如跳闸是电器真正漏电损坏，则“重合”之后又立即跳闸，并永远不会重合，待电工查明之后人工“复位”方可供电；

③ 潮湿或充满蒸汽的场所，因人体容易沾湿或出汗，人体电阻较低，故采用防溅的漏电保护器；

④ 移动式电气设备，在露天操作，应采用动作电路小于 15mA 的漏电保护器。

6. 绘制临时供电施工图

临时用电工程图纸应单独绘制，临时用电工程应按图施工。临时用电工程图纸应是单独的专业技术文件，不允许与其他专业施工组织设计混在一起，施工人员依照施工图布置配电箱、开关箱，按照图纸进行线路敷设。它主要分为供电系统图和施工现场平面图。

（1）临时用电平面图

电器总平面图等必须单独绘制，作为施工的依据，不可和设备，架具、材料位置、钢筋、木作、混凝土等加工场地，给水、排水管线等，绘制在一张图上，以确保施工时电气总平面图能起到具体的指导作用。

电气总平面图绘制的主要内容：

① 在建工程的临建设施、在建工程和原有建筑物的位置；

② 电源进线位置、方向和各种供电线路的导线敷设方式、截面、根数及线路走向等；

③ 变压器、配电室、总配电箱、分配电箱及开关箱的位置，箱与箱之间的平面关系；

④ 施工现场照明及临时实施内的照明，室内灯具、开关位置及控制关系；

⑤ 其他应在平面图中明确的项目和要求。

（2）临时用电系统图

系统图是表示施工现场动力和照明供电的主要图纸，其内容包括：

① 标明变压器高压侧的电压级别，导线截面，进线方式，高低压侧的继电保护计量仪表型号、容量等；

② 低压侧供电系统的形式是 TT 还是 TN-S；

③ 各种箱体之间的电气联系；

④ 配电线路的导线截面、型号、PE 线截面、导线敷设方式及线路走向；

⑤ 各种电气开关型号、容量、熔体、自动开关熔断器的整定、熔断值；

⑥ 标明各用电设备的名称、容量。

（三）施工现场预防发生电气火灾的措施

针对电气火灾发生的原因，施工组织设计中要制定出有效的预防措施和火灾事故处理预案。制定电气火灾的预防措施可以从“物—人—管理”三要素入手。一是制定技术措施，降低电的不安全状态，二是对员工进行教育培训，降低人的用电不安全行为，三是加强管理，制定并认真贯彻落实防火制度和措施。

二、安全用电操作管理

为适应专业化施工及加快工程进度的要求，一个工程项目一般均有多个施工企业参与，在施工现场各施工企业交叉作业；部分工程项目经过多次分包，施工人员受聘于无资质或低资质的企业，总承包单位则顾此失彼，对各分包企业的日常管理松懈，以包代管，施工人员进场无实在的安全教育，电气基本知识缺乏。从项目部管理人员来看，能基本懂得施工现场临时用电知识的人员很少，对其又不够重视，日常安全检查由工地电工进行，使得作业与检查为同一人，缺乏对工地电工工作质量的检查监督。施工现场电工责任心不强，对配电设施和用电设备缺乏维护、检修，这是项目部对电工制约管理不力的表现，也是导致用电不安全的重要因素。

建筑工地必须根据施工现场的特点建立和完善临时用电管理责任制，确立施工现场临时用电为总承包单位负责制，进入施工现场的一切配电设备、用电设备（分配电箱、开关箱、手持电动工具、电焊机等）等必须经总承包单位检查合格方可进场使用。建立日常的安全用电分级检查机制，即总承包单位和分包单位的检查、现场电工的自查和管理人员的监督检查。

施工企业应加强施工现场临时用电知识的普及，项目部管理人员要重视临时用电的安全，对作业人员应针对环境（高温与潮湿）等因素进行必要的针对性的临时用电安全教育和交底，应在项目部及各施工班组设立意外伤害急救人员，急救人员须经过触电后急救等方面的培训，并根据施工现场应急预案对触电事故发生后的急救进行定期演练，熟悉急救程序，以减少触电死亡事故的发生。

施工现场的安全用电操作，包括由电工承担的供电设备的维护和由其他工人承担的用电设备操作。用电生产设备包括电弧焊机、电阻焊机、点灯等电气设备，还包括电力拖动的机械设备，如起重机，混凝土搅拌机、蛙式夯机、卷扬机、振捣器等。加强安全用电操作管理，使操作人员牢固掌握安全用电操作知识和技能。对提高安全生产水平具有重要意义。

安全用电操作管理包括电源管理，设备管理，操作人员管理和制定触电抢救措施。

1. 电源管理

用电设备的电源由开关箱直接提供，抓好安全用电操作管理要从供电设备这个源头抓起。

2. 设备管理

设备管理是保障安全操作电气设备的基本保证，包括采购制度、保管领用制度、维修制度等。

3. 操作人员管理

操作人员的管理是安全用电操作管理的核心，主要严格持证上岗制度、抓好安全操作培训和制定安全操作规程。

(1) 严格持证上岗制度，电工必须经过按国家现行标准考核合格后，持证上岗工作，其他用电人员必须通过安全教育培训和技术交底，考核合格后方可上岗工作；

(2) 抓好安全操作培训，持证上岗是外表，安全培训是内核。

(3) 制定安全操作规程，各类用电人员应该掌握安全用电基本知识和所用设备的性能。

使用电气设备前必须按照规定穿戴和配备好相应的劳动防护用品，并应检查电气装置和保护设施，严禁设备带“缺陷”运转；保管和维护所用设备，发现问题及时报告解决；暂时停用设备的开关箱必须分断电源隔离开关，并应关门上锁；移动电气设备时，必须经电工切断电源并做妥善处理后进行。

4. 电工管理

电工必须经过按国家现行标准考核合格后，持证上岗工作。安装、巡查、维修或拆除临时用电设备和线路，必须由电工完成，并应有人监护。电工等级应同工程的难易程度和技术复杂性相适应。

5. 制定触电抢救预案

严格用电设备的操作管理能使触电事故率大大降低，但由于多种原因触电事故很难完全避免，所以制定施工现场触电抢救预案是必要的。

安全管理人员、电工及其他相关人员都应明确开关箱、配电箱的位置和掌握拉闸方法，还应掌握其他使触电者脱离电源的简便易行方法；工地常备担架和急救药品，并能随时取用。安全管理人员、电工管理人员、电工及其他有关人员应掌握人工呼吸和体外心脏按摩抢救方法；安全管理人员、电工及其他人员应熟记所在城市的急救电话和附近医院地址、行车路线、急救电话等。

三、安全技术档案

建筑施工现场临时用电安全技术资料的编写和实施过程，也就是通过电气安全技术措施及组织管理措施，达到控制和消除建筑施工生产中出现的电气不安全状态和不安全行为，达到保护人身安全与国家财产免受损失的过程，是临时用电安全管理的重要组成部分。

建立临时用电安全技术资料，有利于加强临时用电的科学管理，使之规范化、标准化，进而实现安全用电；也可用于分析事故发生的原因。

规范 3.3 条明确了施工现场临时用电必须建立安全技术档案，同时明确了安全技术档案的基本内容。各分项工程中必须突出强调以安全为重点的资料和安全技术措施、安全管理措施、电气防火措施。

施工现场一般应建立的临时用电安全技术资料的主要内容：

（1）现场临时用电组织设计（施工方案）；

（2）现场临时用电设计变更单；

（3）现场临时用电技术交底记录；

（4）现场临时用电检查验收记录；

（5）施工现场电气设备调试记录；

（6）现场临时用电接地电阻记录；

（7）现场临时用电绝缘电阻记录；

（8）现场临时用电漏电保护检查记录；

（9）现场临时用电定期检查记录；

（10）现场临时用电复查验收记录；

（11）现场临时用电安装、巡查、维修、拆除工作记录；

（12）雨季临时用电安全及防雷技术措施；

（13）冬季电气安全技术措施；

（14）外电保护措施（方案）；

（15）自备发电安全技术措施（方案）；

（16）预防触电事故专项治理措施；

（17）电气火灾应急救援预案；

（18）触电事故应急救援预案；

（19）装饰装修工程或其他特殊阶段施工用电方案；

（20）无自然采光的地下大空间施工场所照明用电方案。

明确建立临时用电安全技术档案的重要性，编写和整理安全技术档案，时刻注意把握各分项工程中必须突出强调以安全为重点的资料和安全技术措施、安全管理措施，电气防火技术措施的内容。

明确施工现场的电气技术人员负责建立和管理临时用电安全技术档案，强调职责、明确责任。及时收集、整理安全技术资料、督促建档工作。建立定期不定期的安全技术资料的检查和审核制度，及时找出问题，及时整改。

第二节　施工现场用电技术措施

施工现场用电技术措施主要包括两大部分，预防人体触电的技术措施和保护电气设备的技术措施。预防人体触电的技术措施包括绝缘、保护接地与保护接零、等点位联结、漏电保护器和安全用具、触电急救方法等。

一、保护人体的技术措施

1. 设备绝缘措施

电气设备绝缘是指采用绝缘材料将电气设备正常工作时的带电部分和外界隔离开来。为保证自身正常工作和防止人体触电，电气设备必须采用绝缘措施。对裸露的带电部分进行绝缘处理，绝缘材料首先应具有较高的绝缘电阻和耐压强度，并能避免发生漏电、击穿等事故，其次耐热性能要好，避免因长期过热而老化变质。电气设备绝缘是采用封堵的办法降低电的不安全状态，减少用电事故。

电气设备的绝缘分为：0类设备、Ⅰ类设备、Ⅱ类设备、Ⅲ类设备。0类设备绝缘保护适用于对地绝缘良好的场所，此类设备的正常导电部分和外部的正常不导电的金属壳之间有一层基本绝缘，并且没有保护接零（地）端子；Ⅰ类设备绝缘与0类相同，但设有保护接线端子，用于对设备绝缘要求较低的场所；Ⅱ类设备的绝缘性能较高，采用了加强绝缘的措施，该类设备一般不会因为绝缘损坏而造成设备外壳导电，能用于对绝缘要求较高的场所；Ⅲ类设备是只能采用安全电压的设备，适用于有特别触电危险的场所，使用时不做保护接零。

2. 保护接地与保护接零措施

将电气设备外壳与电网的零线连接叫保护接零；将电气设备外壳与大地连接叫保护接

地。在低压电网已经做了工作接地时，应采用保护接零，不应采用保护接地。对于电气设备处于潮湿或条件恶劣施工现场的临时用电系统更应该优先采用保护接零。

保护接零、保护接地是为了防止人身触电事故、保证电气设备正常运行所采取的一项重要技术措施，接地保护的基本原理是限制漏电设备对地的泄露电流，使其不超过某一安全范围，一旦超过某一整定值保护器就能自动切断电源；接零保护的原理是借助接零线路，使设备在绝缘损坏后碰壳形成单相金属性短路时，利用短路电流促使线路上的保护装置迅速动作，从而大大降低了人体接触带电机壳而触电的危险。

接地装置由接地体和接地线组成，规范规定每一接地装置应采用 2 根或以上导体，在不同点与接地体做电气连接。埋入地下并直接与大地接触的金属导体称为接地体，连接设备和接地体的金属导线称为接地线。连接体一般采用钢材，铜线好但是成本太高，铝材在地下容易腐蚀，故不得采用铝材导体做接地体或地下连接线。垂直接地体宜采用角钢、钢管或光面圆钢，不得采用螺纹钢，以防止和土壤接触不紧密。避雷针的接地线宜采用直径不小于 6mm 的圆钢，固定设备的接地线宜采用截面不小于 2.5mm^2 的绝缘铜线，移动设备的接地线宜采用截面不小于 1.5mm^2 的多股软铜线。另外注意，接地装置施工时，在土层厚度在 2m 以上的地方接地体宜垂直敷设，可以用大锤打入，接地体和接地线的连接应采用焊接，接地线和电气设备的连接可采用焊接或螺栓连接，螺栓连接应加弹簧垫片和防松螺帽，在强烈腐蚀的地方接地体和接地线还应该采取防腐措施。

接地电网的保护接零分为 TN（工作接地一保护接零）系统和 TT 系统（工作接地一保护接零），规范规定建筑施工现场临时用电工程专用的电源中性点直接接地的 220/380V 三相四线制低压电力系统，必须采用 TN-S（工作零线与保护零线分开设置）接零保护系统，在 TN-S 系统中，电气设备的金属外壳必须与保护零线连接。保护零线应由工作接地线、配电室（总配电箱）电源侧零线或总漏电保护器电源侧零线处引出。

保护接零接地是施工现场临时用电工程必须采取的安全措施之一。所以从临时用电设计、施工、验收、维护管理到监督检查的全过程，必须确保规范规定的电气设备不带电的外露可导电部分做好保护接零接地。

3. 等电位联结措施

等电位联结是用导线把各电气设备的外露可导电部分和外部可导电部分连接起来。等电位联结后一般还要再与大地相连，等电位联结实际上可以看成是保护接零和接地措施的一种补充。它能够降低接触电压，防止间接接触电击及电磁干扰，在电气设计中，是一种行之有效的安全措施。等电位连结线及端子板宜采用铜质材料。对于防雷等电位，在与基础钢筋连接时，连结线宜选用钢材。

4. 漏电保护措施

施工临时用电系统中设漏电保护器是防止人身触电事故的有效措施之一，也是防止因漏电引起电气火灾和电气设备损坏事故的技术措施。但安装漏电保护器后并不等于绝对安全，运行中仍应以预防为主，并应同时采取其他防止触电和电气设备损坏事故的技术措施。漏保在施工现场中应该遵循以下原则：

（1）两级保护　建筑施工临时用电工程专用电源中性点直接接地的 220/380V 三相四线制低压电力系统，必须采用二级漏电保护系统。二级漏电保护是指总配电箱（或配电室）和开关箱二级保护，总配电箱和开关箱均应该设置漏电保护。

(2)“一机一漏” 施工现场的每一台电动建筑机械或手持式电动工具的开关箱均应设置漏电保护器。

《施工现场临时用电安全技术规范》要求，施工现场所有用电设备，除作保护接零外，必须在设备负荷线的首端处设置漏电保护装置。同时规定，开关箱中必须装设漏电保护器。就是说，临时用电应在总配电箱和开关箱中分别设置漏电保护器，形成用电线路的两级保护。漏电保护器要装设在配电箱电源隔离开关的负荷侧和开关箱电源隔离开关的负荷侧。总配电箱的保护区域较大，停电后的影响范围也大，主要是提供间接保护和防止漏电火灾，其漏电动作电流和动作要大于后面的保护。因此，总配电箱和开关箱中两级漏电保护器的额定电流动作和额定漏电动作时间应作合理配合，使之具有分级分段保护的功能。开关箱内的漏电保护器动作电流应不大于30mA，额定漏电动作时间应不小于0.1s。对搁置已久重新使用和连续使用一个月的漏电保护器，应认真检查其特性，发现问题及时修理或更换。

在实际工作当中，发现有的施工现场漏电保护器配置不合理，末级电箱漏电保护器电流过大，发生漏电后直接引起总箱漏电保护器动作，没有形成分级配置。施工企业发现问题应该检查、测试漏电保护器的规格和性能，查找漏电原因，及时排除故障，而不是单纯增加漏电保护器的数量，加大了用电成本，留存了事故隐患。

漏电保护采用分级保护的目的是缩小事故停电的范围，提高供电的可靠性，即只切断漏电支路电源，而不切断上一级的电源。分级保护的额定漏电动作电流和动作时间应协调配合，第一级的额定漏电动作电流和动作时间应大于第二级，第一级应选用灵敏度低和延时漏电保护器，即前后级要有时间差和电流极差。

漏电保护器按功能区分可以分为漏电保护开关和继电器；按原理可以分为电磁式和电子式；按动作时间分为瞬时动作式和延迟动作式；按使用方式分为固定式和移动式；按功能多样性可分为单一功能和多功能漏电保护器。

漏电保护器的选择必须符合现行国家标准《剩余电流动作保护器的一般要求》(GB 6829）和《漏电保护器安装和运行的要求》(GB 13955）的规定。另外总配电箱中漏电保护器的额定漏电动作电流应大于30mA，额定漏电动作时间应大于0.1s，但其额定漏电动作电流与额定漏电动作时间的乘积不应大于30mA·s。开关箱中漏电保护器的额定漏电动作电流不应大于30mA，额定漏电动作时间不应大于0.1s。使用于潮湿或有腐蚀介质场所的漏电保护器应采用防溅型产品，其额定漏电动作电流不应大于15mA，额定漏电动作时间不应大于0.1s。见规范8.2.10条～8.2.11条。配电箱、开关箱中的漏电保护器宜选用无辅助电源型（电磁式），或选用辅助电源故障时能自动断开的辅助电源型（电子式），当选用辅助电源故障时不能自动断开的辅助电源型漏电保护器时，应同时设置缺相保护；总配电箱和开关箱中漏电保护器的极数和线数必须与其负荷侧负荷的线数和相数一致。

5. 安全用具措施

安全用具可以看作设备绝缘措施的延伸措施，绝缘层是把电气设备绝缘出来，安全用具是把人体绝缘开来。

施工企业项目部应针对气候（高温与潮湿）与工程特点对施工人员进行必要的针对性

的临时用电安全教育和交底，让其了解电的基本知识，防护用品的正确使用方法，增强自我保护意识。项目部还要根据施工项目及工种的特点，为在施工现场有可能直接使用电动设备人员配备合格的防触电方面的防护用品（如绝缘手套、绝缘鞋等），并督促操作工人按规定正确使用劳防用品，教育操作人员提高自我保护意识，杜绝违章操作，严禁在无监护人员的情况下带电操作。

施工人员应严格按规定正确使用安全用具，不能图省事、图舒服（特别是闷热天气）、怕麻烦而敷衍了事。

6. 触电抢救措施

触电抢救措施是预防人体触电的补救措施，由于触电原因的复杂性、人的认识能力的局限性、人的行为很难做到万无一失等原因，触电事故不可能杜绝，万一有人触电，应首先设法尽快使触电者脱离电源，然后根据需要进行人工呼吸和心脏按压等补救措施。即要做到：迅速、就地、准确、坚持。

迅速，就是动作要快，一旦有人触电，必须做到紧急呼救，迅速切断电源开关，尽快使触电者脱离电源，拉开电源刀闸或用绝缘竹竿挑开断落低压电力线，如遇高压电力线断落，要迅速用电话通知供电局停电。

就地，就是必须在触电现场附近就地进行抢救，切忌长途运载将触电者送往医院或供电局抢救，否则势必耽误了抢救时间，造成抢救无效死亡。触电者脱离电源后，使其仰卧，要赶快检查触电者是否有呼吸和心跳。如有心跳、呼吸，应让触电者静卧、休息，然后请医生或送医院。如没有心跳则应该进行心脏体外挤压；如没有呼吸应进行人工呼吸；如两者均没有，则交替进行心跳挤压和人工呼吸。

准确，是指人工呼吸操作方法必须准确。

坚持，就是只要有1%的希望，就要尽100%的努力去抢救，必须要在确定触电者已经死亡后，才能放弃。一般情况下，只要五个象征出现了，就可以宣布抢救无效死亡。这五个象征一是心跳、呼吸完全停止；二是瞳孔放大；三是血管硬化；四是出现尸斑；五是尸僵。如果其中还有1～2个条件尚未出现，还应坚持抢救。如果自己无法确定，待医生到来后鉴定。

二、保护电器技术措施

设备保护不到位可能造成供电中断、设备损坏、生产瘫痪等，为了使供电设备和用电设备能够正常工作，用电系统将采用各种技术保护措施，包括过载保护、短路保护、过压保护、欠压保护、失压保护、缺相保护、联锁保护等。除了上述保护措施外，还有安装方面采取的保护电气设备的措施，如配电线路的安装保护措施。而实现上述保护措施主要采用熔断器、隔离开关、负荷开关、断路器、接触器、继电器和综合保护器等电气设备。

1. 过压保护、欠压保护和失压保护

当电源电压过压时，过压保护装置能延迟一定时间后将电源切断，从而避免电器设备的过压损坏，这种保护称过压保护。为了保证供电的可靠性和电器设备工作的可靠性，过压保护应是延时保护，如果一过压，保护装置就动作，就会造成供电线路的频繁停电和电器设备的频繁停机，严重影响生产和生活。延时过压保护不会造成电气设备损坏，设备一般都允许短时间内过压运行。限制过电压的技术措施有：使用灭弧能力强的断路器，安装避雷针、避雷器，采用继电保护器，综合保护器，交流稳压器等。

欠压由供电线路的负载过重、电网自身不稳定、输电线路损耗过大、大型用电设备的启动等原因引起，持续时间长短不一。有的设备允许欠压运行，如白炽灯泡，但有的设备不允许长时间欠压运行，如欠压运行的电动机电流反而增加，容易造成电动机过热、寿命缩短、甚至烧毁，所以电动机等设备需要欠压保护。当电源电压欠压时，保护装置延迟一定时间后将电源切断，但也需要延时，如果一欠压就动作，容易造成供电线路的频繁断电和电气设备的频繁停机。欠压保护的技术措施有：采用断路器、继电保护器、综合保护器、交流稳压器等。

由于某种原因导致供电线路意外断电（如熔断器熔断、断路器跳闸、雷电），当失压后恢复供电时，失压保护装置能保证用电设备不能自动恢复运行，要重新启动才能恢复运行，以免造成事故，这种保护称为失压保护。失压保护的主要措施包括采用断路器、继电保护器、综合保护器。

2. 过载保护、短路保护、缺相保护

过载保护和短路保护是电气设备最重要的两种保护，缺相保护主要针对电动机，缺相运行是电动机安全运行的大敌。

过载就是电气设备的负载过重，造成其实际工作电流超过额定工作电流。过载造成电气设备过热、寿命缩短甚至烧毁，故对电气应进行过载保护。当发生过载现象时过载保护在延迟一定时间后就会自动切断电源，以防止电气设备长时间过载运行而损坏，这种保护叫做过载保护。过载保护动作也需要必要的延时，否则也会造成电网的频繁停电和设备的频繁停机，影响生产和生活。过载保护的技术措施包括采用熔断器、断路器、过流继电器、综合保护器等。

短路由电气设备的绝缘损坏等原因引起，短路电流一般很大，如不尽快切断电源将造成设备烧毁、火灾、爆炸等严重事故，所以电气设备特别需要进行短路保护，当发生短路现象时，短路保护装置能立即将电源切断。

3. 熔断器

熔断器俗称保险丝、保险片或保险管，当线路负荷过大或短路导致线路电流剧增，导线温度升高，当温度达到一定熔点（导线的熔点一般比保险丝熔点高），保险丝熔断，达到切断线路的作用，保护线路及设备免遭更大损害。熔断器主要用于短路保护以及过载保护。常用的熔断器主要有瓷插式熔断器、无填料管式熔断器、有填料熔断器和快速熔断器等。瓷插式熔断器体积小、价格低、使用方便，但灭弧能力差，分断电流的能力较低，且熔丝的熔化特性不很稳定，所以多用于照明线路和小功率（7.5kW 以下）电动机的短路保护，要求不高时也可以作过载保护；无填料管式熔断器灭弧能力强，分断能力高，适用于一般场合的短路保护和过载保护；有填料熔断器主要用于要求较高、短路电流很大的场合的短路保护和过载保护；快速熔断器的熔体用银制成，熔断时间短，主要用于需要特殊保护的场所。

4. 电力开关

电力开关是接通或断开一次回路（主回路）的开关。常用的电力开关分为隔离开关、负荷开关和断路器。

隔离开关是一种没有灭弧装置的开关设备，主要用来断开无负荷电流的电路，隔离电源，在分闸状态时有明显的断开点，以保证其他电气设备的安全检修。在合闸状态时能可靠地通过正常负荷电流及短路故障电流。因它没有专门的灭弧装置，不能切断负荷电流及短路电流，因此，隔离开关只能在电路已被断路器断开的情况下才能进行操作，严禁带负荷操作，以免造成严重的设备和人身事故。只有电压互感器、避雷器、励磁电流不超过 2A 的空载变压器、电流不超过 5A 的空载线路，才能用隔离开关进行直接操作。

负荷开关是一种带有专用灭弧触头、灭弧装置和弹簧断路装置的分合开关。从结构上看，负荷开关与隔离开关相似（在断开状态时都有可见的断开点），但它可用来开闭电路，这一点又与断路器类似。然而，断路器可以控制任何电路，而负荷开关只能开闭负荷电流，或者开断过负荷电流，所以只用于切断和接通正常情况下电路，而不能用于断开短路故障电流。但是，要求它的结构能通过短路时间的故障电流而不致损坏。由于负荷开关的灭弧装置和触头是按照切断和接通负荷电流设计的，所以负荷开关在多数情况下，应与高压熔断器配合使用，由后者来担任切断短路故障电流的任务。负荷开关的开闭频度和操作寿命往往高于断路器。

断路器按其使用范围分为高压断路器和低压断路器。高低压界线划分比较模糊，一般将 3kV 以上的称为高压电器，低压断路器又称自动开关，它是一种既有手动开关作用，又能自动进行失压、欠压、过载、和短路保护的电器，它可用来分配电能，不频繁地启动异步电动机，对电源线路及电动机等实行保护。当它们发生严重的过载或者短路及欠压等故障时能自动切断电路，其功能相当于熔断器式开关与过欠热继电器等的组合，而且在分断故障电流后一般不需要变更零部件。高压断路器（或称高压开关）是变电所主要的电力控制设备，具有灭弧特性，当系统正常运行时，它能切断和接通线路及各种电气设备的空载和负载电流；当系统发生故障时，它和继电保护配合，能迅速切断故障电流，以防止扩大事故范围。因此，高压断路器工作的好坏，直接影响到电力系统的安全运行。高压断路器种类很多，按其灭弧的不同，可分为：油断路器（多油断路器、少油断路器）、六氟化硫断路器（SF_6 断路器）、真空断路器、压缩空气断路器等。

5. 接触器、继电器

接触器是一种应用广泛的开关电器。接触器主要用于频繁接通或分断交、直流主电路和大容量的控制电路，可远距离操作，配合继电器可以实现定时操作，联锁控制及各种定量控制和失压及欠压保护，广泛应用于自动控制电路，其主要控制对象是电动机，也可用于控制其他电力负载，如照明、电焊机、电容器组等。

继电器是在电路中起控制信号中继（传递、中转）作用，是根据某种输入信号的变化，接通或断开控制电路，实现自动控制和保护电力装置的自动电器。继电器的种类很多，按输入信号的性质分为：电压继电器、电流继电器、时间继电器、温度继电器、速度继电器、压力继电器等。另外延时继电器是继电器在收到输入的控制信号后并不马上动作，而且延迟一定时间再动作的继电器。如用于电动机过载保护的热继电器应有延时功能。

第三节　PKPM临时用电设计软件

软件严格按照《施工现场临时用电安全技术规范》(JGJ 46—2005)“三相五线制”、“三级配电两级保护”的要求进行设计。对工程的有关内容(工程环境、导线的设置形式、照明设备和动力设备的选择)进行设置后，程序自动计算用电负荷，并依据计算结果，程序自动选择变压器，选择总箱的进线截面及进线开关，选择各分线路上的导线截面及分配箱，选择开关箱内电气设备，最后绘制临时用电施工系统图，生成完整详细的WORD格式施工方案。

软件自动生成的临时用电方案包括7部分内容：

(1) 施工条件；

(2) 设计内容和步骤；

(3) 绘制临时供电施工图；

(4) 给出安全用电措施；

(5) 给出外电防护的安全技术要求；

(6) 给出自备电源的安全技术要求；

(7) 给出用电防火措施。

软件生成的方案内容主要依据《施工现场临时用电安全技术规范》(JGJ 46—2005)和《建筑安装工程安全生产文明施工资料手册》。其中施工条件包括工程概况和施工现场用电量统计表；设计内容和步骤包括现场勘探及初步设计、确定用电负荷、选择变压器、选择总箱的进线截面及进线开关、导线截面及分配箱、开关箱内电气设备等内容；绘制临时供电施工图部分：分别绘制临时供电系统图和施工现场临时用电平面图(该图由用户用其他软件根据施工现场布置绘制，然后插入到方案相应位置)；安全用电措施包括安全用电技术措施和安全用电组织措施。

PKPM临时用电设计软件主界面如下：

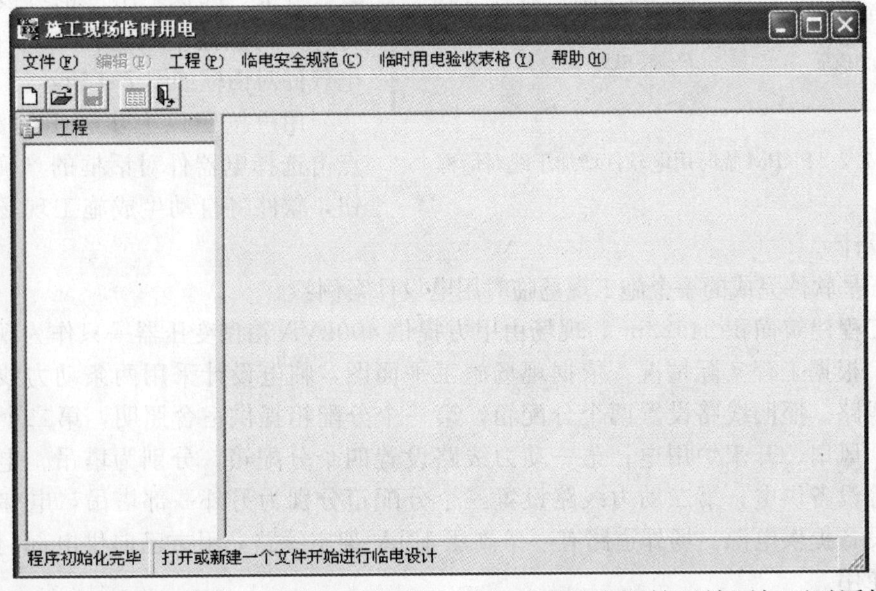

使用软件进行临电设计，首先新建工程，根据工程的实际情况填写如下对话框进行工

程设置，如图 7.1 所示。

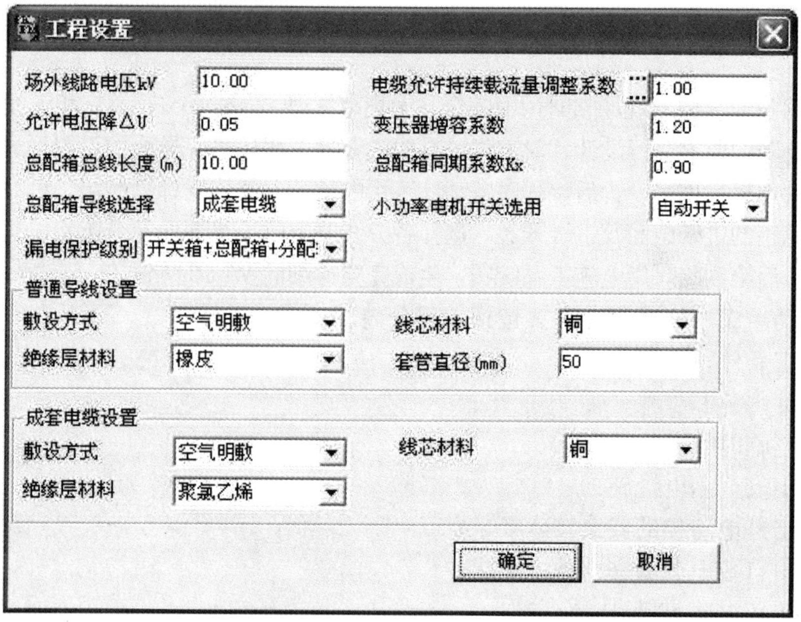

工程设置

场外线路电压kV　10.00　　电缆允许持续载流量调整系数　1.00
允许电压降ΔU　0.05　　变压器增容系数　1.20
总配箱总线长度(m)　10.00　　总配箱同期系数Kx　0.90
总配箱导线选择　成套电缆　　小功率电机开关选用　自动开关
漏电保护级别　开关箱+总配箱+分配

普通导线设置
敷设方式　空气明敷　　线芯材料　铜
绝缘层材料　橡皮　　套管直径(mm)　50

成套电缆设置
敷设方式　空气明敷　　线芯材料　铜
绝缘层材料　聚氯乙烯

确定　取消

图 7.1　PKPM 临时用电软件工程设置对话框

然后依次增加干线、分配箱、设备等，如图 7.2、图 7.3 所示。

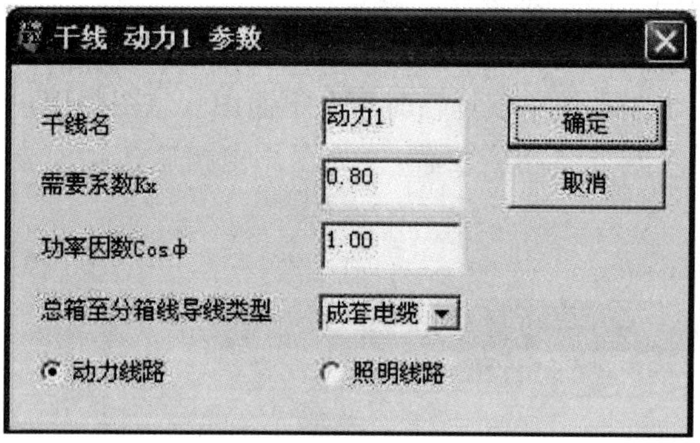

干线 动力1 参数

干线名　动力1　　确定
需要系数Kx　0.80　　取消
功率因数Cosφ　1.00
总箱至分箱线导线类型　成套电缆
动力线路　照明线路

图 7.2　PKPM 临时用电软件增加干线对话框

干线、分配箱、设备设置完毕之后，点击软件菜单【工程】下面的【用电计算】，软件弹出选择电气件对话框，软件根据用户设置自动计算电流，允许电压降，选择符合要求的导线、开关、漏保。用户也可以根据软件计算的电流重新选择电气件。选择电气件对话框如图 7.4 所示。

用户按照以上步骤填写完毕后，点击选择电器件对话框的‘确定’按钮，软件将自动生成施工现场临时用电组织设计。

以下是软件完成的一个施工现场临时用电设计案例：

某工程建筑面积 24923m²，现场由甲方提供 400kVA 箱型变压器一只作为现场施工用电源。根据工程实际情况，依据现场施工平面图，临电设计采用两条动力线路、一条照明线路。照明线路设置两个分配箱，第一个分配箱提供宿舍照明，第二个分配箱供空调、风扇、开水炉用电；第一动力线路设置四个分配箱，分别为塔吊、电梯、钢筋加工等设备供电；第二动力线路设置三个分配箱分别为另外一部塔吊，电梯和混凝土搅拌设备提供电源。场外道路有一条高压 10kV 架空线路，甲方已向供电部门报批容量允许使用。

设备名	组号	数量	功率(kW)	需要系数	铭牌暂载率	实际暂载率	功率因数	导线长(m)	电压(V)
钢筋调直机	6	1	2.80	0.70	0.40	0.40	0.70	30	380
钢筋切断机	6	2	5.50	0.70	0.40	0.40	0.70	10	380
钢筋弯曲机	6	2	1.00	0.70	0.40	0.40	0.70	10	380

图 7.3　PKPM 临时用电软件分配箱设置对话框

选择电器件

项目	功率(kW)	电流(A)	变压器	导线	零线	地线	开关	熔断器	漏电保护器
总配箱	152.08	231.06	SL7-200/10	VV3×120+2×			DZ10-600/3		DZ10L-250/
塔式起重机		13.80		VV3×10+2×6			DZ5-20/3		DZ15L-30/3
双笼电梯		28.65		VV3×10+2×6			DZ15-40/3		DZ15L-30/3
钢筋调直机		4.25		VV3×10+2×6			DZ5-20/3		DZ15L-30/3
钢筋切断机		8.36		VV3×10+2×6			DZ5-20/3		DZ15L-30/3
钢筋弯曲机		1.52		VV3×10+2×6			DZ5-20/3		DZ15L-30/3
钢筋对焊机		113.95		VV3×35+2×1			DZ10-250/3		DZ10L-250/
分3至第4组电机		13.80		VV3×10+2×6			DZ5-20/3		
分4至第5组电机		28.65		VV3×10+2×6			DZ15-40/3		
分5至第6组电机		24.01		VV3×10+2×6			DZ15-40/3		
分6至第7组电机		113.95		VV3×35+2×1			DZ10-250/3		
分3		32.21		VV3×10+2×6			DZ5-50/3		DZ15L-40/3
分4		66.85		VV3×16+2×1			DZ10-100/3		DZ10L-100/
分5		19.21		VV3×10+2×6			DZ15-40/3		DZ15L-30/3
分6		113.95		VV3×35+2×1			DZ10-250/3		DZ10L-250/
动力1		189.62		VV3×95+2×5			DZ10-600/3		
塔式起重机		13.80		VV3×10+2×6			DZ5-20/3		DZ15L-30/3
双笼电梯		28.65		VV3×10+2×6			DZ15-40/3		DZ15L-30/3
混凝土搅拌机		11.73		VV3×10+2×6			DZ5-20/3		DZ15L-30/3
振捣棒		1.72		VV3×10+2×6			DZ5-20/3		DZ15L-30/3
平板振动器		3.91		VV3×10+2×6			DZ5-20/3		DZ15L-30/3
分7至第4组电机		13.80		VV3×10+2×6			DZ5-20/3		
分8至第5组电机		28.65		VV3×10+2×6			DZ15-40/3		
分9至第6组电机		22.52		VV3×10+2×6			DZ15-40/3		
分7		32.21		VV3×10+2×6			DZ5-50/3		DZ15L-40/3
分8		66.85		VV3×16+2×1			DZ10-100/3		DZ10L-100/
分9		19.69		VV3×10+2×6			DZ15-40/3		DZ15L-30/3
动力2		108.85		VV3×35+2×1			DZ10-250/3		

系统图是否绘制电表　型号 DT862-4A　输出到EXCEL　确定　取消

图 7.4　PKPM 临时用电软件选择电器件对话框

本工程在 PKPM 施工临时用电软件中的做法如下：依次增加“照明 1”、“动力 1”、“动力 2”三条干线。在“照明 1”中进行分配箱设置，增加“分 1”和“分 2”；在“动力 1”中增加四个分配箱：“分 3”、“分 4”、“分 5”，“分 6”；在“动力 2”中增加三个分配箱“分 7”、“分 8”、“分 9”，并分别在各分配箱中设置相应的设备。软件显示如下：

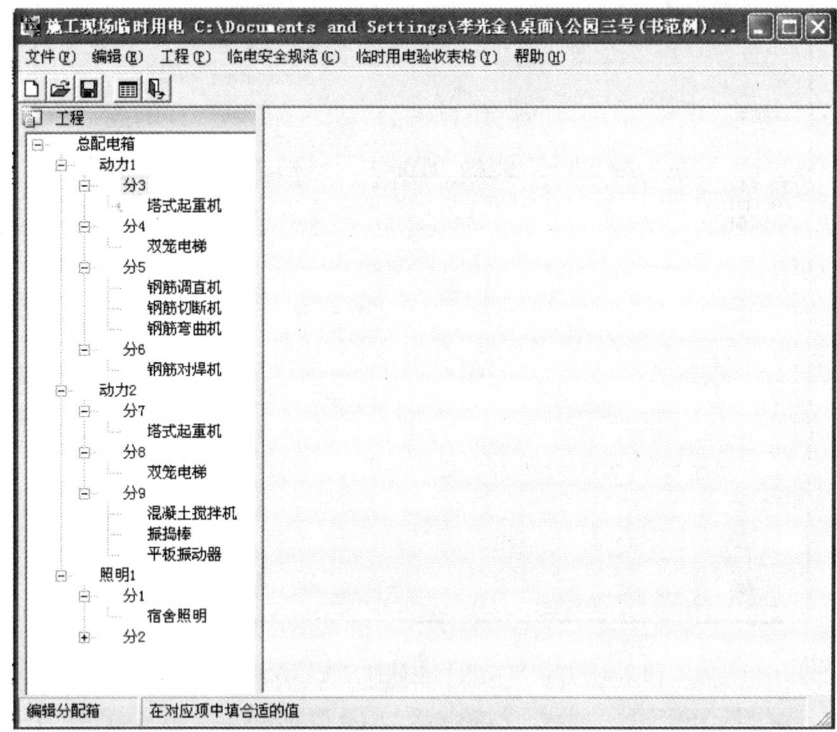

根据工程实际情况和现场平面图，软件参数设置完毕之后。点击软件菜单【工程】下面的【用电计算】，软件自动计算各段干线，分线电流，允许电压降；选择符合要求的导线、开关、漏保。界面如下：

项目	功率(kW)	电流(A)	变压器	导线	零线	地线	开关	熔断器	漏电保护器
总配箱	152.08	231.06	SL7-200/10	VV3×120+2×			DZ10-600/3		DZ10L-250/
塔式起重机		13.80		VV3×10+2×6			DZ5-20/3		DZ15L-30/3
双笼电梯		28.65		VV3×10+2×6			DZ15-40/3		DZ15L-30/3
钢筋调直机		4.25		VV3×10+2×6			DZ5-20/3		DZ15L-30/3
钢筋切断机		8.36		VV3×10+2×6			DZ5-20/3		DZ15L-30/3
钢筋弯曲机		1.52		VV3×10+2×6			DZ5-20/3		DZ15L-30/3
钢筋对焊机		113.95		VV3×35+2×1			DZ10-250/3		DZ10L-250/
分3至第4组电机		13.80		VV3×10+2×6			DZ5-20/3		
分4至第5组电机		28.65		VV3×10+2×6			DZ15-40/3		
分5至第6组电机		24.01		VV3×10+2×6			DZ15-40/3		
分6至第7组电机		113.95		VV3×35+2×1			DZ10-250/3		
分3		32.21		VV3×10+2×6			DZ5-50/3		DZ15L-40/3
分4		66.85		VV3×16+2×1			DZ10-100/3		DZ10L-100/
分5		19.21		VV3×10+2×6			DZ15-40/3		DZ15L-30/3
分6		113.95		VV3×35+2×1			DZ10-250/3		DZ10L-250/
动力1		189.62		VV3×95+2×5			DZ10-600/3		
塔式起重机		13.80		VV3×10+2×6			DZ5-20/3		DZ15L-30/3
双笼电梯		28.65		VV3×10+2×6			DZ15-40/3		DZ15L-30/3
混凝土搅拌机		11.73		VV3×10+2×6			DZ5-20/3		DZ15L-30/3
振捣棒		1.72		VV3×10+2×6			DZ5-20/3		DZ15L-30/3
平板振动器		3.91		VV3×10+2×6			DZ5-20/3		DZ15L-30/3
分7至第4组电机		13.80		VV3×10+2×6			DZ5-20/3		
分8至第5组电机		28.65		VV3×10+2×6			DZ15-40/3		
分9至第8组电机		22.52		VV3×10+2×6			DZ15-40/3		
分7		32.21		VV3×10+2×6			DZ5-50/3		DZ15L-40/3
分8		66.85		VV3×16+2×1			DZ10-100/3		DZ10L-100/
分9		19.69		VV3×10+2×6			DZ15-40/3		DZ15L-30/3
动力2		108.85		VV3×35+2×1			DZ10-250/3		

用户可以根据实际情况，依据软件自动计算的电流、电压降重新选择导线、开关或漏保。用户确定各电气件之后，点击对话框中的【确定】按钮之后，软件自动生成施工临时用电方案，软件生成的方案内容如下。

一、施工条件

1. 工程概况（斜体部分内容，为用户根据工程实际情况增加）

公园三号5＃、6＃、9＃、10＃及地下车库建安工程位于某市某区望湖路与云东路交叉口，工程建筑面积24923m^2，地下1层，地上18层。现场由甲方提供400kVA箱型变压器一只，作为现场施工用电源。

现场设塔吊二台，施工电梯二台，钢筋制作车间、木工棚各一座；现场设办公室、宿舍、食堂等。

2. 施工现场用电量统计表（表7.1）

施工现场用电量统计表　　　表7.1

序号	设备名称	安装功率（kW）	数量	合计功率（kW）
1	塔式起重机	21.2	2	42.4
2	双笼电梯	44	2	88
3	钢筋调直机	2.8	1	2.8
4	钢筋切断机	5.5	2	11
5	钢筋弯曲机	1	2	2
6	钢筋对焊机	75	1	75
7	混凝土搅拌机	7.5	1	7.5
8	振捣棒	1.1	4	4.4
9	平板振动器	2.5	1	2.5
10	宿舍照明	0.1	6	0.6
11	空调	1.5	2	3
12	开水炉	11	1	11
13	吊扇	0.2	3	0.6

二、设计内容和步骤

1. 现场勘探及初步设计

(1) 本工程所在施工现场范围内无各种埋地管线。

（2）现场采用 380V 低压供电，设一配电总箱，内有计量设备，采用 TN-S 系统供电。

（3）根据施工现场用电设备布置情况，总线采用电缆线空气明敷，动力 1 采用电缆线空气明敷，动力 2 采用电缆线空气明敷，照明 1 采用电缆线空气明敷，分 3 采用电缆线空气明敷，分 4 采用电缆线空气明敷，分 5 采用电缆线空气明敷，分 6 采用电缆线空气明敷，分 7 采用电缆线空气明敷，分 8 采用电缆线空气明敷，分 9 采用电缆线空气明敷，分 1 采用导线架空敷设，分 2 采用电缆线空气明敷，布置位置及线路走向参见临时配电系统图及现场平面图，采用三级配电，两极防护。

（4）按照《JGJ 46—2005》规定制定施工组织设计，接地电阻 $R \leqslant 4\Omega$。

2. 确定用电负荷

（1）塔式起重机组

$K_x=0.30$，$\cos\varphi=0.70$，$\tan\varphi=1.02$　　$P_{js}=K_xP_e=0.30\times21.20=6.36$kW

（2）双笼电梯组

$K_x=0.30$，$\cos\varphi=0.70$，$\tan\varphi=1.02$　　$P_{js}=K_xP_e=0.30\times44.00=13.20$kW

（3）钢筋调直机组

$K_x=0.70$，$\cos\varphi=0.70$，$\tan\varphi=1.02$　　$P_{js}=K_xP_e=0.70\times2.80=1.96$kW

（4）钢筋切断机组

$K_x=0.70$，$\cos\varphi=0.70$，$\tan\varphi=1.02$　　$P_{js}=K_xP_e=0.70\times11.00=7.70$kW

（5）钢筋弯曲机组

$K_x=0.70$，$\cos\varphi=0.70$，$\tan\varphi=1.02$　　$P_{js}=K_xP_e=0.70\times2.00=1.40$kW

（6）钢筋对焊机组

$K_x=0.45$，$\cos\varphi=0.45$，$\tan\varphi=1.98$　　$P_{js}=K_xP_e=0.45\times75.00=33.75$kW

（7）塔式起重机组

$K_x=0.30$，$\cos\varphi=0.70$，$\tan\varphi=1.02$　　$P_{js}=K_xP_e=0.30\times21.20=6.36$kW

（8）双笼电梯组

$K_x=0.30$，$\cos\varphi=0.70$，$\tan\varphi=1.02$　　$P_{js}=K_xP_e=0.30\times44.00=13.20$kW

（9）混凝土搅拌机组

$K_x=0.70$，$\cos\varphi=0.68$，$\tan\varphi=1.08$　　$P_{js}=K_xP_e=0.70\times7.50=5.25$kW

（10）振捣棒组

$K_x=0.70$，$\cos\varphi=0.68$，$\tan\varphi=1.08$　　$P_{js}=K_xP_e=0.70\times4.40=3.08$kW

（11）平板振动器组

$K_x=0.70$，$\cos\varphi=0.68$，$\tan\varphi=1.08$　　$P_{js}=K_xP_e=0.70\times2.50=1.75$kW

(12) 宿舍照明组

$K_x=0.80$，$\cos\varphi=1.00$，$\tan\varphi=0$ $P_{js}=K_xP_e=0.80\times0.60=0.48\text{kW}$

(13) 空调组

$K_x=1.00$，$\cos\varphi=1.00$，$\tan\varphi=0$ $P_{js}=K_xP_e=1.00\times3.00=3.00\text{kW}$

(14) 开水炉组

$K_x=1.00$，$\cos\varphi=1.00$，$\tan\varphi=0$ $P_{js}=K_xP_e=1.00\times11.00=11.00\text{kW}$

(15) 吊扇组

$K_x=1.00$，$\cos\varphi=1.00$，$\tan\varphi=0$ $P_{js}=K_xP_e=1.00\times0.60=0.60\text{kW}$

(16) 总的计算负荷计算，干线同期系数取 $K_x=0.90$

总的有功功率

$$P_{js}=K_x\Sigma P_{js}=0.90\times(6.36+13.20+1.96+7.70+1.40+33.75+6.36+13.20+5.25+3.08+1.75+0.48+3.00+11.00+0.60)=98.18\text{kW}$$

总的无功功率

$$Q_{js}=K_x\Sigma Q_{js}=0.90\times(6.49+13.47+2.00+7.86+1.43+66.98+6.49+13.47+5.66+3.32+1.89+0.00+0.00+0.00+0.00)=116.14\text{kVA}$$

总的视在功率

$$S_{js}=\sqrt{(P_{js}^2+Q_{js}^2)}=(98.18^2+116.14^2)^{1/2}=152.08\text{kVA}$$

总的计算电流计算

$$I_{js}=S_{js}/(1.732U_e)=152.08/(1.732\times0.38)=231.06\text{A}$$

3. 选择变压器

根据计算的总的视在功率选择 SL7-200/10 型三相电力变压器，它的容量为 200.00kVA≥152.08kVA × 1.20（增容系数）能够满足使用要求，其高压侧电压为 10.00kV 同施工现场外的高压架空线路的电压级别一致。

4. 选择总箱的进线截面及进线开关

(1) 选择导线截面：上面已经计算出总计算电流 $I_{js}=231.06\text{A}$，查表得电缆线空气明敷，铜芯聚氯乙烯绝缘电缆线 VV3×120+2×70，其安全载流量为 259A，能够满足使用要求。

按允许电压降：

$$S=K_x\times\Sigma(PL)/C\Delta U=0.90\times2508.00/(77.00\times5.00)=5.86\text{mm}^2$$

(2) 选择总进线开关：DZ10-600/3，其脱扣器整定电流值为 $I_r=480\text{A}$。

(3) 选择总箱中漏电保护器：DZ10L-250/3。

5. 动力 1 线路上导线截面及分配箱、开关箱内电气设备选择在选择前应对照平面图和系统图先由用电设备至开关箱计算，再由开关箱至分配箱计算，选择导线及开关设备。分3至开关箱，开关箱至用电设备采用铜芯聚氯乙烯绝缘电缆线空气明敷。分4至开关箱，开关箱至用电设备采用铜芯聚氯乙烯绝缘电缆线空气明敷。分5至开关箱，开关箱至用电设备采用铜芯聚氯乙烯绝缘电缆线空气明敷。分6至开关箱，开关箱至用电设备采用铜芯聚氯乙烯绝缘电缆线空气明敷。分7至开关箱，开关箱至用电设备采用铜芯聚氯乙烯绝缘电缆线空气明敷。分8至开关箱，开关箱至用电设备采用铜芯聚氯乙烯绝缘电缆线空气明敷。分9至开关箱，开关箱至用电设备采用铜芯聚氯乙烯绝缘电缆线空气明敷。分1至开关箱，开关箱至用电设备采用铜芯橡皮绝缘导线架空敷设。分2至开关箱，开关箱至用电设备采用铜芯聚氯乙烯绝缘电缆线空气明敷。

（1）塔式起重机开关箱至塔式起重机导线截面及开关箱内电气设备选择

① 计算电流

$$K_x=0.30,\ \cos\varphi=0.70$$

$$I_{js}=K_xP_e/(1.732U_e\cos\varphi)=0.30\times21.20/(1.732\times0.38\times0.70)=13.80\text{A}$$

② 选择导线

按允许电压降：

$$S=K_x\Sigma(PL)/C\Delta U=0.30\times212.00/(77.00\times5.00)=0.17\text{mm}^2$$

选择VV3×10+2×6，空气明敷时其安全载流量为53A。室外架空铜芯电缆线按机械强度的最小截面为10mm²，满足要求。

③ 选择电气设备

选择开关箱内开关为DZ5-20/3，其脱扣器整定电流值为$I_r=16$A。漏电保护器为DZ15L-30/3。

（2）双笼电梯开关箱至双笼电梯导线截面及开关箱内电气设备选择

① 计算电流

$$K_x=0.30,\ \cos\varphi=0.70$$

$$I_{js}=K_xP_e/(1.732U_e\cos\varphi)=0.30\times44.00/(1.732\times0.38\times0.70)=28.65\text{A}$$

② 选择导线

按允许电压降：

$$S=K_x\Sigma(PL)/C\Delta U=0.30\times1320.00/(77.00\times5.00)=1.03\text{mm}^2$$

选择VV3×10+2×6，空气明敷时其安全载流量为53A。室外架空铜芯电缆线按机械强度的最小截面为10mm²，满足要求。

③ 选择电气设备

选择开关箱内开关为DZ15-40/3，其脱扣器整定电流值为$I_r=32$A。漏电保护器为DZ15L-30/3。

（3）钢筋调直机开关箱至钢筋调直机导线截面及开关箱内电气设备选择

① 计算电流

$$K_x=0.70,\cos\varphi=0.70$$

$$I_{js}=K_xP_e/(1.732U_e\cos\varphi)=0.70\times2.80/(1.732\times0.38\times0.70)=4.25\text{A}$$

② 选择导线

按允许电压降：

$$S=K_x\Sigma(PL)/C\Delta U=0.70\times84.00/(77.00\times5.00)=0.15\text{mm}^2$$

选择VV3×10+2×6，空气明敷时其安全载流量为53A。室外架空铜芯电缆线按机械强度的最小截面为10mm²，满足要求。

③ 选择电气设备

选择开关箱内开关为DZ5-20/3，其脱扣器整定电流值为 $I_r=16\text{A}$。漏电保护器为DZ15L-30/3。

(4) 钢筋切断机开关箱至钢筋切断机导线截面及开关箱内电气设备选择

① 计算电流

$$K_x=0.70,\cos\varphi=0.70$$

$$I_{js}=K_xP_e/(1.732U_e\cos\varphi)=0.70\times5.50/(1.732\times0.38\times0.70)=8.36\text{A}$$

② 选择导线

按允许电压降：

$$S=K_x\Sigma(PL)/C\Delta U=0.70\times55.00/(77.00\times5.00)=0.10\text{mm}^2$$

选择VV3×10+2×6，空气明敷时其安全载流量为53A。室外架空铜芯电缆线按机械强度的最小截面为10mm²，满足要求。

③ 选择电气设备

选择开关箱内开关为DZ5-20/3，其脱扣器整定电流值为 $I_r=16\text{A}$。漏电保护器为DZ15L-30/3。

(5) 钢筋弯曲机开关箱至钢筋弯曲机导线截面及开关箱内电气设备选择

① 计算电流

$$K_x=0.70,\cos\varphi=0.70$$

$$I_{js}=K_xP_e/(1.732U_e\cos\varphi)=0.70\times1.00/(1.732\times0.38\times0.70)=1.52\text{A}$$

② 选择导线

按允许电压降：

$$S=K_x\Sigma(PL)/C\Delta U=0.70\times10.00/(77.00\times5.00)=0.02\text{mm}^2$$

选择VV3×10+2×6，空气明敷时其安全载流量为53A。室外架空铜芯电缆线按机械强度的最小截面为10mm²，满足要求。

③ 选择电气设备

选择开关箱内开关为DZ5-20/3，其脱扣器整定电流值为 $I_r=16\text{A}$。漏电保护器为DZ15L-30/3。

(6) 钢筋对焊机开关箱至钢筋对焊机导线截面及开关箱内电气设备选择

① 计算电流

$$K_x=0.45, \cos\varphi=0.45$$

$$I_{js}=K_xP_e/(1.732U_e\cos\varphi)=0.45\times75.00/(1.732\times0.38\times0.45)=113.95\text{A}$$

② 选择导线

按允许电压降：

$$S=K_x\Sigma(PL)/C\Delta U=0.45\times2250.00/(77.00\times5.00)=2.63\text{mm}^2$$

选择 VV3×35+2×16，空气明敷时其安全载流量为 115A。室外架空铜芯电缆线按机械强度的最小截面为 10mm^2，满足要求。

③ 选择电气设备

选择开关箱内开关为 DZ10-250/3，其脱扣器整定电流值为 $I_r=200\text{A}$。漏电保护器为 DZ10L-250/3。

(7) 分 3 至第 4 组电机的开关箱的导线截面及分配箱内开关的选择

① $I_{js}=13.80\text{A}$

② 选择导线

选择 VV3×10+2×6，空气明敷时其安全载流量为 53A。室外架空铜芯电缆线按机械强度的最小截面为 10mm^2，满足要求。

③ 选择电气设备

选择分配箱内开关为 DZ5-20/3，其脱扣器整定电流值为 $I_r=16\text{A}$。

(8) 分 4 至第 5 组电机的开关箱的导线截面及分配箱内开关的选择

① $I_{js}=28.65\text{A}$

② 选择导线

选择 VV3×10+2×6，空气明敷时其安全载流量为 53A。室外架空铜芯电缆线按机械强度的最小截面为 10mm^2，满足要求。

③ 选择电气设备

选择分配箱内开关为 DZ15-40/3，其脱扣器整定电流值为 $I_r=32\text{A}$。

(9) 分 5 至第 6 组电机的开关箱的导线截面及分配箱内开关的选择

① $I_{js}=24.01\text{A}$

② 选择导线

选择 VV3×10+2×6，空气明敷时其安全载流量为 53A。室外架空铜芯电缆线按机械强度的最小截面为 10mm^2，满足要求。

③ 选择电气设备

选择分配箱内开关为 DZ15-40/3，其脱扣器整定电流值为 $I_r=32\text{A}$。

(10) 分 6 至第 7 组电机的开关箱的导线截面及分配箱内开关的选择

① $I_{js}=113.95\text{A}$

② 选择导线

选择 VV3×35+2×16，空气明敷时其安全载流量为 115A。室外架空铜芯电缆线按机械强度的最小截面为10mm²，满足要求。

③ 选择电气设备

选择分配箱内开关为DZ10-250/3，其脱扣器整定电流值为 $I_r=200A$。

（11）分3进线及进线开关的选择

① 计算电流

$$K_x=1.00,\ \cos\varphi=1.00$$

$$I_{js}=K_xP_e/(1.732U_e\cos\varphi)=1.00\times21.20/(1.732\times0.38\times1.00)=32.21A$$

② 选择导线

按允许电压降：

$$S=K_x\Sigma(PL)/C\Delta U=1.00\times212.00/(77.00\times5.00)=0.55mm^2$$

选择VV3×10+2×6，空气明敷时其安全载流量为53A。室外架空铜芯电缆线按机械强度的最小截面为10mm²，满足要求。

③ 选择电气设备

选择分配箱进线开关为DZ5-50/3，其脱扣器整定电流值为 $I_r=40A$。漏电保护器为DZ15L-40/3。

（12）分4进线及进线开关的选择

① 计算电流

$$K_x=1.00,\cos\varphi=1.00$$

$$I_{js}=K_xP_e/(1.732U_e\cos\varphi)=1.00\times44.00/(1.732\times0.38\times1.00)=66.85A$$

② 选择导线

按允许电压降：

$$S=K_x\Sigma(PL)/C\Delta U=1.00\times1320.00/(77.00\times5.00)=3.43mm^2$$

选择VV3×16+2×10，空气明敷时其安全载流量为71A。室外架空铜芯电缆线按机械强度的最小截面为10mm²，满足要求。

③ 选择电气设备

选择分配箱进线开关为DZ10-100/3，其脱扣器整定电流值为 $I_r=80A$。漏电保护器为DZ10L-100/3。

（13）分5进线及进线开关的选择

① 计算电流

$$K_x=0.80,\cos\varphi=1.00$$

$$I_{js}=K_xP_e/(1.732U_e\cos\varphi)=0.80\times15.80/(1.732\times0.38\times1.00)=19.21A$$

② 选择导线

按允许电压降：

$$S=K_x\Sigma(PL)/C\Delta U=0.80\times149.00/(77.00\times5.00)=0.31mm^2$$

选择 VV3×10+2×6，空气明敷时其安全载流量为 53A。室外架空铜芯电缆线按机械强度的最小截面为 10mm²，满足要求。

③ 选择电气设备

选择分配箱进线开关为 DZ15-40/3，其脱扣器整定电流值为 I_r=32A。漏电保护器为 DZ15L-30/3。

(14) 分 6 进线及进线开关的选择

① 计算电流

$$K_x = 1.00, \cos\varphi = 1.00$$

$$I_{js} = K_x P_e/(1.732U_e\cos\varphi) = 1.00 \times 75.00/(1.732 \times 0.38 \times 1.00) = 113.95\text{A}$$

② 选择导线

按允许电压降：

$$S=K_x\Sigma(PL)/C\Delta U=1.00\times2250.00/(77.00\times5.00)=5.84\text{mm}^2$$

选择 VV3×35+2×16，空气明敷时其安全载流量为 115A。室外架空铜芯电缆线按机械强度的最小截面为 10mm²，满足要求。

③ 选择电气设备

选择分配箱进线开关为 DZ10-250/3 ，其脱扣器整定电流值为 I_r=200A。漏电保护器为 DZ10L-250/3 。

(15) 动力 1 导线截面及出线开关的选择

① 选择导线截面

按导线安全载流量：

$$K_x = 0.80, \cos\varphi = 1.00$$

$$I_{js} = K_x P_e/(1.732U_e\cos\varphi) = 0.80 \times 156.00/(1.732 \times 0.38 \times 1.00) = 189.62\text{A}$$

按允许电压降：

$$S=K_x\Sigma(PL)/C\Delta U=0.80\times3484.00/(77.00\times5.00)=7.24\text{mm}^2$$

选择 VV3×95+2×50，空气明敷时其安全载流量为 222A。室外架空铜芯电缆线按机械强度的最小截面为 10mm²，满足要求。

② 选择出线开关

动力 1 出线开关选择 DZ10—600/3 ，其脱扣器整定电流值为 I_r=480A。

6. 动力 2 线路上导线截面及分配箱、开关箱内电气设备选择

由于计算步骤、导线选择、开关选择与动力 1 线路完全相同，由于篇幅限制，计算过程略。

7. 照明 1 线路上导线截面及分配箱、开关箱内电气设备选择

由于计算步骤、导线选择、开关选择与动力 1 线路完全相同，由于篇幅限制，计算过程略。

三、绘制临时供电施工图

1. 临时供电系统图(图 7.5)：

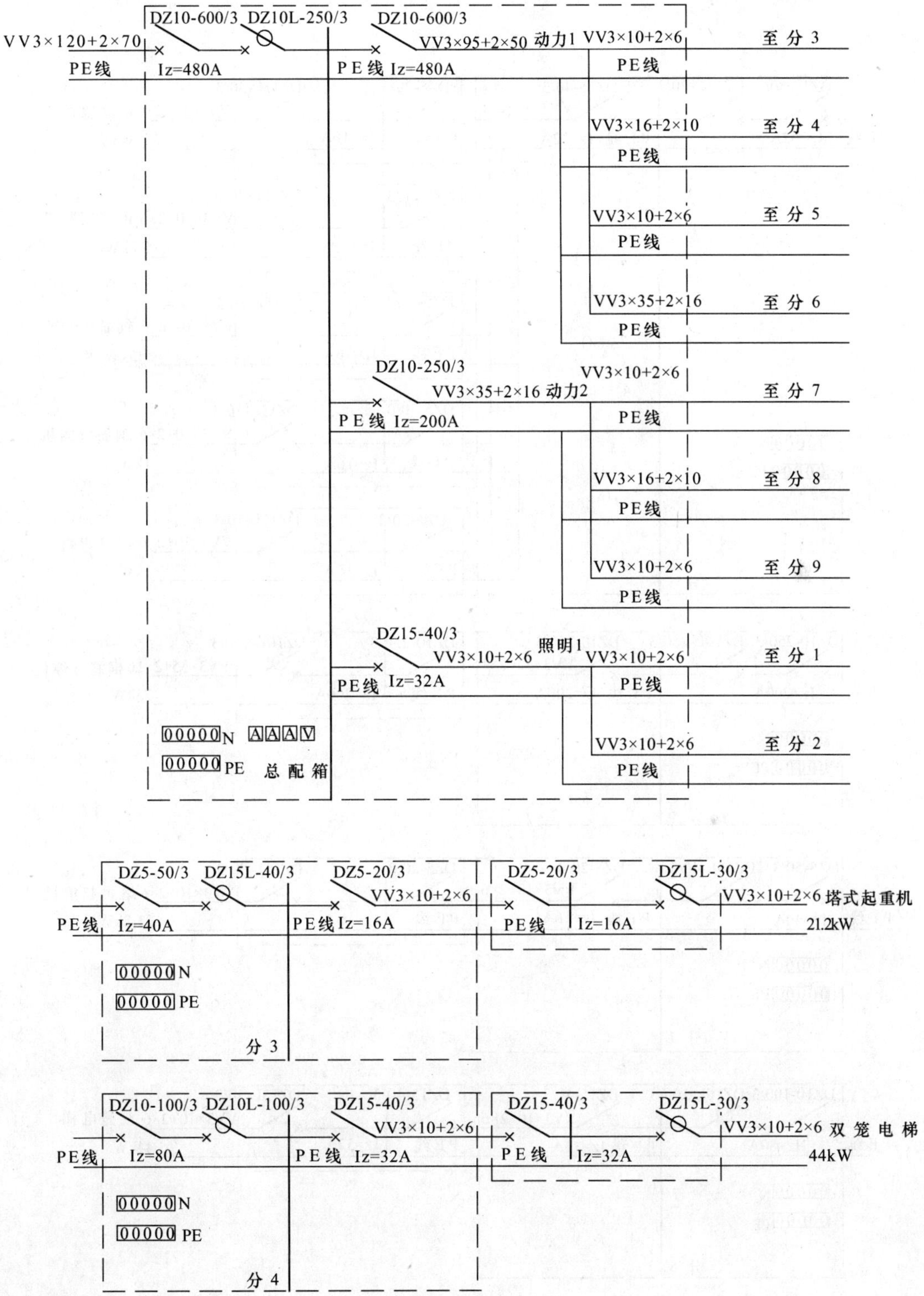

DZ10-600/3 DZ10L-250/3 DZ10-600/3
VV3×120+2×70
PE线 Iz=480A
VV3×95+2×50 动力1
PE线 Iz=480A
VV3×10+2×6 至分3
PE线
VV3×16+2×10 至分4
PE线
VV3×10+2×6 至分5
PE线
VV3×35+2×16 至分6
PE线
DZ10-250/3
VV3×35+2×16 动力2
PE线 Iz=200A
VV3×10+2×6 至分7
PE线
VV3×16+2×10 至分8
PE线
VV3×10+2×6 至分9
PE线
DZ15-40/3
VV3×10+2×6 照明1
PE线 Iz=32A
VV3×10+2×6 至分1
PE线
VV3×10+2×6 至分2
PE线
00000 N AAAV
00000 PE 总配箱

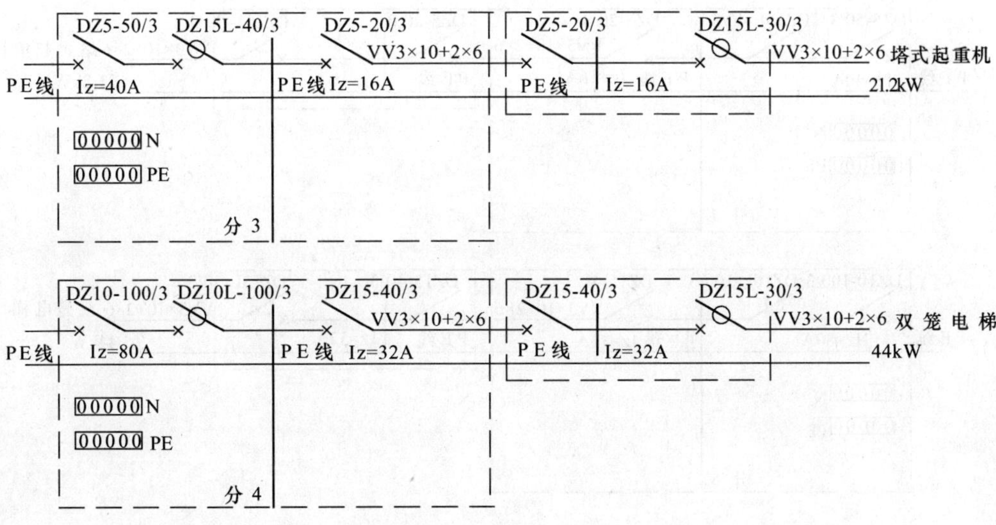

图7.5　临时供电系统图(一)

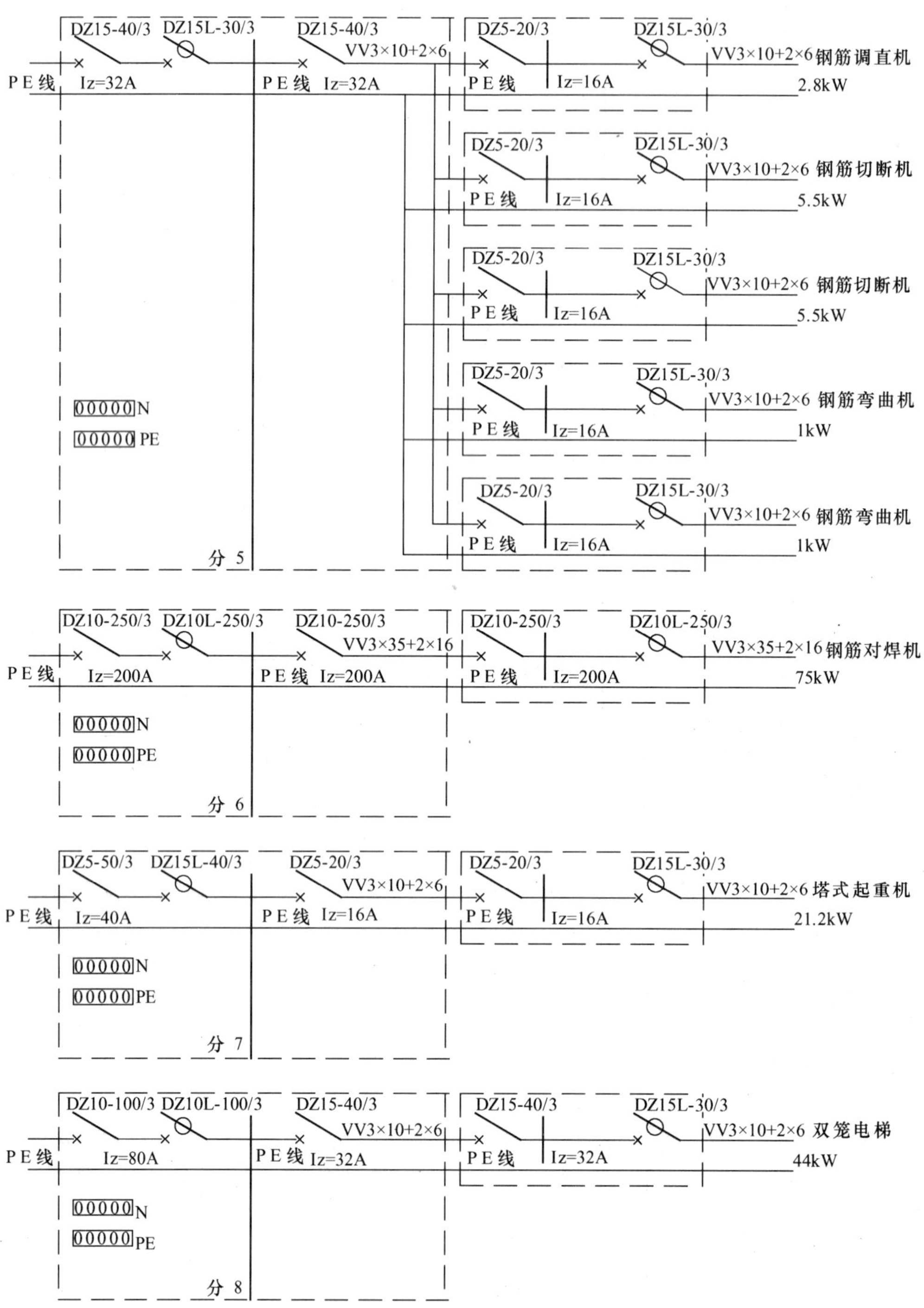

图 7.5 临时供电系统图(二)

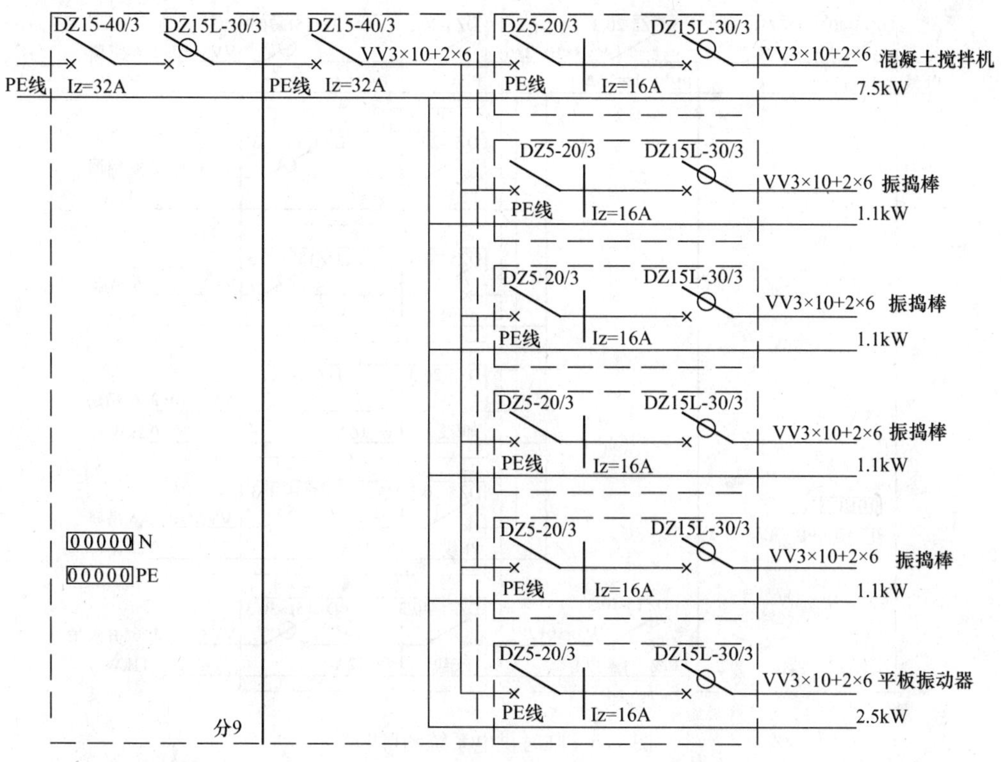

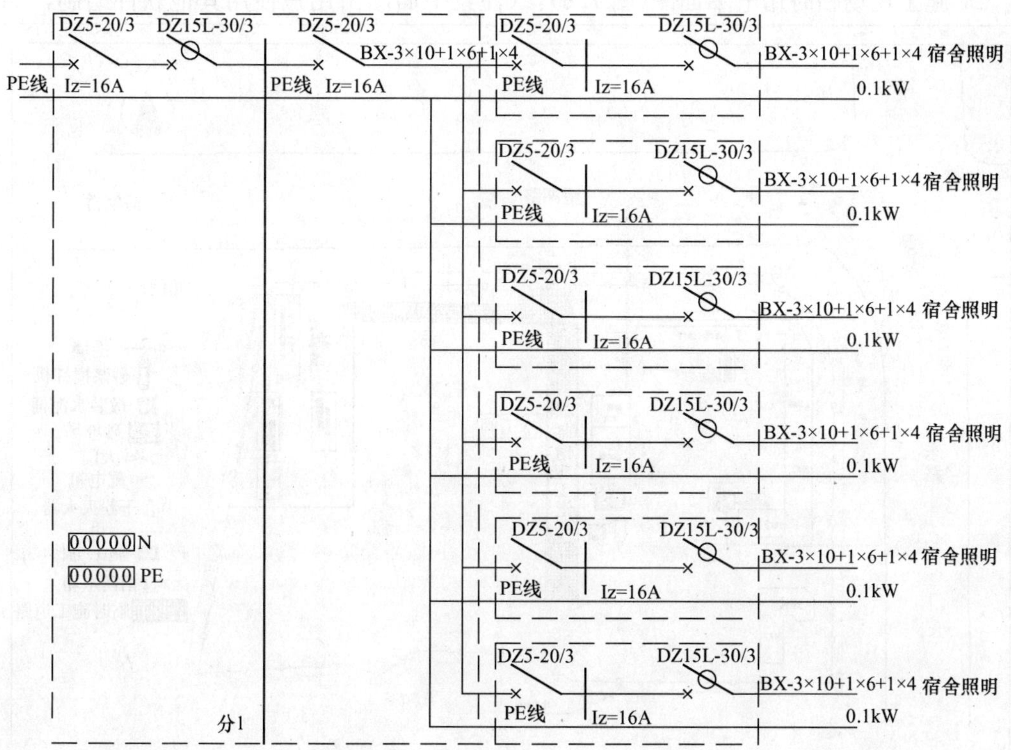

图 7.5 临时供电系统图(三)

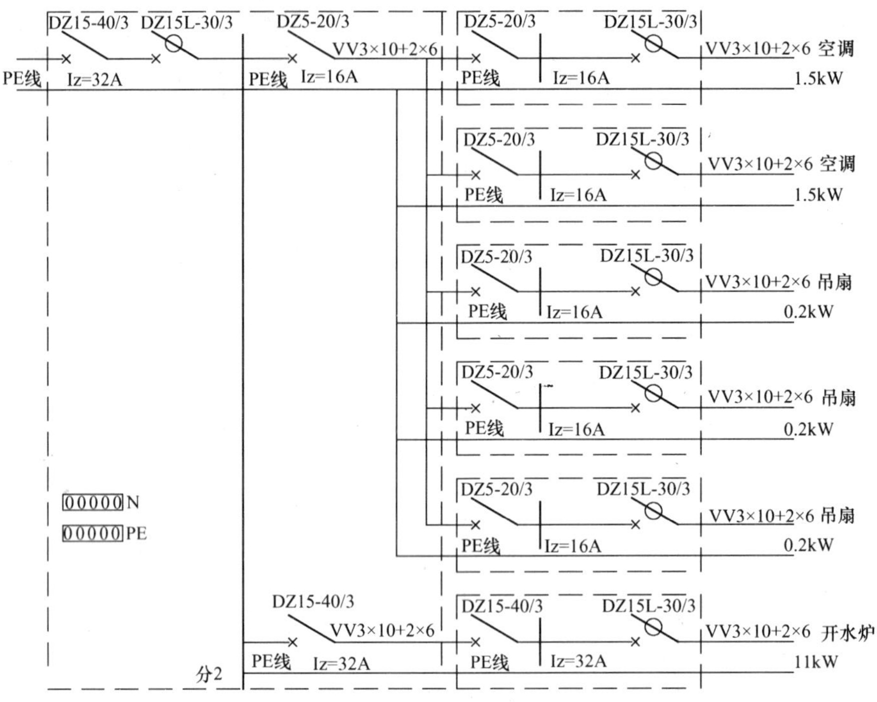

图 7.5　临时供电系统图(四)

2. 施工现场临时用电平面图(图 7.6)：(注：平面图由用户使用其他软件绘制，如利

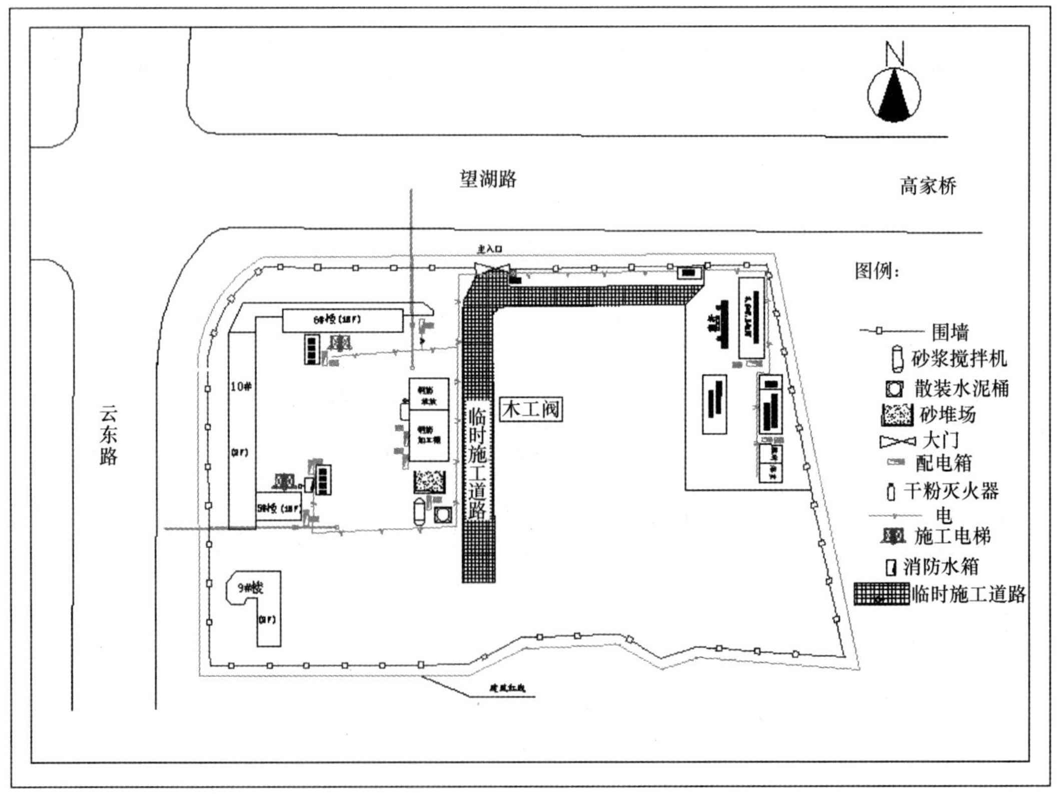

图 7.6　临时供电平面图

用PKPM施工系列软件中的‘施工现场总平面图设计软件’完成绘制，然后再插入到此处）

四、安全用电措施

安全用电措施包括两个方向的内容：一是安全用电在技术上所采取的措施；二是为了保证安全用电和供电的可靠性在组织上所采取的各种措施，它包括各种制度的建立、组织管理等一系列内容。安全用电措施包括下列内容：

（一）安全用电技术措施

1. 保护接地

是指将电气设备不带电的金属外壳与接地极之间做可靠的电气连接。它的作用是当电气设备的金属外壳带电时，如果人体触及此外壳时，由于人体的电阻远大于接地体电阻，则大部分电流经接地体流入大地；而流经人体的电流很小，这时只要适当控制接地电阻（一般不大于4Ω），就可减少触电事故发生。但是在TT供电系统中，这种保护方式的设备外壳电压对人体来说还是相当危险的。因此这种保护方式只适用于TT供电系统的施工现场，按规定保护接地电阻不大于4Ω。

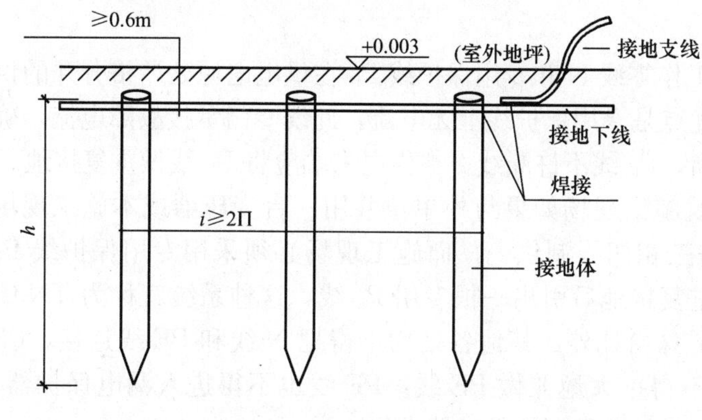

图7.7　接地装置示意图

（1）接地装置分类

接地装置，就是接地线和接地体的合称（总和），它包括接地线和接地体。

接地线，又分为接地干线和接地支线。

接地体，又分为自然接地体和人工接地体。

图7.7是人工接地体的接地装置示意图。

（2）接地装置的安全技术要求

1）接地体或地下接地线，均不得采用铝导体制做。

2）垂直接地体，宜采用角钢或圆钢，不宜采用螺纹钢材。

3）接地线焊接搭接长度，必须符合表7.2技术要求。

接地线焊接搭接长度技术要求　　　　**表7.2**

序　号	项　目		技术要求	检查方法
1	搭接长度	扁钢	≥2b	尺量
		圆钢	≥6d（双面焊）	
		圆钢和扁钢	≥6d（双面焊）	
2	扁钢搭接焊的棱边数		3	观察

注：b为扁钢宽度，d为圆钢直径。

4）接地干线，通常要求其截面不得小于100mm²；接地支线，通常要求其截面不得小于48mm²。

5）采用自然接地体时，可充分利用施工现场的主体金属结构或基础钢筋混凝土工程的基础结构，严禁利用易燃、易爆物的金属管道作为接地体。

2. 保护接零

在电源中性点直接接地的低压电力系统中，将用电设备的金属外壳与供电系统中的零线或专用零线直接做电气连接，称为保护接零。它的作用是当电气设备的金属外壳带电时，短路电流经零线而成闭合电路，使其变成单相短路故障，因零线的阻抗很小，所以短路电流很大，一般大于额定电流的几倍甚至几十倍，这样大的单相短路将使保护装置迅速而准确的动作，切断事故电源，保证人身安全。其供电系统为接零保护系统，即 TN 系统。保护零线是否与工作零线分开，可将 TN 供电系统划分为 TN-C、TN-S 和 TN-C-S 三种供电系统。

(1)TN-C 供电系统。它的工作零线兼做接零保护线。这种供电系统就是平常所说的三相四线制。但是如果三相负荷不平衡时，零线上有不平衡电流，所以保护线所连接的电气设备金属外壳有一定电位。如果中性线断线，则保护接零的漏电设备外壳带电。因此这种供电系统存在着一定缺点。

(2)TN-S 供电系统。它是把工作零线 N 和专用保护线 P_E 在供电电源处严格分开的供电系统，也称三相五线制。它的优点是专用保护线上无电流，此线专门承接故障电流，确保其保护装置动作。应该特别指出，P_E 线不许断线。在供电末端应将 P_E 线做重复接地。

(3)TN-C-S 供电系统。在建筑施工现场如果与外单位共用一台变压器或本施工现场变压器中性点没有接出 P_E 线，是三相四线制供电，而施工现场必须采用专用保护线 P_E 时，可在施工现场总箱中零线做重复接地后引出一根专用 P_E 线，这种系统就称为 TN-C-S 供电系统。施工时应注意：除了总箱处外，其他各处均不得把 N 线和 PE 线连接，PE 线上不许安装开关和熔断器，也不得把大地兼做 PE 线。PE 线也不得进入漏电保护器，因为线路末端的漏电保护器动作，会使前级漏电保护器动作。

不管采用保护接地还是保护接零，必须注意：在同一系统中不允许对一部分设备采取接地，对另一部分采取接零。因为在同一系统中，如果有的设备采取接地，有的设备采取接零，则当采取接地的设备发生碰壳时，零线电位将升高，而使所有接零的设备外壳都带上危险的电压。

3. 防雷措施

(1) 在土壤电阻率低于 200Ω·m 区域的电杆上可不另设防雷接地装置，但在配电室的架空进线或出线处应将绝缘子铁脚与配电室的接地装置相连接。

(2) 施工现场内的起重机、井字架、龙门架等机械设备，以及钢脚手架和正在施工的在建工程等的金属结构，若在相邻建筑物、构筑物的防雷装置的保护范围以外，并在下表规定范围内，则应安装防雷装置。

年平均雷暴日和机械设备安装防雷装置高度 **表 7.3**

地区现场平均雷暴日（天）(T)	机械设备高度（m）	地区现场平均雷暴日（天）(T)	机械设备高度（m）
$T \leqslant 15$	≥50	$40 \leqslant T < 90$	≥20
$15 < T < 40$	≥35	$T \geqslant 90$ 及雷害区特别严重的地区	≥12

（3）若最高机械设备上的避雷针（接闪器）其保护范围能覆盖其他设备，且最后退出现场，则其他设备可不设防雷装置。保护范围可按滚球法确定。

（4）各机械设备的防雷引下线，可利用该设备的金属结构体，但应保证电气连接。

（5）机械设备上的避雷针（接闪器）长度应为1～2m。塔式起重机可不另设避雷针（接闪器）。

（6）施工现场内所有防雷装置的冲击接地电阻不得大于30Ω。

（7）做防雷接地的电气设备，必须同时做重复接地；同一台电气设备的重复接地与防雷接地可使用同一个接地体，接地电阻应符合重复接地电阻值的要求。

（8）安装避雷针（接闪器）的机械设备，所有固定的动力、控制、照明、信号及通信线路宜采用钢管敷设。钢管与该机械设备的金属结构体应做电气连接。

4. 设置漏电保护器

（1）施工现场的总配电箱和开关箱应至少设置两级漏电保护器，而且两级漏电保护器的额定漏电动作电流和额定漏电动作时间应作合理配合，使之具有分级保护的功能。

（2）开关箱中必须设置漏电保护器，施工现场所有用电设备，除作保护接零外，必须在设备负荷线的首端处安装漏电保护器。

（3）漏电保护器应装设在配电箱电源隔离开关的负荷侧和开关箱电源隔离开关的负荷侧。

（4）漏电保护器的选择应符合国标GB 6829—86《漏电动作保护器（剩余电流动作保护器）》的要求，开关箱内的漏电保护器其额定漏电动作电流应不大于30mA，额定漏电动作时间应小于0.1s。

使用潮湿和有腐蚀介质场所的漏电保护器应采用防溅型产品。其额定漏电动作电流应不大于15mA，额定漏电动作时间应小于0.1s。

5. 安全电压

安全电压指不戴任何防护设备，接触时对人体各部位不造成任何损害的电压。国标GB 3805—83《安全电压》中规定，安全电压值的等级有42、36、24、12、6V五种。同时还规定：当电气设备采用了超过24V时，必须采取防直接接触带电体的保护措施。

对下列特殊场所应使用安全电压照明器。

（1）隧道、人防工程、有高温、导电灰尘或灯具离地面高度低于2.4m等场所的照明，电源电压应不大于36V。

（2）在潮湿和易触及带电体场所的照明电源电压不得大于24V。

（3）在特别潮湿的场所，导电良好的地面、锅炉或金属容器内工作的照明电源电压不得大于12V。

6. 电气设备的设置应符合下列要求

（1）应设置室内总配电屏和室外分配电箱或设置室外总配电箱和分配电箱，实行分级配电。

（2）箱与照明配电箱宜分别设置，如合置在同一配电箱内，动力和照明线路应分路设置，照明线路接线宜接在动力开关的上侧。

（3）应由末级分配电箱配电。开关箱内应一机一闸，每台用电设备应有自己的开关箱，严禁用一个开关电器直接控制两台及以上的用电设备。

(4) 设在靠近电源的地方，分配电箱应装设在用电设备或负荷相对集中的地区。分配电箱与开关箱的距离不得超过 30m，开关箱与其控制的固定式用电设备的水平距离不宜超过 3m。

(5) 配电箱、开关箱应装设在干燥、通风及常温场所。不得装设在有严重损伤作用的瓦斯、烟气、蒸汽、液体及其它有害介质中。也不得装设在易受外来固体物撞击、强烈振动、液体侵溅及热源烘烤的场所。配电箱、开关箱周围应有足够两人同时工作的空间，其周围不得堆放任何有碍操作、维修的物品。

(6) 配电箱、开关箱安装要端正、牢固，移动式的箱体应装设在坚固的支架上。固定式配电箱、开关箱的下皮与地面的垂直距离应大于 1.3m，小于 1.5m。移动式分配电箱、开关箱的下皮与地面的垂直距离为 0.6～1.5m。配电箱、开关箱采用铁板或优质绝缘材料制作，铁板的厚度应大于 1.5mm。

(7) 配电箱、开关箱中导线的进线口和出线口应设在箱体下底面，严禁设在箱体的上顶面、侧面、后面或箱门处。

7. 电气设备的安装

(1)配电箱内的电器应首先安装在金属或非木质的绝缘电器安装板上，然后整体紧固在配电箱箱体内，金属板与配电箱体应作电气连接。

(2) 配电箱、开关箱内的各种电器应按规定的位置紧固在安装板上，不得歪斜和松动。并且电器设备之间、设备与板四周的距离应符合有关工艺标准的要求。

(3)配电箱、开关箱内的工作零线应通过接线端子板连接，并应与保护零线接线端子板分设。

(4)配电箱、开关箱内的连接线应采用绝缘导线，导线的型号及截面应严格执行临电图纸的标示截面。各种仪表之间的连接线应使用截面不小于 $2.5mm^2$ 的绝缘铜芯导线。导线接头不得松动，不得有外露带电部分。

(5)各种箱体的金属构架、金属箱体，金属电器安装板以及箱内电器的正常不带电的金属底座、外壳等必须做保护接零，保护零线应经过接线端子板连接。

(6)配电箱后面的排线需排列整齐，绑扎成束，并用卡钉固定在盘板上，盘后引出及引入的导线应留出适当余度，以便检修。

(7) 导线剥削处不应伤线芯过长，导线压头应牢固可靠，多股导线不应盘卷压接，应加装压线端子(有压线孔者除外)。如必须穿孔用顶丝压接时，多股线应涮锡后再压接，不得减少导线股数。

8. 电气设备的防护

(1)在建工程不得在高、低压线路下方施工，高低压线路下方，不得搭设作业棚、建造生活设施，或堆放构件、架具、材料及其他杂物。

(2)施工时各种架具的外侧边缘与外电架空线路的边线之间必须保持安全操作距离。当外电线路的电压为 1kV 以下时，其最小安全操作距离为 4m；当外电架空线路的电压为 1～10kV 时，其最小安全操作距离为 6m；当外电架空线路的电压为 35～110kV，其最小安全操作距离为 8m。上下脚手架的斜道严禁搭设在有外电线路的一侧。旋转臂架式起重机的任何部位或被吊物边缘与 10kV 以下的架空线路边线最小水平距离不得小于 2m。

(3)施工现场的机动车道与外电架空线路交叉时，架空线路的最低点与路面的最小垂直距离应符合以下要求：外电线路电压为1kV以下时，最小垂直距离为6m；外电线路电压为1～35kV时，最小垂直距离为7m。

(4)对于达不到最小安全距离时，施工现场必须采取保护措施，可以增设屏障、遮栏、围栏或保护网，并要悬挂醒目的警告标志牌。在架设防护设施时应有电气工程技术人员或专职安全人员负责监护。

(5)对于既不能达到最小安全距离，又无法搭设防护措施的施工现场，施工单位必须与有关部门协商，采取停电、迁移外电线或改变工程位置等措施，否则不得施工。

9. 电气设备的操作与维修人员必须符合以下要求：

(1) 施工现场内临时用电的施工和维修必须由经过培训后取得上岗证书的专业电工完成，电工的等级应同工程的难易程度和技术复杂性相适应，初级电工不允许进行中、高级电工的作业。

(2) 各类用电人员应做到：

1) 掌握安全用电基本知识和所用设备的性能；

2) 使用设备前必须按规定穿戴和配备好相应的劳动防护用品，并检查电气装置和保护设施是否完好。严禁设备带“病”运转；

3) 停用的设备必须拉闸断电，锁好开关箱；

4) 负责保护所用设备的负荷线、保护零线和开关箱。发现问题，及时报告解决；

5) 搬迁或移动用电设备，必须经电工切断电源并作妥善处理后进行。

10. 电气设备的使用与维护

(1) 施工现场的所有配电箱、开关箱应每月进行一次检查和维修。检查、维修人员必须是专业电工。工作时必须穿戴好绝缘用品，必须使用电工绝缘工具。

(2) 检查、维修配电箱、开关箱时，必须将其前一级相应的电源开关分闸断电，并悬挂停电标志牌，严禁带电作业。

(3) 配电箱内盘面上应标明各回路的名称、用途、同时要做出分路标记。

(4) 总、分配电箱门应配锁，配电箱和开关箱应指定专人负责。施工现场停止作业1小时以上时，应将动力开关箱上锁。

(5) 各种电气箱内不允许放置任何杂物，并应保持清洁。箱内不得挂接其他临时用电设备。

(6) 熔断器的熔体更换时，严禁用不符合原规格的熔体代替。

11. 施工现场的配电线路

(1) 现场中所有架空线路的导线必须采用绝缘铜线或绝缘铝线。导线架设于专用电线杆上。

(2) 架空线的导线截面最低不得小于下列截面：当架空线用铜芯绝缘线时，其导线截面不小于10mm^2；当用铝芯绝缘线时，其截面不小于16mm^2。跨越铁路、公路、河流、电力线路档距内的架空绝缘铝线最小截面不小于35mm^2，绝缘铜线截面不小于16mm^2。

(3) 架空线路的导线接头：在一个档距内每一层架空线的接头数不得超过该层导线数的50%，且一根导线只允许有一个接头；线路在跨越铁路、公路、河流、电力线路档距内不得有接头。

(4) 架空线路相序的排列：

1）TT 系统供电时，其相序排列：面向负荷从左向右为 L_1、N、L_2、L_3；

2）TN-S 系统或 TN-C-S 系统供电时，和保护零线在同一横担架设时的相序排列：面向负荷从左至右为 L_1、N、L_2、L_3、P_E；

3）TN-S 系统或 TN-C-S 系统供电时，动力线、照明线同杆架设上、下两层横担，相序排列方法：上层横担，面向负荷从左至右为 L_1、L_2、L_3，下层横担，面向负荷从左至右为 L_1、（L_2、L_3）、N、P_E。当照明线在两个横担上架设时，最下层横担面向负荷，最右边的导线为保护零线 P_E。

（5）架空线路的档距一般为 30m，最大不得大于 35m；线间距离应大于 0.3m。

（6）施工现场内导线最大弧垂与地面距离不小于 4m，跨越机动车道时为 6m。

（7）架空线路所使用的电杆应为专用混凝土杆或木杆。当使用木杆时，木杆不得腐朽，其梢径应不小于 130mm。

（8）使用的横担、角钢及杆上的其他配件应视导线截面、杆的类型具体选用。杆的埋设、拉线的设置均应符合有关施工规范。

12. 现场的电缆线路

（1）电缆线路应采用穿管埋地或沿墙、电杆架空敷设，严禁沿地面明设。

（2）电缆在室外直接埋地敷设的深度应不小于 0.6m，并应在电缆上下各均匀铺设不小于 50mm 厚的细砂，然后覆盖砖等硬质保护层。

（3）橡皮电缆沿墙或电杆敷设时应用绝缘子固定，严禁使用金属裸线作绑扎。固定点间的距离应保证橡皮电缆能承受自重所带的荷重。橡皮电缆的最大弧垂距地不得小于 2.5m。

（4）电缆的接头应牢固可靠，绝缘包扎后的接头不能降低原来的绝缘强度，并不得承受张力。

（5）在有高层建筑的施工现场，临时电缆必须采用埋地引入。电缆垂直敷设的位置应充分利用在建工程的竖井、垂直孔洞等，同时应靠近负荷中心，固定点每楼层不得小于一处。电缆水平敷设沿墙固定，最大弧垂距地不得小于 1.8m。

13. 内导线的敷设及照明装置

（1）室内配线必须采用绝缘铜线或绝缘铝线，采用瓷瓶、瓷夹或塑料夹敷设，距地面高度不得小于 2.5m。

（2）进户线在室外处要用绝缘子固定，进户线过墙应穿套管，距地面应大于 2.5m，室外要做防水弯头。

（3）室内配线所用导线截面应按图纸要求施工，但铝线截面最小不得小于 $2.5mm^2$，铜线截面不得小于 $1.5mm^2$。

（4）金属外壳的灯具外壳必须作保护接零，所用配件均应使用镀锌件。

（5）室外灯具距地面不得小于 3m，室内灯具不得低于 2.4m。插座接线时应符合规范要求。

（6）螺口灯头及接线应符合下列要求：

1）相线接在与中心触头相连的一端，零线接在与螺纹口相连的一端。

2）灯头的绝缘外壳不得有损伤和漏电。

（7）各种用电设备、灯具的相线必须经开关控制，不得将相线直接引入灯具。

(8) 装设内的照明灯具应优先选用拉线开关。拉线开关距地面高度为2～3m，与门口的水平距离为0.1～0.2m，拉线出口应向下。

(9) 严禁将插座与搬把开关靠近装设；严禁在床上设开关。

(二)安全用电组织措施

1. 建立临时用电施工组织设计和安全用电技术措施的编制、审批制度，并建立相应的技术档案。

2. 建立技术交底制度。向专业电工、各类用电人员介绍临时用电施工组织设计和安全用电技术措施的总体意图、技术内容和注意事项，并应在技术交底文字资料上履行交底人和被交底人的签字手续，注明交底日期。

3. 建立安全检测制度。从临时用电工程竣工开始，定期对临时用电工程进行检测，主要内容是：接地电阻值，电气设备绝缘电阻值，漏电保护器动作参数等，以监视临时用电工程是否安全可靠，并做好检测记录。

4. 建立电气维修制度。加强日常和定期维修工作，及时发现和消除隐患，并建立维修工作记录，记载维修时间、地点、设备、内容、技术措施、处理结果、维修人员、验收人员等。

5. 建立工程拆除制度。建筑工程竣工后，临时用电工程的拆除应有统一的组织和指挥，并须规定拆除时间、人员、程序、方法、注意事项和防护措施等。

6. 建立安全检查和评估制度。施工管理部门和企业要按照JGJ 59—88《建筑施工安全检查评分标准》定期对现场用电安全情况进行检查评估。

7. 建立安全用电责任制，对临时用电工程各部位的操作、监护、维修分片、分块、分机落实到人，并辅以必要的奖惩。

8. 建立安全教育和培训制度。定期对专业电工和各类用电人员进行用电安全教育和培训，凡上岗人员必须持有劳动部门核发的上岗证书，严禁无证上岗。

五、自备电源的安全技术要求

施工现场临时用电工程，一般是由外电线路供电。但是，由于常因外电线路的电力供应不足或其他原因造成外电停止供电时，施工进度将受到影响。为了保证施工不因停电而中断，现场需设置备用发配电装置，当外电停止供电时继续供电。目前，施工现场一般采用柴油发电机组作为备用电源。

自备电源的安全技术要求如下：

1. 自备发电机组的额定电压等级，应与外电线路供电时的现场电压等级一致。其容量可参照前面章节用电方案的负荷来选择。

2. 自备发电机组的选址，可以遵循与配电室基本相同的原则。并且考虑与配电室相邻，便于与已架设的临时用电工程相联络。

3. 发电机组及其控制、配电、修理室等，可以分开设置或合并设置，设置时要保证电气安全距离和满足防火要求。特别注意：发电机组的排烟管道必须伸出室外；在其相关的室内或周围地区严禁存放贮油桶等易燃、易爆物品；配备有效的消防器材。

4. 发电机发配电系统，采用三相四线制中性点直接接地系统(与外电线路的供电形式一致)，然后独立设置工作接地与重复接地，最后转换成三相五线制“TN-S”系统向外供电，工作接地电阻值不大于4Ω。

5. 发电机组要设置短路保护、过载保护和总漏电保护装置。

6. 配电屏与发电机组的水平距离不得不小于 1m，并采用屏障隔离。

7. 发电机组电源与外电源必须联锁，严禁并列运行和向外电源反送电。联锁原理图如图 7.8 所示。

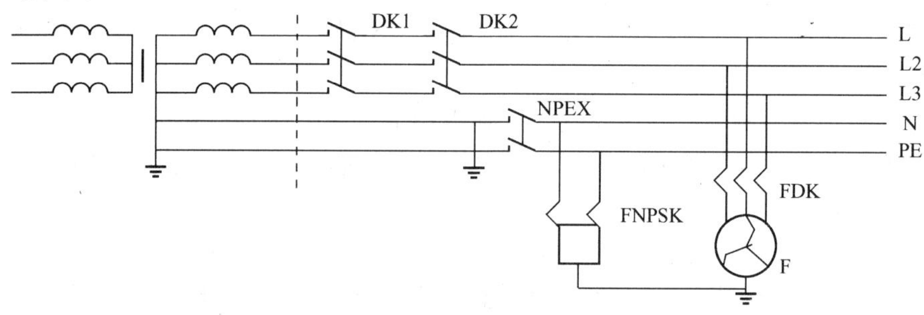

图 7.8　联锁原理图

图中　DK——变压器次侧电源隔离开关；

DK2——外电源(三相电源)引入隔离开关；

FDK——发电机电源隔离开关；

NPEK——外电源供电时，零线联络开关；

FNPEK——发电机供电时，零线联络开关。

DK2 与 FDK 之间、NPEK 与 FNPEK 之间通过机械联销装置进行控制，保证当一路接通时，另一路肯定断开。

设置以上联络控制装置的目的，就是为了保证发电机组发配电系统与外电源系统在电气上完全隔离。一方面，保证能够防止自备发电机供配电系统，通过外电线路电源变压器的低压侧向高侧反送电造成危险；另一方面，防止外电源与自备电源同时供电造成事故。因为，两路交流电源同时供电(称为同步并网供电)是有许多条件的(频率、周期、初始相角等必须相同)，达不到同步条件的两路电源同时供电时对电网造成危害，所以严禁二者并列运行。

在设有自备发电机组的施工现场里，自备发电机组主要用于当外电源停止供电时，作为继续供电电源使用，当外电源正常供电时，发电机组没有必要也不可以投入运行。

六、外电防护的安全技术要求

1. 在建工程(含脚手架具)的外侧边缘与外电架空线路的边线之间的最小安全操作距离要求见表 7.4。

在建工程外侧边缘与外电架空线路边线最小安全操作距离　　表 7.4

外电线路电压等级	1kV 以下	1～10kV	35～110kV	154～220kV	330～550kV
最小安全距离(m)	4	6	8	10	15

2. 施工现场的机动车道与外电架空线路交叉时的最小垂直距离要求见表 7.5。

机动车道与外电架空线路交叉时最小垂直距离　　表 7.5

外电线路电压等级	1kV 以下	1～10kV	35kV

七、安全用电防火措施

(一)施工现场发生火灾的主要原因

1. 电气线路过负荷引起火灾。线路上的电气设备长时间超负荷使用，使用电流超过了 导线的安全载流量。这时如果保护装置选择不合理，时间长了，线芯过热使绝缘层损坏。

2. 线路短路引起火灾。因导线安全布距不够，绝缘等级不够，年久老化、破损等或人为操作不慎等原因造成线路短路，强大的短路电流很快转换成热能，使导线严重发热，温度急剧升高，造成导线熔化，绝缘层燃烧，引起火灾。

3. 接触电阻过大引起火灾。导线接头连接不好，接线柱压接不实，开关触点接触不牢等造成接触电阻增大，随着时间增长引起局部氧化，氧化后增大了接触电阻。电流流过电阻时，会消耗电能产生热量，导致过热引起火灾。

4. 变压器、电动机等设备运行故障引起火灾。变压器长期过负荷运行或制造质量不良，造成线圈绝缘损坏，匝间短路，铁芯涡流加大引起过热，变压器绝缘油老化、击穿、发热等引起火灾或爆炸。

5. 电热设备、照明灯具使用不当引起火灾。电炉等电热设备表面温度很高，如使用不当会引起火灾；大功率照明灯具等与易燃物距离过近引起火灾。

6. 电弧、电火花引起火灾。电焊机、点焊机使用时电气弧光、火花等会引燃周围物体，引起火灾。

施工现场由于电气引发的火灾原因绝不止以上几点，还有许多，这就要求用电人员和现场管理人员认真执行操作规程，加强检查，可以说是能够预防的。

(二)预防电气火灾的措施

针对电气火灾发生的原因，施工组织设计中要制定出有效的预防措施。

1. 施工组织设计时要根据电气设备的用电量正确选择导线截面，从理论上杜绝线路过负荷使用。保护装置要认真选择，当线路上出现长期过负荷时，能在规定时间内动作保护线路。

2. 导线架空敷设时其安全间距必须满足规范要求。当配电线路采用熔断器作短路保护时，熔体额定电流一定要小于电缆或穿管绝缘导线允许载流量的2.5倍，或明敷绝缘导线允许载流量的1.5倍。经常教育用电人员正确执行安全操作规程，避免作业不当造成火灾。

3. 电气操作人员要认真执行规范，正确连接导线，接线柱要压牢、压实。各种开关触头要压接牢固。铜铝连接时要有过渡端子，多股导线要用端子或涮锡后再与设备安装，以防加大电阻引起火灾。

4. 配电室的耐火等级要大于三级，室内配置沙箱和绝缘灭火器。严格执行变压器的运行检修制度，按季度每年进行四次停电清扫和检查。

现场中的电动机严禁超载使用，电机周围无易燃物，发现问题及时解决，保证设备正常运转。

5. 施工现场内严禁使用电炉子。使用碘钨灯时，灯与易燃物间距要大于30cm，室内不准使用功率超过100W的灯泡，严禁使用床头灯。

6. 使用焊机时要执行用火证制度，并有人监护，施焊周围不能存在易燃物体，并备齐防火设备。电焊机要放在通风良好的地方。

7. 施工现场的高大设备和有可能产生静电的电气设备要做好防雷接地和防静电接地，以免雷电及静电火花引起火灾。

8. 存放易燃气体、易燃物仓库内的照明装置一定要采用防爆型设备，导线敷设、灯具安装、导线与设备连接均应满足有关规范要求。

9. 配电箱、开关箱内严禁存放杂物及易燃物体，并派专人负责定期清扫。

10. 设有消防设施的施工现场，消防泵的电源要由总箱中引出专用回路供电，而且此回路不得设置漏电保护器，当电源发生接地故障时可以设单相接地报警装置。有条件的施工现场，此回路供电应由两个电源供电，供电线路应在末端可切换。

11. 施工现场应建立防火检查制度，强化电气防火领导体制，建立电气防火队伍。

12. 施工现场一旦发生电气火灾时，扑灭电气火灾应注意以下事项：

(1)迅速切断电源，以免事态扩大。切断电源时应戴绝缘手套，使用有绝缘柄的工具。当火场离开关较远需剪断电线时，火线和零线应分开错位剪断，以免在钳口处造成短路，并防止电源线掉在地上造成短路使人员触电。

(2)当电源线因其他原因不能及时切断时，一方面派人去供电端拉闸，另一方面灭火时，人体的各部位与带电体应保持一定充分距离，必须穿戴绝缘用品。

(3)扑灭电气火灾时要用绝缘性能好的灭火剂如干粉灭火机，二氧化碳灭火器，1211灭火器或干燥沙子。严禁使用导电灭火剂进行扑救。

附录　PKPM 施工安全计算软件安装与使用

第一章　软件的安装

施工设施安全计算软件 SGJS 是由中国建筑科学研究院开发，由中国建筑科学研究院建筑工程软件研究所各市场部提供该产品技术和服务。

1. 将光盘放入光驱后，安装程序自动运行或以手动方式运行光盘根目录下的 CMIS. exe 应用程序，进入安装界面(附图 1.1)。

附图 1.1　安装界面

2. 选择安装，用鼠标点击“施工系列软件安装”后进入安装欢迎界面(用户也可以在此处选择安装“网络版服务端”程序的安装，内容类似)(附图 1.2)。

3. 点击“下一步”(附图 1.3)。

4. 必须选择“我接受许可证协议中的条款(A)”才能点击“下一步”继续完成安装。

5. 选取“单机版——在当前计算机上安装，使用单机锁”，如果用户使用的是网络锁，也可以选择另外一个选项。

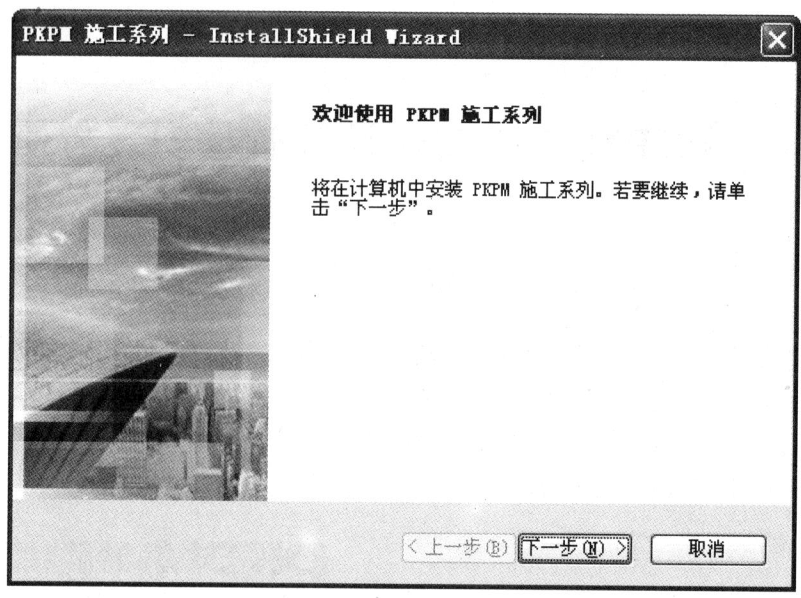

附图 1.2 欢迎界面

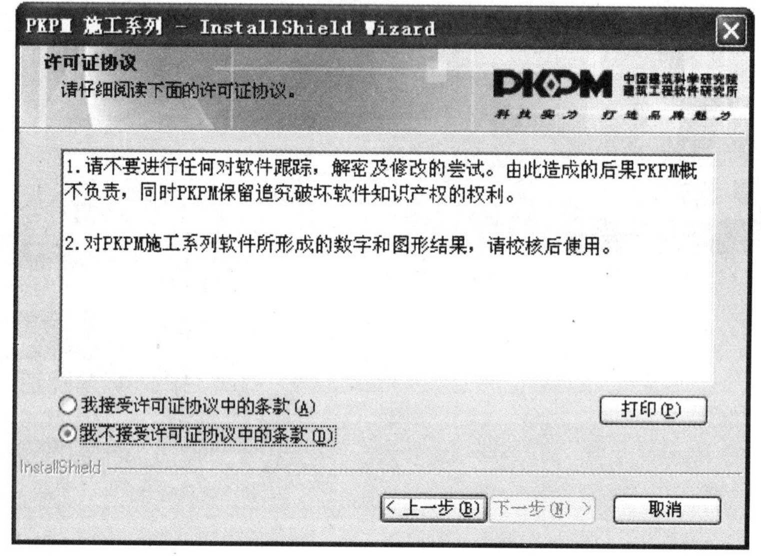

附图 1.3 许可协议界面

6. 选择软件安装路径，点击“下一步”，进入软件模块选择安装界面(附图 1.4)。

勾选需要安装的软件模块(程序默认是全部安装)，如果用户不需要安装安全计算以外的其他程序，可以将其他软件前的“√”点击去掉。

7. 必须勾选所购买的软件，才能保证软件的正常使用(程序默认是全部安装)。

8. 点取“安装”，开始进行软件的安装(附图 1.5)。

9. 安装结束后会提示重启计算机的提示，要求用户必须重新启动计算机才能保证软件的正常运行(附图 1.6)。

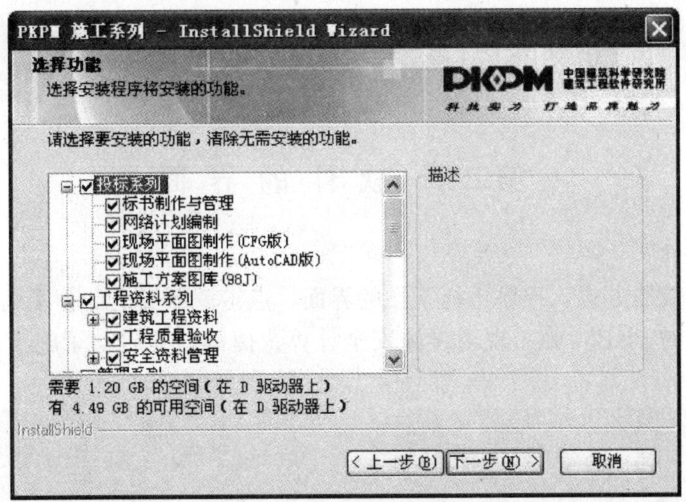

附图 1.4　选择要安装的模块

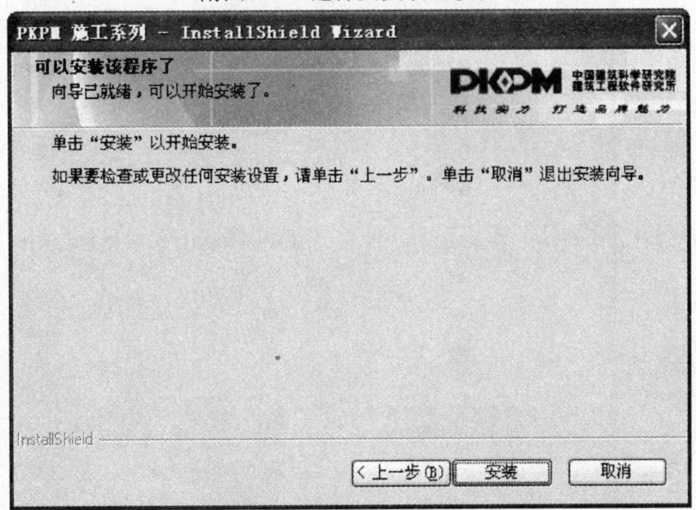

附图 1.5　安装准备完成

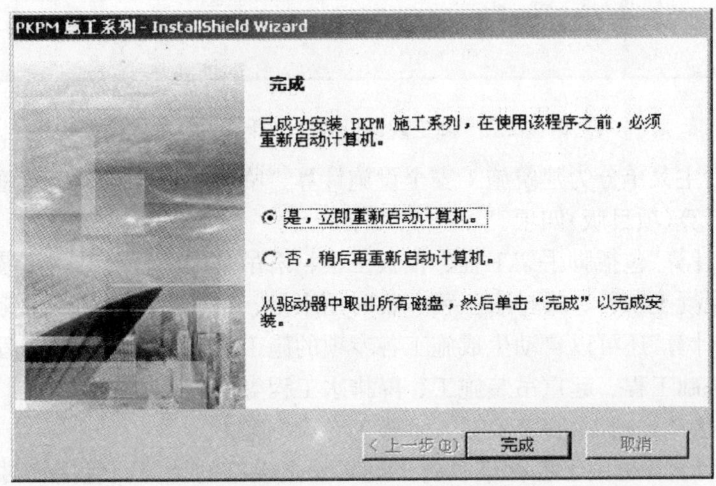

附图 1.6　安装完成重启计算机提示

安装结束后桌面上出现PKPM施工现场设施安全计算的快捷图标“”。

第二章 软件的界面

一、启动软件

点击桌面的快捷方式，程序进行下图的界面，点击一下安全计算系列。进入下一个界面。双击桌面上的PKPM施工现场设施安全计算快捷键，即启动了施工现场设施安全计算主菜单(附图2.1)。

附图2.1 施工现场设施安全计算主菜单

软件启动后主菜单分为建筑施工安全设施计算、临时用电方案、市政施工计算和建筑施工安全设施计算(项目版)四项。

“安全设施计算”包括脚手架工程、模板工程、塔吊基础工程、结构吊装工程、大体积混凝土工程、混凝土工程、降排水工程、临时用水量、钢筋支架等现场设施的计算。

“安全设施计算”还可以自动生成施工各专项的施工方案，包括基坑工程、脚手架、模板工程、塔吊基础工程、起重吊装施工、降排水工程等等施工方案的生成，方案生成时对应的计算书(包括节点图形)直接的插入到施工专项方案中。

“市政施工计算”可用于各种市政施工现场安全设施的计算，包括临时围堰、模板设计、承重架设计、缆索吊装、基础沉降、边坡、爆破、隧道等现场设施的计算，以及地铁施工中的明挖法计算、井点降水和市政施工中常用的碗扣脚手架结构、桁架支撑结构计算等。

临时用电设计主要按照《施工现场临时用电安全技术规范》(JGJ46－2005)的要求进行施工现场的临时用电设计。

用户在使用中要注意：点取主菜单右下角处的“改变目录”按钮，指定用户操作的工作子目录(见附图 2.2)。每做一项新的工程，都应建立一个新的子目录，并在新子目录中操作，以免不同的工程数据引起混淆。

如工作子目录已建立，则可在“工作目录”页下直接选择工作目录，如尚未建立，可在目录名称下直接键入驱动器名和工作目录名。

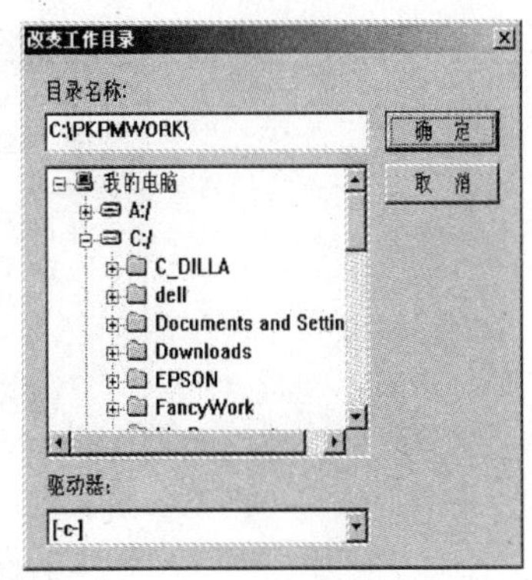

附图 2.2 改变工作目录

确定当前工作目录后，点击“应用”或双击“建筑施工安全计算”即可进入安全设施计算软件使用界面。

二、软件界面

建筑安全设施计算系统启动后，显示的软件界面如附图 2.3。

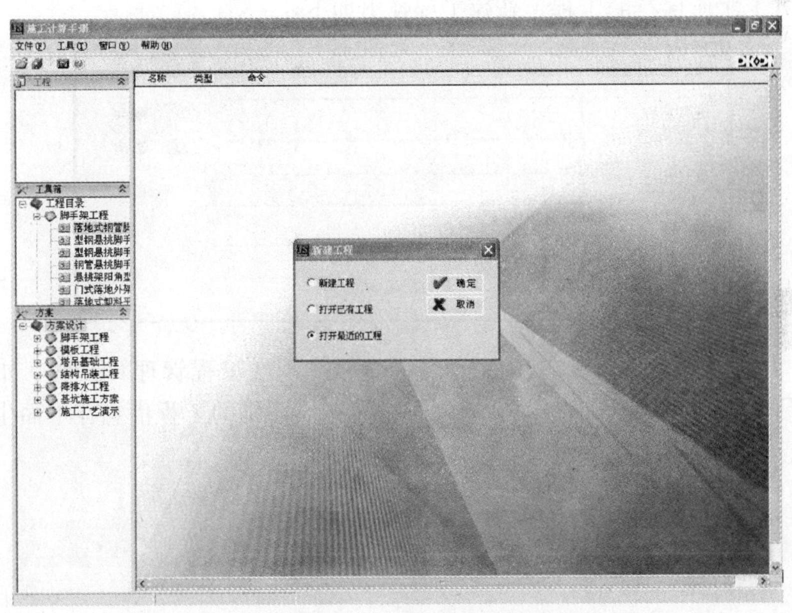

附图 2.3 建筑安全设施计算系统启动界面

左侧由上至下分别为：工程管理栏、专项工程计算栏和施工方案栏。

1. 工程管理栏

工程管理栏对工程文件进行管理，并且打开已有工程在此栏就明显看到此工程下的所有工程文件，方便用户进行管理。

用户进入软件操作主界面，会弹出如下对话框：

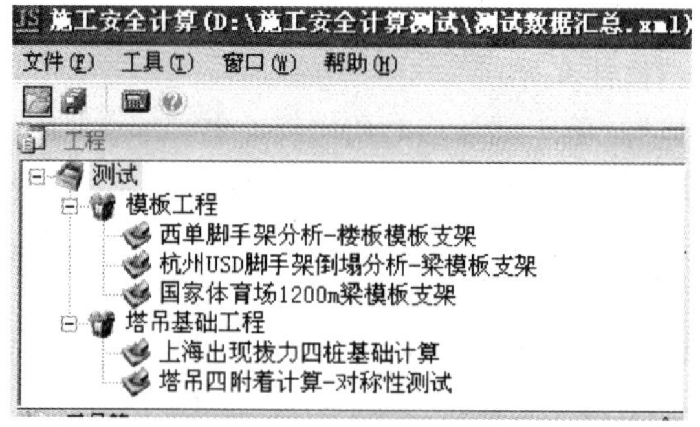

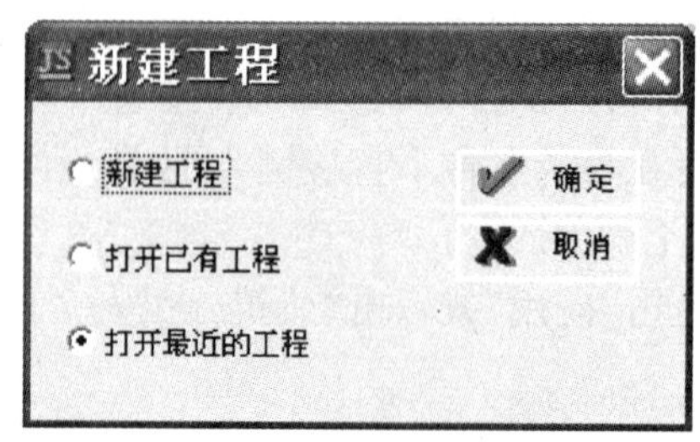

第一次操作时一般选择新建工程，新建工程指的是以前在本机器上没有计算过或者没有保存过软件的数据，新建一个工程。打开已有工程指的原来已经有的工程。打开最近的工程就是打开上次所保存的工程。新建工程弹出如下：

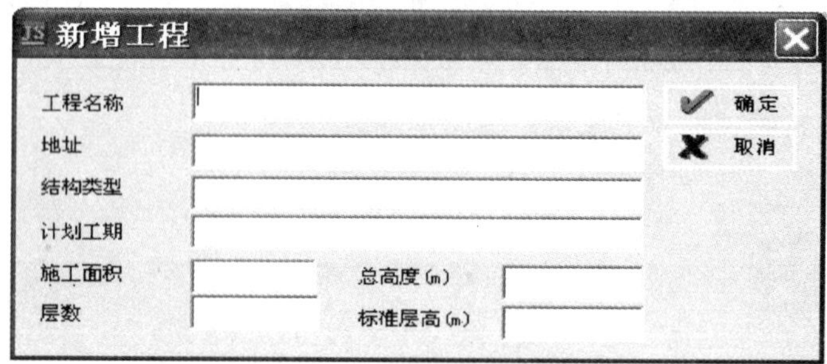

认真填写上面的工程信息，其中工程名称直接体现在工程管理对话框，如名称为“中国建筑科学研究院”在工程管理栏就会出现工程名称。而别的工程信息在下面生成方案时，程序会直接读到工程概况中。如：

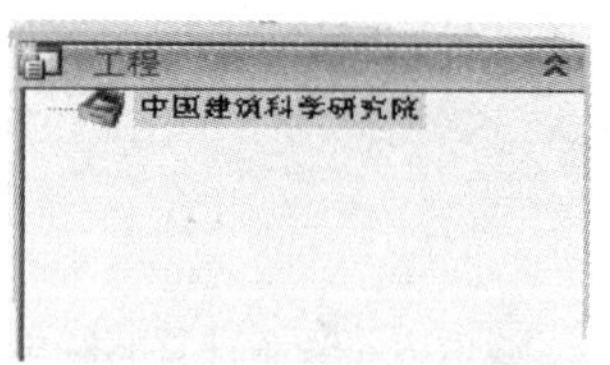

如果没有输入工程名称，程序会自认为工程名称为“临时工程”。当然用户也可以直接把鼠标放在工程管理栏，点击鼠标右键，弹出

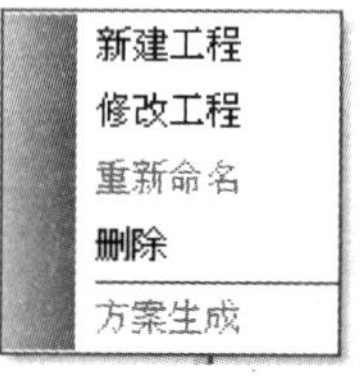

用户可以进行相应的修改

(新建、修改、重新命名)。

在打开参数中的对话框中,上面的计算对话框程序会自动对我们所填的参数进行记忆。如果需要保存为数据库的形式,要进行对计算对话框的计算参数进行保存或者另存。需要保存时点击文件中的保存或另存就行了。

2. 专项工程计算栏

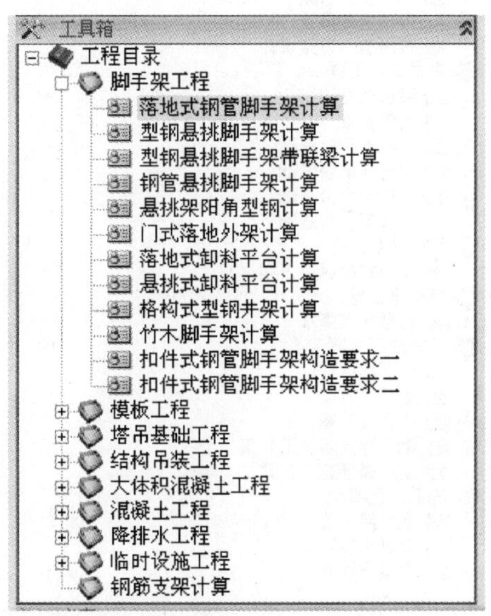

该栏是软件的核心内容部分,包括了各种施工现场安全设施的计算,具体内容包括:

(1)脚手架工程:菜单子项分为落地式钢管脚手架计算、型钢或钢管悬挑架计算、门式落地外架计算、落地式卸料平台计算、悬挑式卸料平台计算、格构式型钢井架计算、竹木脚手架计算、三角外挂架计算和爬架计算等;

(2)模板工程:菜单子项分为中小断面柱模板计算、大断面柱模板计算、大梁侧模板计算、墙模板计算、扣件式钢管满堂楼板模板支架计算、扣件式钢管落地楼板模板支架计算、扣件式钢管梁模板支架计算、门式梁板模板支架计算等;

(3)塔吊基础工程:菜单子项分为天然基础计算、四桩基础计算、三桩基础计算、单桩基础计算、十字交叉梁桩式基础计算、十字交叉板桩式基础计算、三附着计算、四附着计算、塔吊稳定性验算、边坡桩基倾覆、格构柱稳定性计算等;

(4)另外还包括大体积混凝土工程、结构吊装工程、混凝土工程、降排水工程、临时用水供热及钢筋支架的计算和施工现场常用的槽钢、角钢和工字钢、钢丝绳、钢筋截面等截面的特性查询,在附录中还有钢结构设计、混凝土结构、木结构常用公式的计算供施工现场技术人员参考。

显示所有计算模块,用户双击某一类型进行计算并完成计算参数录入后,可以自动生成图文并茂的详细计算书,每个构件的计算提供计算简图、计算公式和计算过程,并可以根据需要保存为可以与 WORD 通用的计算书。

3. 施工方案栏

该栏用来生成各种专项施工方案,软件按照既定的内容安排自动生成专项施工方案。上面专项工程计算栏生成的计算书将作为专项施工方案的核心部分内容,软件提供了绘制

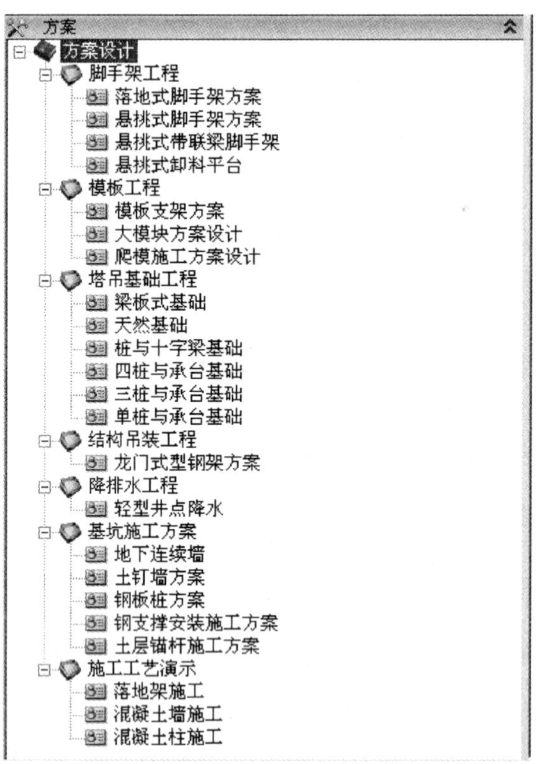

各种施工图和节点详图大样的功能，这些施工图可以自动插入到专项方案中，软件还抽取了相关规范、规程、技术手册中的内容，并将他们自动汇总到专项方案中。

专项施工方案内容包括：

(1)脚手架工程：菜单子项分为落地式钢管脚手架施工方案、悬挑式钢管脚手架施工方案、悬挑式卸料平台施工方案等，并能够对落地式脚手架和悬挑式脚手架搭设过程进行模拟显示；

(2)模板工程：菜单子项分为梁板模板以及其支撑架的施工方案、大模板施工方案设计、爬模施工方案设计；

(3)塔吊基础工程：依据塔吊的基础类型不同，选择相应的塔基施工专项方案。此程序主要包括梁板式基础、天然基础、桩与十字梁基础、四桩与承台基础，三桩与承台基础、单桩与承台基础；

(4)基坑工程：菜单子项包括地下连续墙的施工方案、土钉墙的施工方案、钢板桩的施工方案、钢支撑安装施工方案和土层锚杆施工方案；

(5)另外还包括龙门式型钢架方案、轻型井点降水施工方案，还对初学者提供施工工艺的动画模拟演示。

在参数设置和图形绘制结束后，点击 ✔方案 可以直接生成具有目录以及内容的详细完整(包含图形)的各专项施工方案，“方案生成”选择项，可以提供WORD格式脚手架专项施工方案，包括规范对于脚手架搭设的构造要求，同时可以将计算书和绘制的详图直接插入到方案中。其中的绘图通过自主绘图平台完成，即可根据基本参数自动绘制脚手架搭设平面图、立面图和节点详图。